全能办公高手速成

新手学电脑从入门到精通

刘建华◎编著

吉林出版集团股份有限公司
全国百佳图书出版单位

图书在版编目（CIP）数据

全能办公高手速成 . 新手学电脑 / 刘建华编著 . --
长春 : 吉林出版集团股份有限公司 , 2021.1

ISBN 978-7-5581-9599-0

Ⅰ . ①全… Ⅱ . ①刘… Ⅲ . ①办公自动化 – 基本知识
Ⅳ . ① TP317.1

中国版本图书馆 CIP 数据核字 (2020) 第 269896 号

QUANNENG BANGONG GAOSHOU SUCHENG
全能办公高手速成

编　　著：刘建华
出版策划：孙　昶
责任编辑：刘　洋
责任校对：邓晓溪
装帧设计：李　荣
出　　版：吉林出版集团股份有限公司
（长春市福祉大路 5788 号，邮政编码：130118）
发　　行：吉林出版集团译文图书经营有限公司
（http: //shop34896900.taobao.com）
电　　话：总编办 0431-81629909　营销部 0431-81629880 / 81629900
印　　刷：天津海德伟业印务有限公司
开　　本：710mm × 1000mm　1 /16
印　　张：56.25
字　　数：705 千字
版　　次：2021 年 1 月第 1 版
印　　次：2021 年 1 月第 1 次印刷
书　　号：ISBN 978-7-5581-9599-0
定　　价：147.00 元（全 3 册）

印装错误请与承印厂联系　　电话：022-82638777

前言

在这个时代，如果你不会电脑，可被称为“文盲”。

乍听这句话，很多人可能认为是危言耸听，但不可否认，随着计算机网络技术的日渐推广与普及，电脑已经渗入我们社会生活的各个领域，发挥着举足轻重的作用。近年来，因电脑的使用，人们放弃了很多常规的计算工具，工程师的工笔和画板、音乐工作者的五线谱也逐渐被电脑绘图软件所代替……

现代办公更是离不开电脑，如撰写合同、打印文件、发送邮件、制作视频以及沟通交流。我们每天接触的大事小情，几乎都可以通过电脑处理，大大提升工作效率。现在，电脑已成为当今社会人人必须掌握的一个关键工具，电脑的熟练操作与运用能力是适应社会的必备技能。

那么，作为初学者，该如何了解电脑呢？需要学习些什么呢？对于不熟悉电脑的人而言，面对电脑难免会无所适从，不知从何下手。

本书从初学者的角度出发，结合电脑使用过程中的实际需要，以电脑的基本操作和应用为引导，采用由浅入深、由易到难的方式逐一讲解和剖析，内容包括认识电脑、Windows 10 系统的基本操作、文字的输入与字体安装、管理和使用常用工具软件、神秘多彩的网络生活、Office 2019 办公软件的使用等。

全书内容翔实，语言精练，图文并茂，结构清晰，可以帮助初学者快速了解和运用电脑，以便在日常的学习和工作中学以致用。对具有一定电脑基础知识的读者来说，这也是一本必备的电脑实践和应用参考手册，满足读者全面学习电脑知识的需求，逐步提升到精通电脑办公的水平。

电脑的操作和运用，是需要逐步展开的过程。不要怕难，不要怕累，不要怕烦，无论你现在是什么年纪，几岁、十几岁还是几十岁，此时此刻都可以开始学习。

只要按照本书介绍的方法，一步一步耐心学习，就一定可以完成电脑的入门和操作，借助电脑轻松“搞定”大事小情。

这个时代，正在以惊人的速度前进着。即便你是昔日辉煌的佼佼者，一生也应当行进在不断学习的路上，如此便永远不会成为被落下的那一个。共勉！

目录

第八章 开启神秘的网络大门

第九章　让沟通不再有距离：QQ、微信和电邮

第十章　妙趣横生的网络生活

第十一章 Office 2019 基本操作

第一章

玩着学电脑，就是这么简单

电脑是20世纪的科学技术发明之一，对人类社会的生产、生活和学习产生重要的影响。如今，电脑更是人们生活、学习、工作等不可或缺的必需品。在学习运用电脑之前，我们先了解下电脑的基本常识吧！

1.1 琳琅满目的电脑市场

世界上第一台电脑 ENIAC 诞生于 1946 年，它的体积大且笨重，经过几代的变革，体积越来越小，功能也越来越强大。一台电脑，不只是一台电子设备，更是我们学习工作的好帮手。要想帮手得力，就要充分了解它的特点，多方考虑，这样做出的选择才是最恰当的。

1.1.1 台式电脑

台式电脑占有极大的市场比例。它是主机与显示器分离的电脑，散热性能更优，主机元件可选择独立或集成，元件损坏时比较容易更换。但是，它的机体分离，体积较大，耗电量也大，没有储电池，不可断电使用，适合放置在固定地点，不方便携带或移动。

图 1-1 台式电脑

1.1.2 笔记本电脑

笔记本电脑与台式电脑的硬件结构相同，体积较小，重量轻，有预装电池，可数小时断电使用，方便携带，但通常采用底部散热，散热性能较差。同等价位下，笔机本的性能比台式机要低。

图 1-2 笔记本电脑

1.1.3 一体机电脑

一体机电脑是目前电脑市场上的新兴种类，它介于台式机和笔记本电脑之间，主机与显示器合并，元件多采用集成化，外观时尚，价格适中，可移动，比台式电脑更节省空间，但不可断电使用。

图 1-3 一体机电脑

1.1.4 平板电脑

平板电脑，是一种小型、便携的个人电脑，它以触摸屏为基本的输入设备，允许用户通过触控笔、数字笔或手指代替传统键盘或鼠标操作。用户还可通过内置的手写识别、屏幕上的软键盘、语音识别或者真正的键盘实现输入。不过，平板电脑屏幕较小，性能也区别于专业电脑，不适合专业人士使用。

图 1-4 平板电脑

1.2 了解电脑系统的组成

完整的计算机系统由硬件系统和软件系统两部分组成。硬件是指电脑的电子器件、线路和设备，也就是说，凡是看得见、摸得着的物理装置都属于硬件部分；软件指的是电脑的操作系统、各种程序、数据及文档集合，也就是说，电脑开机后，显示器显示出来的都属于软件部分。硬件、软件共同存在和发展，缺一不可。

1.2.1 硬件系统

电脑的硬件系统由中央处理器（CPU）、存储器、输入 / 输出设备组成。电脑工作时，由 CPU 控制，将数据由输入设备传送到存储器存储，再将参与运行的数据从存储器中读出送往 CPU 处理，最后由输出设备输出。

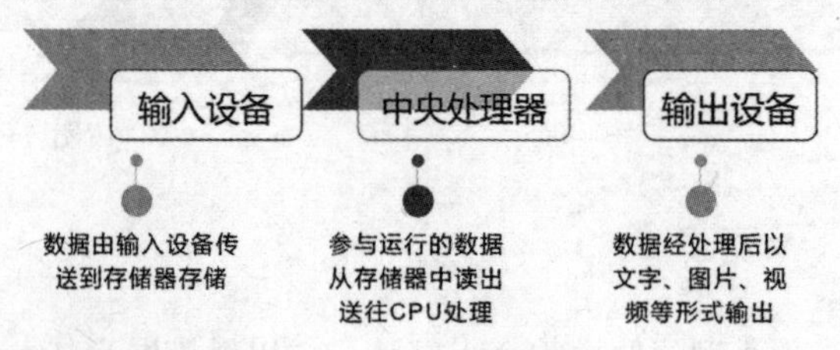

图 1-5 处理系统

1. 中央处理器（CPU）

中央处理器主要负责解释、执行规定的电脑基本操作命令，就如人的大脑，它是电脑的核心部件。

图 1-6 电脑主板

2. 存储器

电脑存储器分为三类，即主存储器（内存）、辅助存储器（外存）、高速缓冲存储器。

（1）主存储器，就是常说的内存条，用于存放电脑工作时最活跃的程序和数据。与外存相比，它的速度快，容量小，价格相对较高。电脑的运行速度与主存储器有着不可分割的联系。

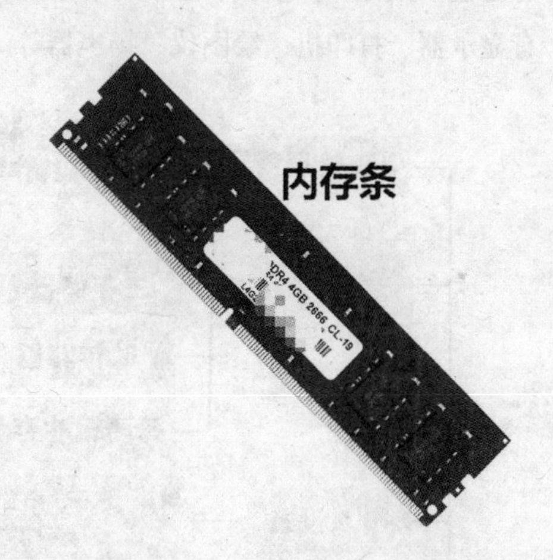

图 1-7 内存条

（2）辅助存储器，是指用于存储电脑数据的硬件，如硬盘、U 盘等。它是主存储器的后备和补充，容量大、成本低，好比电脑的数据仓库。

图 1-8 硬盘

（3）高速缓冲存储器，是为解决差距而设置的。主存储器和 CPU 之间的速度相差一个数量级，限制了 CPU 的速度潜力，因此需要高速缓冲存储器这一设备来激发 CPU 的速度潜力。

3. 输入 / 输出设备

输入 / 输出设备是电脑系统的外接设备，可以说是电脑与用户连接的桥梁。输入设备把数据和程序转换成电信号，通过计算机的接口电路，将这些信号顺序地送入计算机的存储器，再通过输出设备将数据转换成用户习惯接受的信息形式，如字符、图像、声音等。

（1）输入设备：有键盘、鼠标、扫描仪、触摸屏、数码相机等。

（2）输出设备：有显示器、打印机、绘图仪、扬声器等。

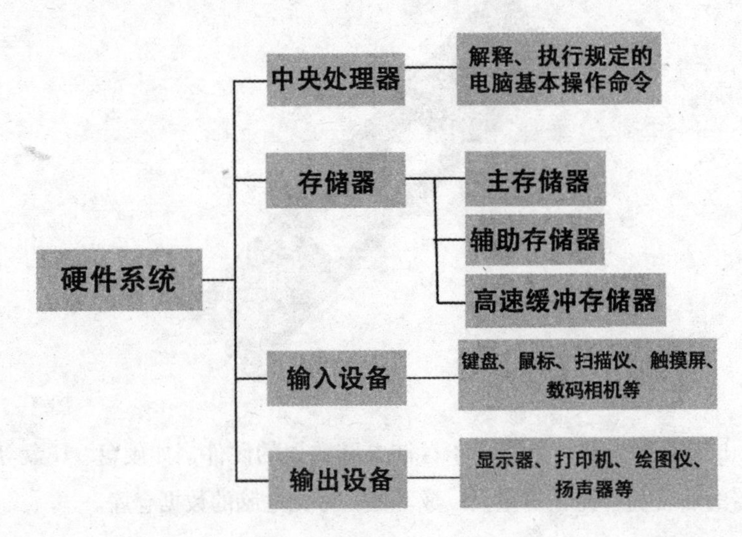

图 1-9 硬件系统

＊小贴士：

电脑在使用过程中如果出现问题，首先要检测硬件系统，观察线路是否松动、硬件是否异常等。

1.2.2 软件系统

电脑的软件系统分为两大类——系统软件和应用软件。如果将硬件系统比作人的骨骼肌肉，软件系统就是人的内在气质。

1. 系统软件

系统软件是管理、监控、维护电脑资源，使电脑高效率工作的保障，它包括操作系统、语言处理程序及数据库管理系统等。

操作系统用于统一管理电脑的资源。电脑操作系统发展迅速，从最初的 DOS 语言系统到现在的可视化窗口操作系统，每次升级都是质的飞跃。现在，我们常用的操作系统为 Win7/8/10、Unix、Linux 等，本书主要讲解 Win10 的基本操作技能。

语言处理程序是用程序设计语言编写的，通常要经过编辑、语言处理后才能运行。电脑所能理解的语言不同于人类，它识别的只能是数字或者代码，一般分为三类——机器语言、汇编语言和高级语言。

数据库管理系统管理的主要内容为存储、查询、修改、排序、分类和统计等，它主要面向解决数据处理的非数值计算问题，可用于档案、财务、图书资料等的数据库管理。

2. 应用软件

应用软件是指用户编制的用于解决各种实际问题的程序。现在，开发的应用软件很多，如用于办公的 office 办公软件、用于剪辑音乐视频的会声会影、用于观看视频的优酷或爱奇艺播放器等。

＊小贴士：

软件是电脑的灵魂，用户体验过程中要注意软件的性能。找到方便操作且适合自己操作的软件，电脑用起来才会得心应手。

1.3 电脑初体验

现在，大多数用户对电脑的组成及功能已有一定的了解。本节我们正式进入电脑学习之旅，掌握一些电脑的基本操作，为之后的电脑知识打下基础！

1.3.1 电脑线路的连接

电脑到手后，要想正常运行，就要学会连接各个设备。如果电脑操作过程中遇到问题，也要首先查看各设备的连接情况。连接过程中，要注意各接口相对应，对接要牢固。笔记本电脑的显示器、主机、鼠标和键盘等集成在一起，如果想要外接设备，插口与台式机的相同。本节以台式机为例说明线路连接步骤。

第一步：主机与显示器的连接。

主机与显示器之间需要用一条信号线连接。信号线的插头为针形插头，两侧有旋钮（螺丝），两头分别插入主机和显示器的梯形插口，固定好插头两侧的旋钮，拧牢，避免掉落。

第二步：键盘与鼠标的连接。

键盘线和鼠标线有两种：一种是圆形插头，另一种是 USB 插头。

圆形插头对应主机背面的圆形插孔（PS/2 插口）。一般情况下，紫色插孔连接键盘，绿色插孔连接鼠标。需要注意的是，圆形插头非即插即用型，插入后要重启电脑才可正常使用。

图 1-10 PS/2 插口

USB 插头比较简单，主机的前面或者背面都有 USB 插口，直接插入即可使用。

现在，很多人为了更加便捷，选择使用无线鼠标和键盘，则不需要接通线路，只需在主机 USB 插口插入 USB 接收器就可以了。

第三步：网线的连接。

现在，网线一般使用水晶头连接，将水晶头对应插入主机背面的网络接口，听到“咔”的一声表示正常接入。水晶头上有卡子，如果想要拔出，先按入卡头再拔出。

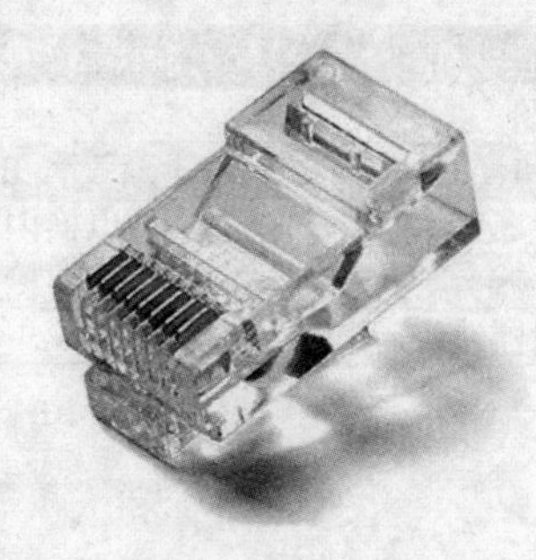

图 1-11 水晶头

第四步：电源线的连接。

台式机主机和显示器的电源线插口与其他电器插口相同，可以先把电源线插上，等线路全部连接后再接通电脑。

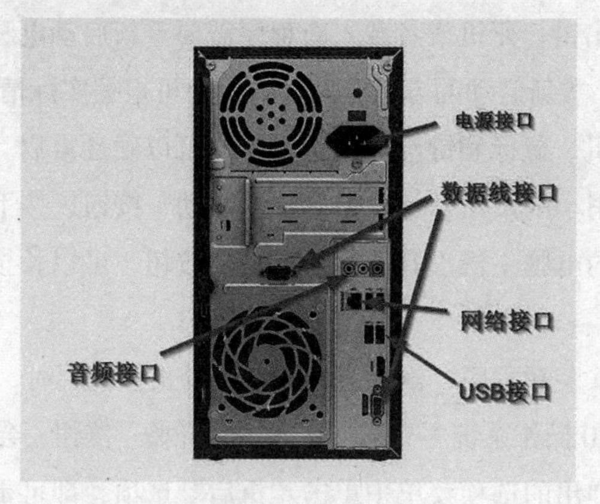

图 1-12 机箱

1.3.2 开机与关机操作

电脑正式开机，是我们正式使用电脑的第一步。电脑的开机与关机操作看似简单，但必须正确、规范。不规范的开关机操作，会对电脑造成损伤。下面以 Windows 10 操作系统为例介绍电脑的开关机操作。

1. 开机

电源线接通后，先按下显示器开关打开显示器，再按下主机电源按钮，启动主机。主机打开后，会听到CPU风扇转动及主机自检的声音，听到一个短暂的“滴”声时，说明系统正常，可以使用。我们要学会听这种声音，如果以后电脑无法使用，便可知道哪里出了问题。

表 1-1 电脑开机常见报警声、存在问题及其解决办法		
报警声	问题	解决办法
2 短	常规错误	重新设置 BIOS 中的不正确选项
1 长 1 短	RAM 或主板出错	可以换内存条或者其他元件
1 长 2 短	显示器或显卡错误	检查连接线、显卡是否松动
1 长 3 短	键盘控制器错误	检查主板

2. 启动界面与系统界面

经过自检，电脑首先进入启动界面，一段时间后便进入系统界面。此时，按键盘的回车键或者“登录”按钮，进入 Windows 10 系统主界面。

3. 重新启动

有时电脑运行出错、死机或者载入新程序需要重新启动电脑时，便会用到电脑的重新启动功能。重新启动的方法有两种，用户可根据实际情况选择使用。

当电脑出错死机、鼠标和键盘无法运行时，可以硬性重启。电脑主机上有一个比“电源”按钮稍小的按钮，这便是“重新启动”按钮，按下这个按钮，电脑开始重新启动。有的电脑主机没有“重新启动”按钮，可以长按“电源”按钮，几秒钟后电脑重启。

当电脑出错或安装新程序，鼠标或者键盘可以正常使用时，选择软性重启。

点开 Windows 10 操作系统主界面左下角的“开始”按钮，会出现“电源”项，单击“电源”，在弹出的选项菜单中单击“重启”选项，即可重启电脑。如果系统还有程序正在运行，则会弹出警告窗口，用户可根据需要选择是否保存。

还有一种快捷重启的方法，同时按住键盘上的 Ctrl+Alt+ 小键盘的点或者 Delete，会出现蓝屏界面，点击右下角的“电源”选项重启。此方法也可进行关机操作。

4. 关机

延长电脑使用寿命的方法首先是正常的开关机。使用 Windows 操作系统关机时，单击“开始”按钮，在弹出的菜单中单击“电源”按钮，选择“关机”。有些电脑电源设置了自动切断电源，当执行了关机命令后，电源自动切断；有些电脑电源设置只关闭系统不切电源，用户需要手动按下电源才可断电。

＊小贴士：

除用以上“开始”按钮关机外，还可用以下方法。

使用键盘 Alt+F4 组合键（同时按下键盘上的两个或者多个键，称为组合键），跳出“关闭 Windows”对话框。对话框默认的选项为“关机”，单击“确定”按钮，关闭电脑。

鼠标右键单击“开始”按钮，或者使用键盘“Windows+X”组合键，打开菜单，单击“关机或注销”选项，选择“关机”即可关闭电脑。

1.4 电脑的指挥棒：键盘与鼠标

电脑运行过程中，常用的输入设备为鼠标和键盘。想要更专业、更高效地使用电脑，就要学会使用键盘和鼠标。

1.4.1 键盘

电脑使用过程中，键盘是用户输入数据的重要设备。虽然现在鼠标代替了键盘的部分功能，但是使用键盘还是更为便捷。

1. 键盘的分类

市面上的键盘各式各样，根据键数分为 96 键、101 键和 107 键等，按照应用分为台式机键盘、笔记本电脑键盘、手机键盘、工控机键盘、速录机键盘、双控键盘、超薄键盘七大类；按工作原理分为机械键盘、塑料薄膜式键盘、导电橡胶式键盘、无接点静电电容键盘……无论哪种键盘，一般都分为五个区，上面是功能键区和状态指示区，下面是主键盘区、编辑键区和辅助键区。

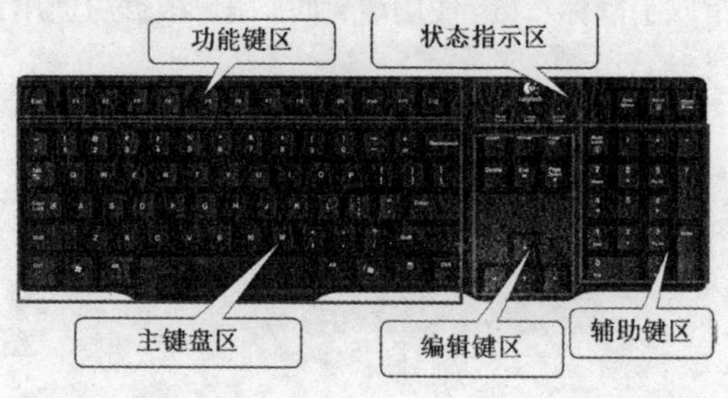

图 1-13 键盘

2. 键盘的基本操作

键盘操作相对鼠标而言比较简单，一般有按下和按住两种操作。

（1）按下：快速按下并快速松开按键。

（2）按住：按下按键等待反应，一般用于组合键的操作。

1.4.2 鼠标

现在，市场上的鼠标多种多样，虽然外观、颜色有很大不同，但它的结构和使用方法大同小异。有些电脑在选购后自带原装鼠标，有些则需要用户根据实际需求和用途选择适合自己的鼠标。

1. 鼠标的选择

市面上的鼠标外观、颜色不同，最简单的选购方法就是根据手掌大小来选择。选购过程中，要考虑到鼠标的质量，因为它需要你以后长期握在手中使用，如果过重或过轻都会引起使用的不适感。除此之外，用户还可参考使用需求来选购。

表 1-2 鼠标种类、用途及其适用人群

种类	用途	适用人群
带滚轮鼠标	上网冲浪、写作、读电子书	普通用户
光电鼠标	CAD、处理图像、编程等	专业人士
游戏鼠标	游戏	游戏玩家
……		

鼠标需要配合鼠标垫使用才会更流畅。为了提高用户体验，很多用户选择鼠标腕垫，减轻腕部的悬空感。

2. 鼠标的握姿

良好的鼠标使用习惯不仅有利于健康，更能让工作、学习事半功倍。鼠标需要握持使用，当右手握住鼠标时，大拇指与无名指自然握住鼠标左右两侧，食指自然放在鼠标左键上，中指放于鼠标右键。使用滚轮时，用户根据习惯用食指、中指皆可。

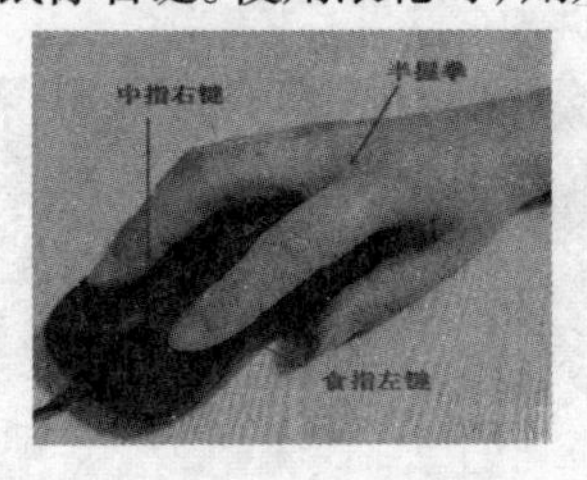

图 1-14 鼠标握姿

3. 鼠标的基本操作

使用电脑时，鼠标操作是最主要的，基本操作分为移动、单击、双击、拖动和右击。

表 1-3

名称	操作方法	功能
移动	不按键，握住鼠标，在桌面上滑动	鼠标光标跟着一起移动，可以指向某个点
单击	按一下鼠标左键	选中目标、切换选项卡、单击按钮等
双击	连续快速按两下鼠标左键	打开程序，最大化及最小化窗口等
拖动	食指按住鼠标的左键不放，进行移动	将目标拖动到另一个地方，可实现目标移动
右击	按一下鼠标右键	弹出相应的快捷菜单

4. 鼠标指针图标含义

电脑使用过程中，鼠标指针的形状会随用户操作或是系统工作形态，呈现出不同的状态。用户可以根据鼠标指针图标了解电脑的工作状态。

表 1-4

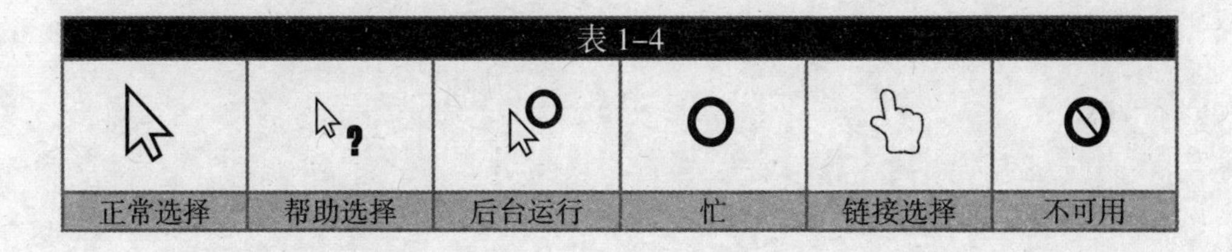

正常选择	帮助选择	后台运行	忙	链接选择	不可用

除以上状态外，不用的应用程序中也会出现不同的指针状态。为了个性化需要，用户还可通过控制面板的鼠标属性设置鼠标状态图标。

第二章

揭开 Windows 10 的神秘面纱

电脑可视化操作系统发展很快，从最初的Win 95/97到现在的Win 10，越来越体现人性化的特点，满足人们的需求。如果留心观察，你会发现很多人的电脑虽然使用的是同样的操作系统，可是看起来各有不同。这便是电脑拥有视窗化操作系统之后的最大改变。本章就让我们一起揭开Windows 10的神秘面纱，把电脑变成“我的地盘”吧。

2.1 认识桌面

2.1.1 桌面的组成

Windows 10 正常启动后，我们看到了屏幕即“桌面”，它是我们操作电脑的工作台。桌面通常包括背景图（壁纸）、常用图标、任务栏等内容。

图 2-1 电脑桌面

2.1.2 桌面常用图标

常用图标是桌面上常留常用的图标，它代表一个对象，双击便可打开相应的文件、程序等。

图 2-2 常用图标

1. 此电脑

“此电脑”就是其他操作系统中的“我的电脑”，双击便可打开电脑资源，对其管理和维护。

2. 网络

“网络”在之前操作系统的名称为“网上邻居”，定位电脑连接到整个网络的共享资源。如果公司设置了内部局域网，它便可用来访问局域网的共享资源。

3. 回收站

回收站是对删除资源的暂时存储，进入回收站的内容，可以通过回收站恢复，但彻底删除的文件则不可以通过其恢复了。

4.Administrator

“Administrator”又称“我的文档”，它是为用户开设的文件夹，用来存储文档、图片和其他文件的默认位置。一般情况下，我们不用此文件夹来存储，因为它直接存到系统盘，久而久之，会影响电脑的响应速度。

5.Internet Explorer

“Internet Explorer”就是常说的 IE 浏览器，它是用来访问网络的工具，也是系统安装时自带的浏览器。

以上所有图标，在电脑变换主题的情况下，外观也会随之更改。除

“Administrator”外，都可通过选中图标，单击图标名称来更改名称。不过，无论怎样更改，图标的功能不会更改。

2.1.3 桌面图标显示与整理

电脑桌面除了放置常用图标外，还有一些程序图标，如同我们办公桌上的整理架，方便物品取拿。需要注意的是，桌面尽量不要太乱，也不要用于存储文件，因为桌面占用的空间为系统盘，文件过多会直接影响电脑运行速度。

1. 图标的显示

要让程序图标出现在桌面上，可以通过以下方法实现。

（1）程序安装时一般会出现一些选择项，如安装“酷狗音乐”时，程序安装前会出现对话框“是否创建桌面快捷方式”，选择“是”，则该程序图标出现在桌面上，需要时双击该图标即可打开程序。

图 2-3 添加到桌面

（2）单击“开始”菜单，选择需要创建图标的程序，单击打开下拉菜单，选择所需程序，按住鼠标左键，拖拽到桌面创建快捷方式。

图 2-4 鼠标拖拽

2. 图标的整理

干净整洁的办公桌面令人神清气爽，电脑桌面也需要时时整理。

（1）删除。电脑桌面除了常用图标外，我们一般保留 4 ~ 5 个常用程序的图标即可。有些用户还习惯将文件创建或者存储到桌面，方便打开。不过，不建议养成这样的习惯，长时间的文件积累，会让系统盘难承重负。

＊小贴士：

删除是清理桌面的必要方法，将鼠标指向删除项，右击弹出菜单选择“删除”，或者单击选中该项后按“Delete”。这种操作方法删除的图标会被放入“回收站”，可以随时恢复。如果不需要放入回收站，删除的同时按住“Shift”键，可以不经回收站永久删除，但不可恢复。

（2）查看。在桌面空白区域右击弹出菜单，选择“查看”，可以对桌面图标的大小、排列方式以及图标是否显示进行设置。

图 2-5 查看快捷菜单

（3）排序。其实，桌面是系统盘中的文件夹，有时文件很多，我们要单个找出来会很麻烦，此时可用排序来解决。在桌面空白区域右击弹出菜单，选择“排序方式”，可以按名称、大小、项目类别、修改日期等将图标重新排序。

2.2 窗口的基本操作

窗口是视窗化操作系统的最大特色，我们的很多操作是从“打开”窗口开始的。电脑窗口一般分为两类：一类是通过 Windows 创建，如“显示设置”“我的图片”文件夹；另一类是由应用程序创建，如“Word 文档”“PS”等。两类有明显的区别，却也有共同之处。本节重点阐述由操作系统创建的 Windows 窗口。

2.2.1 窗口的组成

Windows 窗口一般由以下部分组成：顶部有标题栏、菜单栏、地址栏等；中间工作区域左边为导航区域，右边为工作内容区；底部有详细信息显示区。除此之外，还有控制按钮、滚动条等。

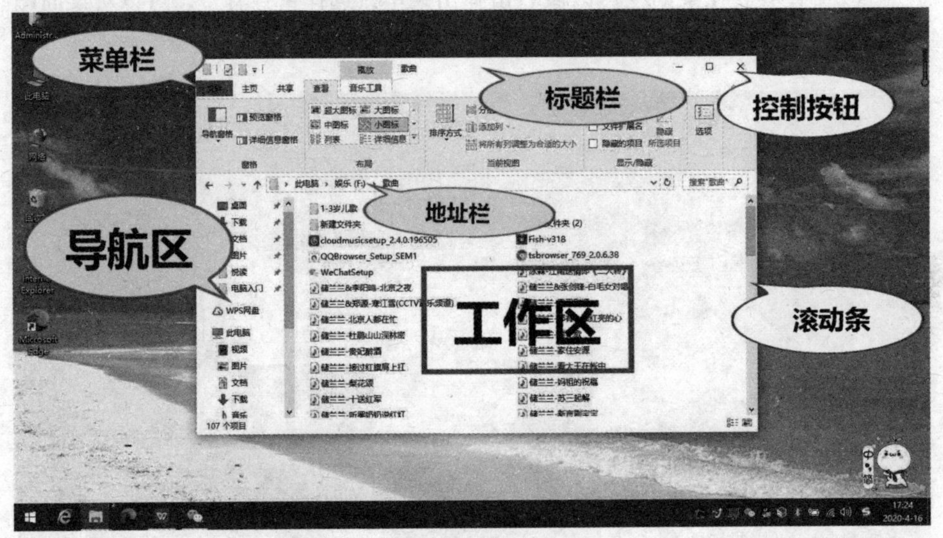

图 2-6 窗口组成

2.2.2 打开和关闭窗口

Windows 窗口的打开及关闭方法很多，鼠标、键盘等均可操作。下面介绍几个常用方法，其他方法可在应用中通过实践获得。

1. 打开窗口

方法一：双击“图标”打开。

图 2-7 双击图标

方法二：指向“图标”，右击弹出快捷菜单，单击“打开”。

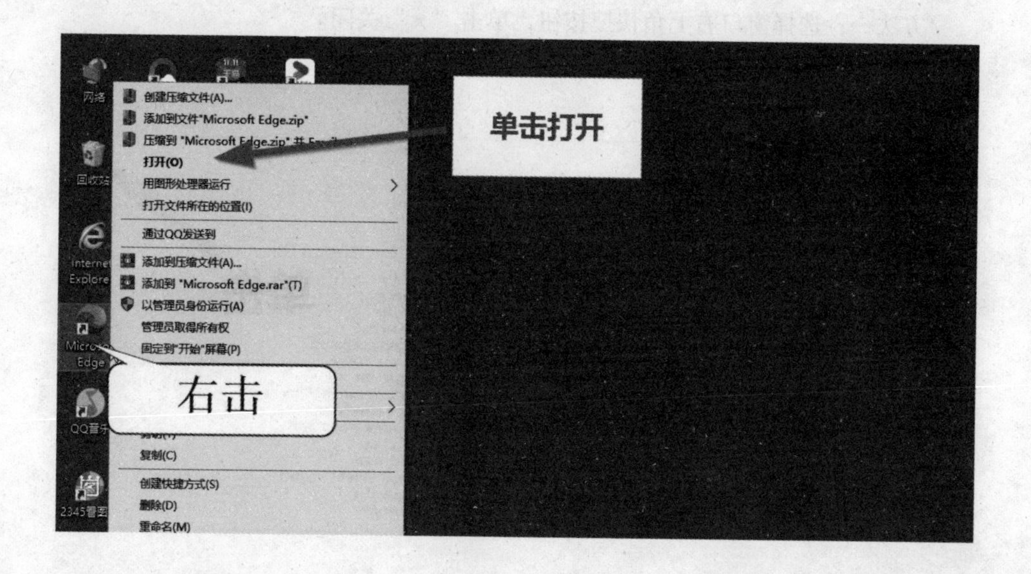

图 2-8 右击打开

方法三：用键盘 Windows 键打开“开始”菜单，选择“图标”，单击打开。

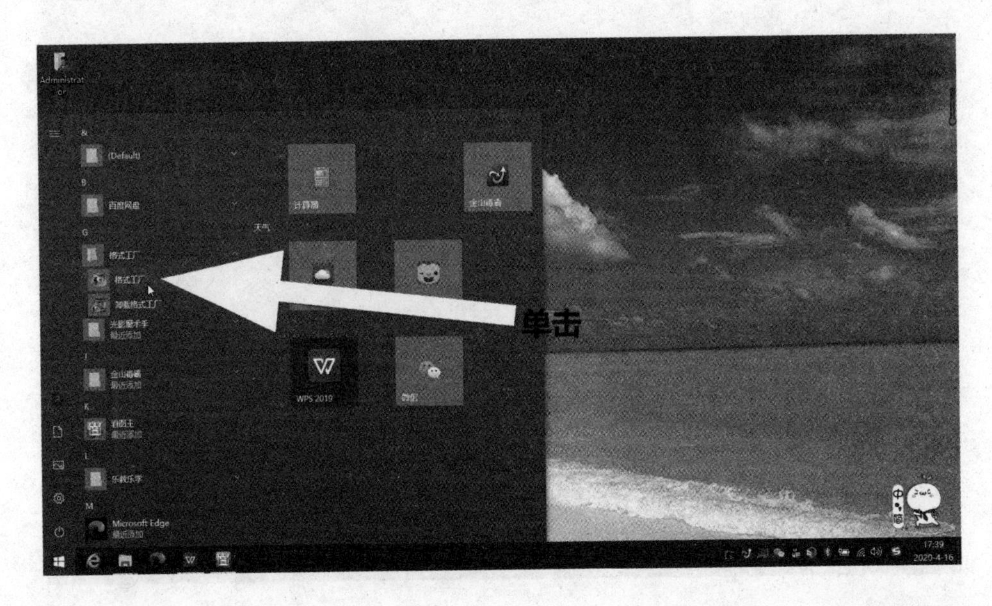

图 2-9 程序菜单单击

2. 关闭窗口

方法一：选择窗口右上角快捷按钮，单击“×”关闭。

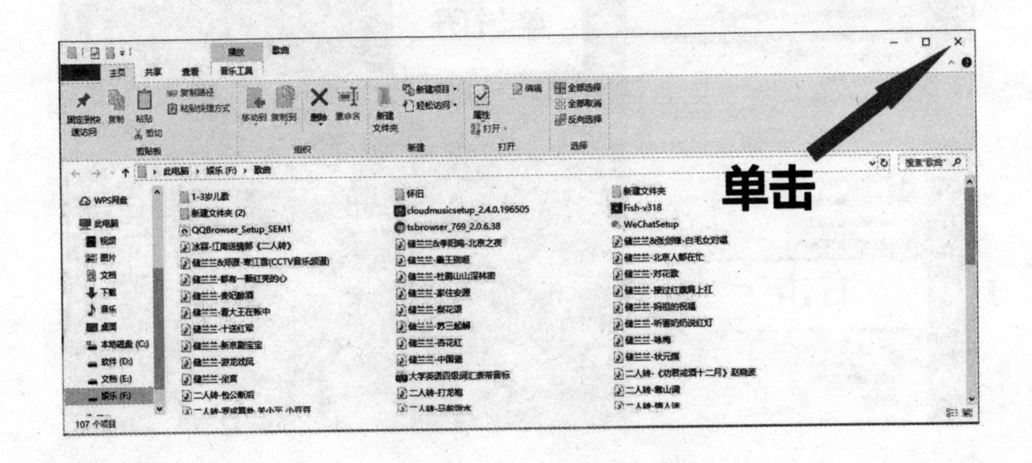

图 2-10 按钮关闭

方法二：右击标题栏，弹出快捷菜单，选择“关闭”。

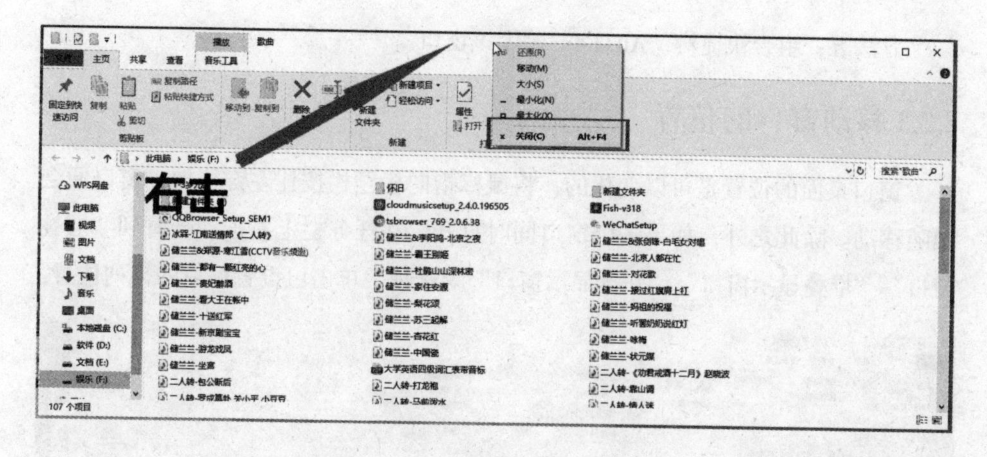

图 2-11 标题栏关闭

方法三：单击窗口顶部左侧快捷按钮，选择“关闭”。

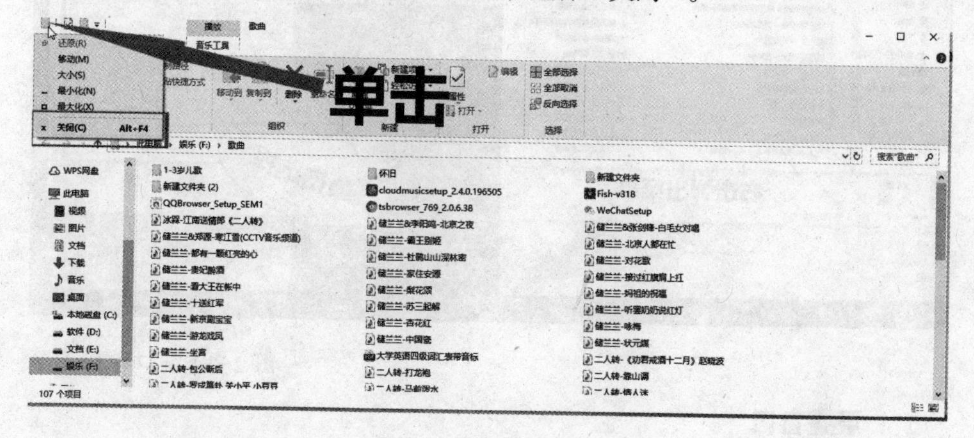

图 2-12 快捷按钮关闭

方法四：在任务栏程序区找到对应的图标，右击弹出快捷菜单，选择“关闭”。

图 2-13 任务栏图标关闭

方法五：组合快捷键“Alt+F4”关闭该窗口。

2.2.3 移动窗口的位置

窗口桌面的位置是可以变化的，将鼠标指向标题栏按住左键拖拽，窗口便会跟随移动。除此之外，如果多个窗口同时打开，在任务栏上右击，会看到“层叠窗口”“堆叠显示窗口”“并排显示窗口”等选项，单击可设置窗口的排列位置。

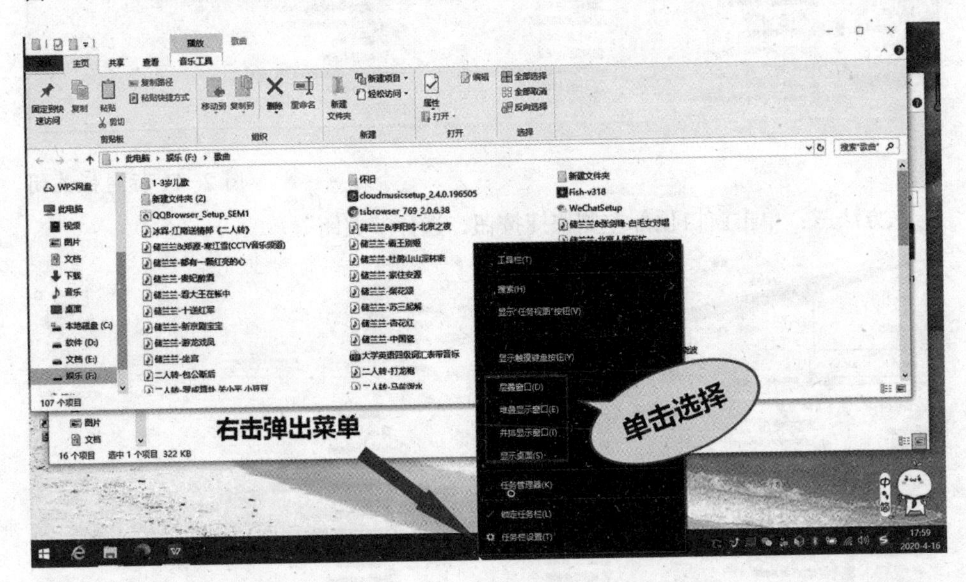

图 2-14 窗口排列菜单

1. 层叠窗口

所有文件层叠在一起，只可看到最前面的窗口，其余窗口只能看到标题栏。

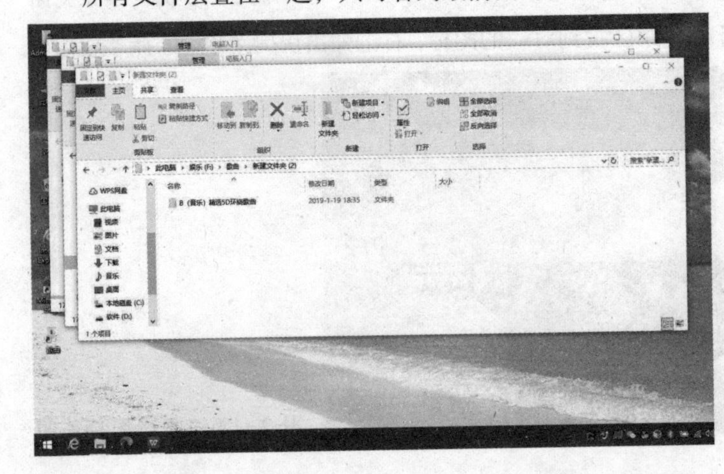

图 2-15 层叠窗口

2. 堆叠显示窗口

所有窗口都可以显示出来，方便用户对比操作。

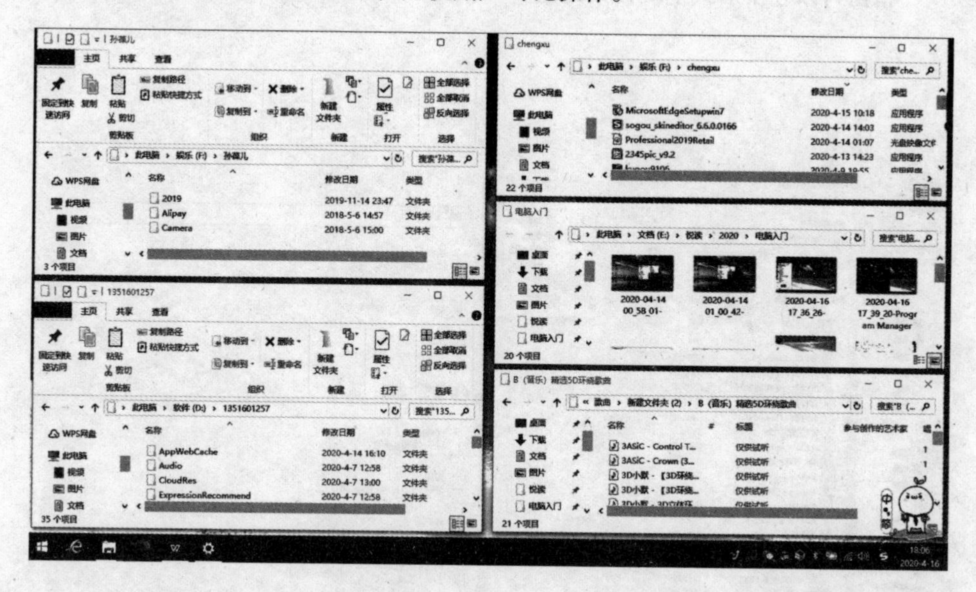

图 2-16 多文件堆叠显示

两个窗口的堆叠，为之前 Windows 系统的横排显示。

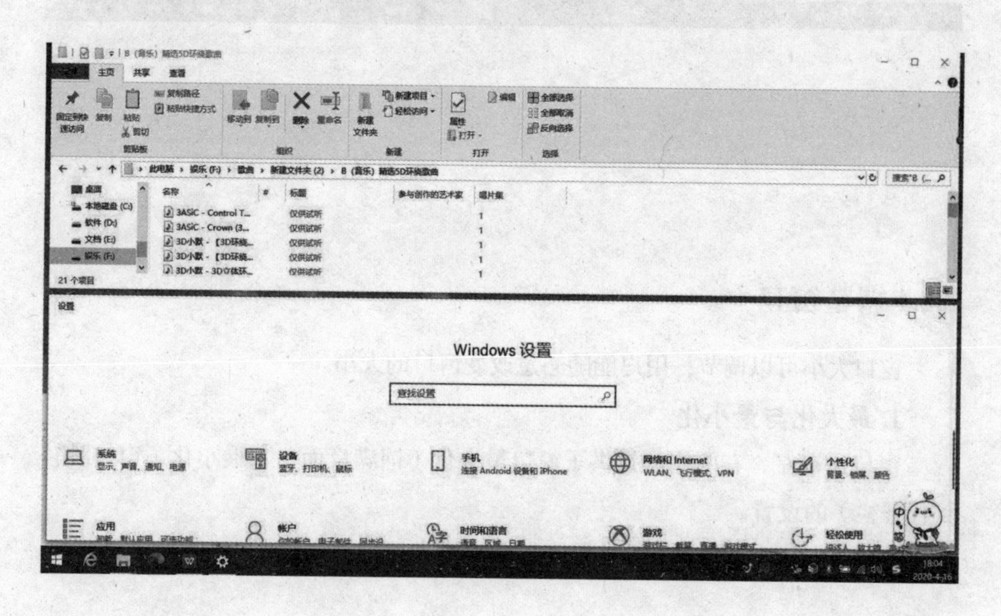

图 2-17 两个文件的堆叠显示

3. 并排显示窗口

指窗口以竖排形式呈现在桌面上。

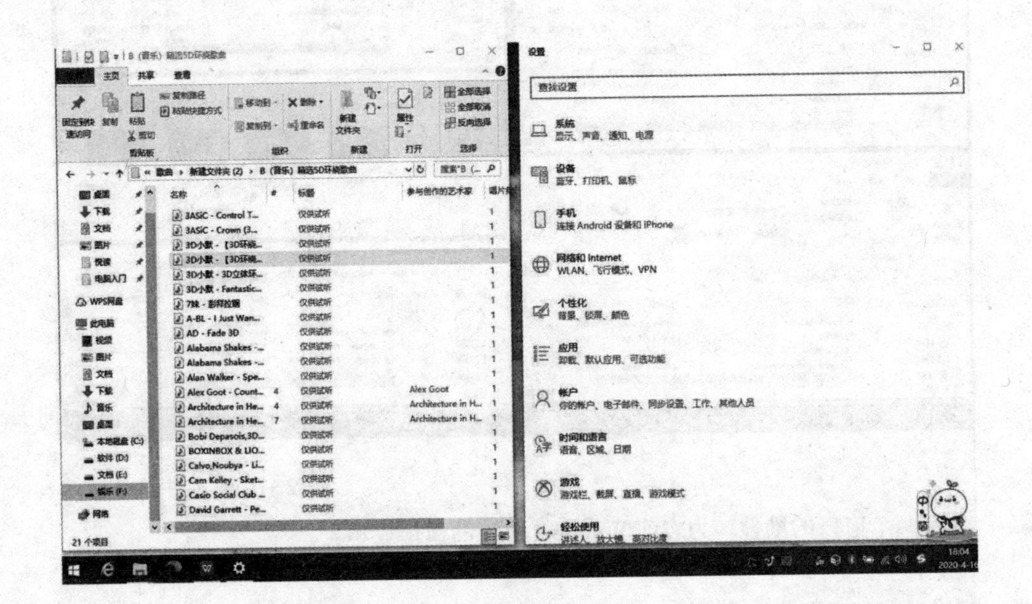

图 2-18 并排显示

2.2.4 调整窗口

窗口大小可以调节，用户能随心意改变窗口的大小。

1. 最大化与最小化

窗口顶端左、右两侧都提供了窗口最大化（铺满桌面）、最小化（窗口跳转到任务栏）的设置。

方法一：单击左侧按钮弹出菜单，选择最大化、最小化。

方法二：单击右侧快捷按钮，选择最大化、最小化。

方法三：双击标题栏窗口最大化。

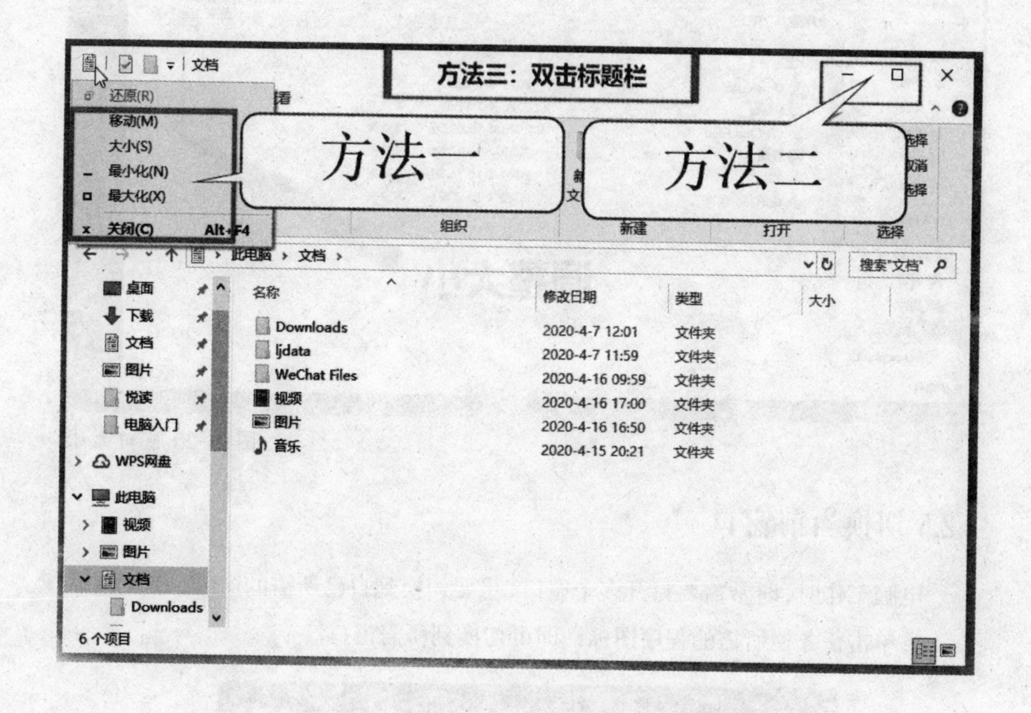

图 2-19 最大化与最小化

2. 更改大小

除最大化、最小化之外，窗口的大小也是可以调整的。在“还原”状态下（单击顶端左侧按钮弹出菜单，选择“还原”），将鼠标指向窗口边缘，它变为双向箭头，按住鼠标左键向箭头方向拉拽，窗口边缘也会随之变化，大小合适后，松开鼠标左键。

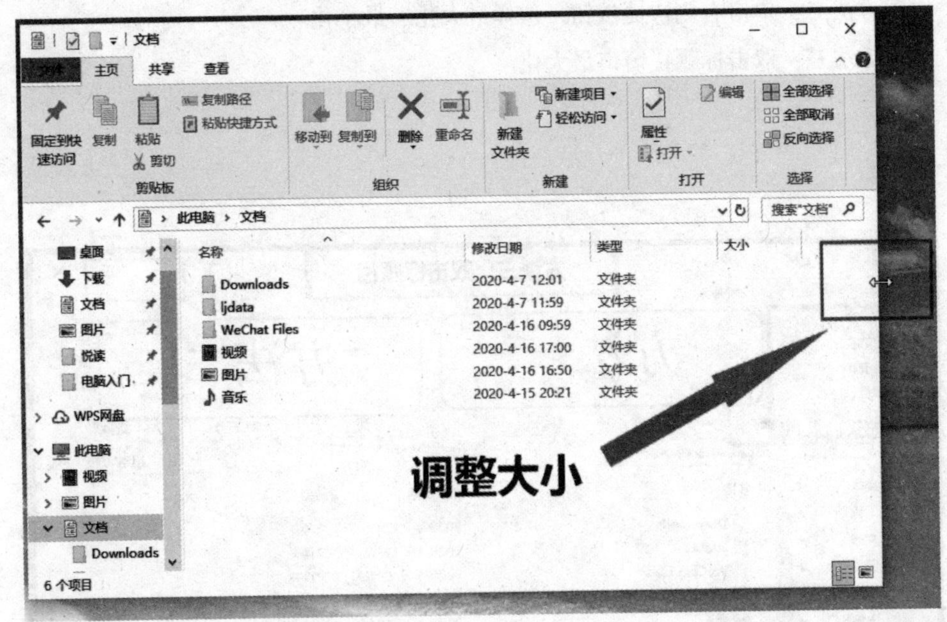

图 2-20 窗口大小

2.2.5 切换当前窗口

电脑工作时,时常需要打开多个窗口,想要切换到自己所需的窗口,方法如下。

1. 单击任务栏所需的程序图标，即可切换到所需窗口。

图 2-21 切换窗口

2. 按键盘组合键 Alt+Tab，桌面上可显示所有应用程序，按住 Alt 键不放，按 Tab 键切换，找到所需窗口后松开 Alt 键。

3. 按键盘组合键 WIN+Tab 键，应用程序并排陈列在桌面上，用键盘方向键选择所需程序后，敲“回车”键选择。

2.3 “开始”菜单的基本操作

“开始”菜单在电脑操作中使用最频繁，它位于桌面最下方的“任务栏”左侧。打开“开始”菜单的图标为 Windows 图标，可以通过单击此图标打开“开始”菜单，也可通过键盘 Windows 键打开菜单。

2.3.1 认识“开始”菜单

单击“开始”，弹出“开始”菜单。此菜单用于启动程序、查找文件、系统设置、访问“帮助”等，几乎所有的 Windows 系统操作都可在这实现。整体来说，“开始”菜单分为三部分：系统功能区、应用列表区和“开始”屏幕。

图 2-22 “开始”菜单

1. 系统功能区

在“开始”菜单最左侧，包括电源管理、资源管理器、设置等快捷按钮。

2. 应用列表区

安装应用程序后，程序项目便会出现在此区域，用户可以通过程序后面的下拉菜单按钮对程序进行打开和卸载操作。

3. “开始”屏幕

此屏幕是 Windows 10 新增的区域，主要用来固定磁贴，用户可将最近常用的项目拖拽到此屏幕，方便操作。

“开始”屏幕的大小可自行调整，将鼠标指向“开始”屏幕边缘，它变成调整大小箭头模式，按住鼠标左键拖动，自行选择大小。同时，Windows 10 的“开始”菜单依旧保存了 Windows 8 的全屏显示，用户可以通过“设置”进行更改。

第一步：单击“开始”按钮打开菜单，在左侧的系统功能区中找到“设置”，单击打开“设置”窗口。

图 2-23 单击“设置”

第二步：单击“设置”窗口中的“个性化”窗口。

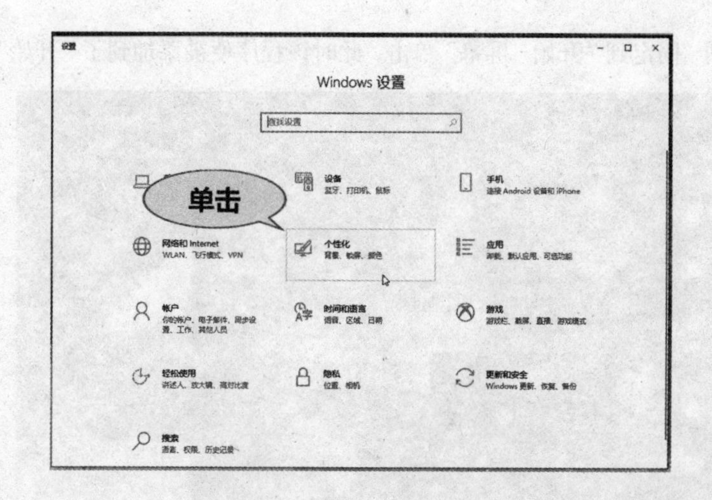

图 2-24 单击“个性化”

第三步：在左侧选卡中选择“开始”，单击打开右侧设置区域，打开“使用全屏‘开始’屏幕”的开关，此时“开始”屏幕呈现为全屏。

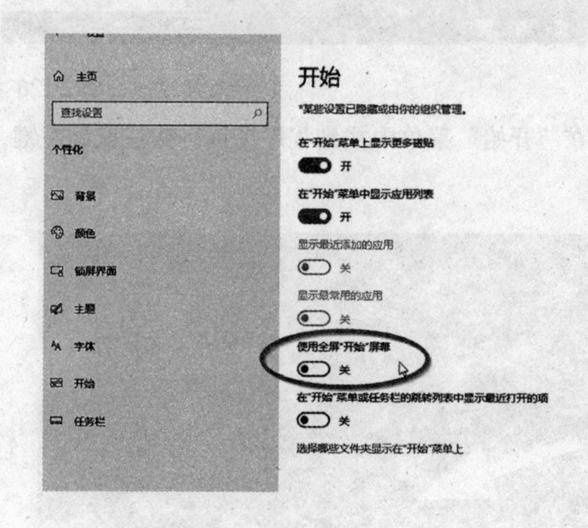

图 2-25 全屏开关

2.3.2 固定到“开始”屏幕

安装好 Windows 10 系统后，“开始”屏幕上的磁贴为初始系统磁贴，它们不一定是用户所需，或者用户还想加入其他磁贴。以下方法可以满足用户所需。

1. 添加

（1）左侧添加。在“开始”菜单中找到需要的程序图标，右击，在弹出的菜单中找到“固定到‘开始’屏幕”单击，此时该程序便被添加到了“开始”屏幕。

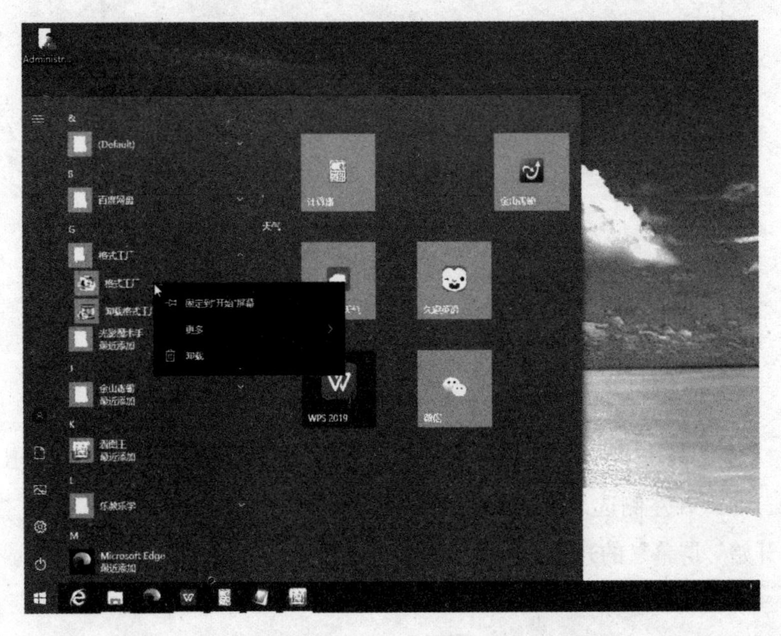

图 2-26 左侧添加

（2）左侧拖拽。在“开始”菜单中找到程序图标，按住鼠标左键，将图标拖拽到“开始”屏幕。

图 2-27 左侧拖拽

（3）其他位置添加：电脑使用过程中，有时需要将电脑中其他位置的项目添加到“开始”屏幕方便操作，此时便可在该项目图片上右击，弹出快捷菜单，选择“固定到‘开始’屏幕”即可。

2. 清除

如果“开始”屏幕中的磁贴长时间不用，也可以清除掉，不会影响该项目在其他位置的使用。在项目图标上右击，从弹出的快捷菜单中单击“从‘开始’屏幕取消固定”，此时磁贴便被清除了。

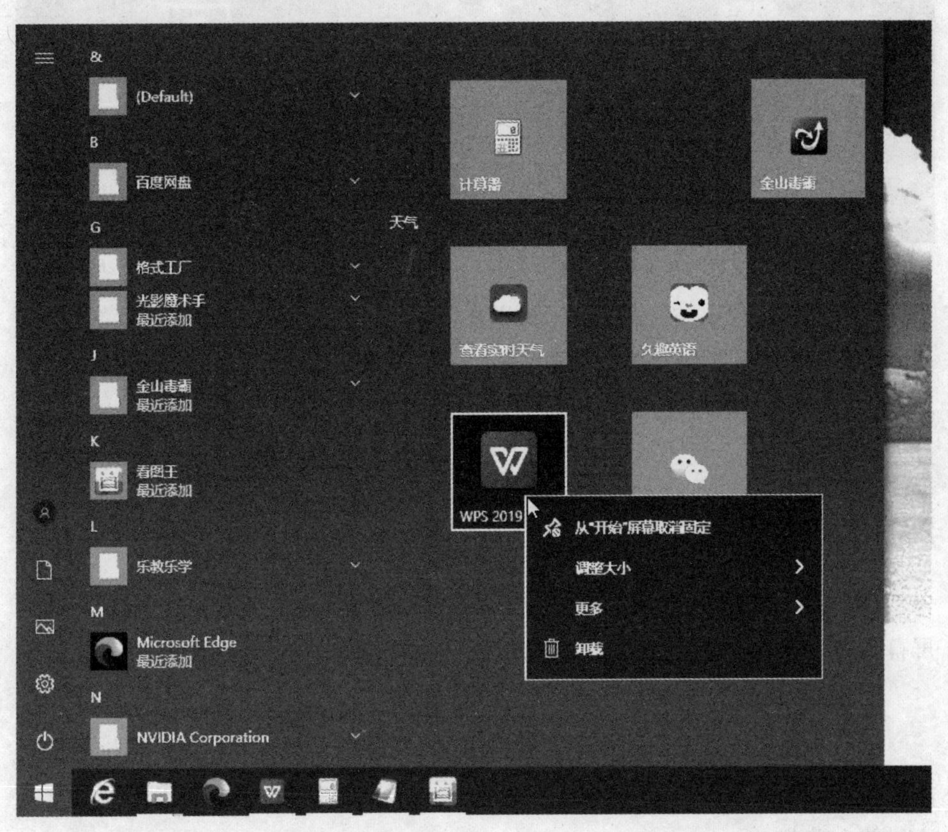

图 2-28 右击图标

2.3.3 动态磁贴的使用

“开始”屏幕中的磁贴是动态显示的，我们称为“动态磁贴”。比如天气、时间等磁贴，就可在打开“开始”屏幕之时直接看到今日天气、此刻时间等，不仅美观，还更加方便。

图 2-29 动态磁贴

如果用户不想磁贴动态显示，可以在该磁贴上右击，从弹出的快捷菜单中单击“更多”，打开二级菜单，单击“关闭动态磁贴”，这样磁贴便会变为普通的项目图标。如想再次打开，操作方法与关闭相同，只是在二级菜单中单击“打开动态磁贴”即可。

2.3.4 整理“开始”屏幕

用户长时间使用电脑，“开始”屏幕会变得满满当当。这种情况下，“开始”屏幕最初的快捷功能便会减退。所以，用户要定期整理“开始”屏幕。

1. 磁贴大小

对一些动态或者常用的程序图标，用户总希望它明显一点，便可通过调整大小来实现，如将动态、常用程序等图标变大，另一些变小，这样“开始”屏幕就会错落有序。

方法是：在需要调整的磁贴上右击，从弹出的菜单中选择“调整大小”单击，此时弹出二级菜单，选择“大”或者“小”，就可以将磁贴变大或者变小了。

2. 分组

“开始”屏幕的每一行都有一条“分组命名”区，按住鼠标左键拖动图标至新的区域，便可形成新分组。单击“命名组”按钮创建组名，在空白区域单击便可建立一个新的分组。

图 2-30 磁贴分组

＊ 小贴士：

在没有命名的情况下，命名组的区域是自动隐藏的。所以，用户分组后，小组图标超过一行也没有关系。

2.4 任务栏的基本操作

任务栏，即执行电脑任务的工作条，它默认放在桌面底部，程序以图标“按钮”的形式出现在任务栏。上节已经对“开始”按钮做了详细介绍，本节主要介绍其余区域图标的操作。

2.4.1 任务栏的组成

桌面底部的“任务栏”分为 4 个区域，分别是“开始”按钮、快捷按钮区、应用程序区、驻留程序区。“开始”按钮是我们应用最多的，很多操作是从打开“开始”按钮开始的。

图 2-31 任务栏

2.4.2 将图标固定到任务栏

将图标固定于任务栏，即将图标固定在快捷按钮区中。比如用户常用图标，放在桌面会占系统空间，每次打开都必须先返回桌面，因此，用户可将常用程序图标放在"快捷按钮区"，打开程序的方式也很简单，只需单击图标便可。

将图标固定到任务栏的方法较为简单，一般采用以下两种。

1. 右击选择

打开"开始"菜单，或在桌面找到所需固定的程序右击，从弹出的快捷菜单中找到"更多"—"固定到任务栏"，此时，图标便固定到了快捷按钮区。

图 2-32 右击固定

2. 拖拽

找到目标程序后，按住鼠标左键拖拽图标，到快捷按钮区后松开。

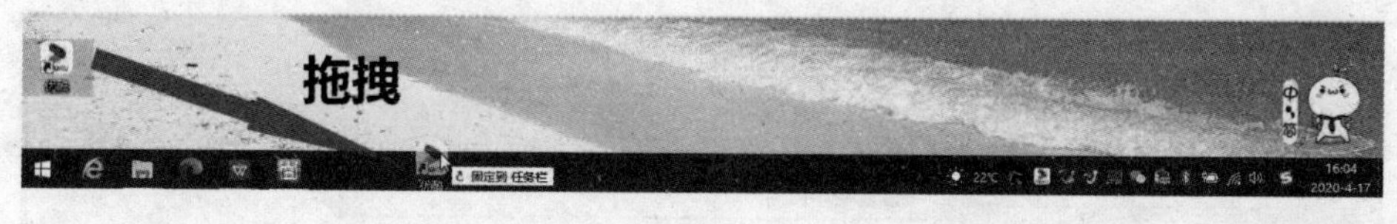

图 2-33 拖拽固定

＊小贴士：

取消固定：右击任务栏上的目标图标，弹出快捷菜单，单击“从任务栏取消固定”，此时该图标便从任务栏的快捷按钮区消失了。

2.4.3 显示 / 隐藏任务栏图标

任务栏右侧驻留程序区中的有些图标是随开机启动的，如“音量”“输入法”“时间”等，有些是用户使用中在后台运行的，如“微信”“QQ”及杀毒类软件等。我们也可对这些程序的显示与否进行个性化设置，方便工作。

第一步：单击“开始”，选择“设置”，进入“个性化”设置页面。

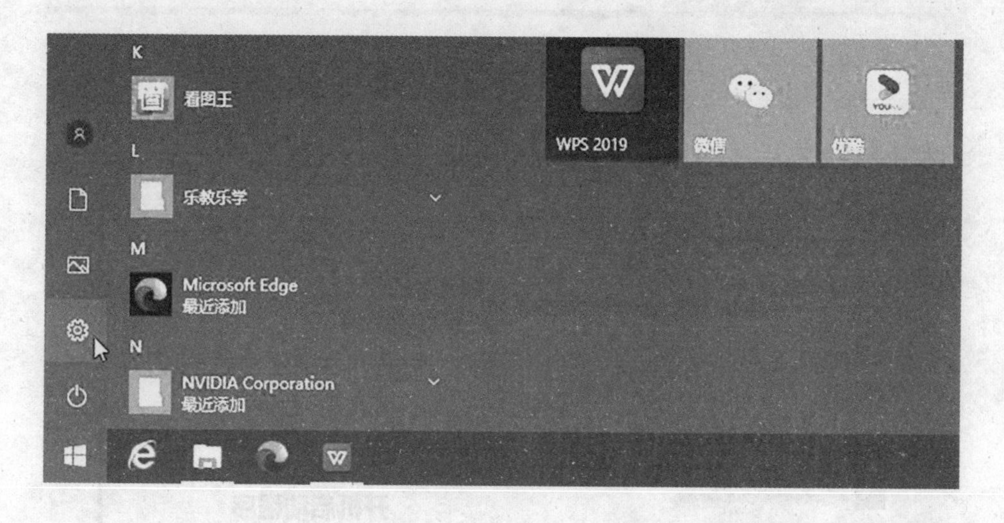

图 2-34 单击“设置”

第二步：在左侧选项卡中找到“任务栏”后单击，此时显示右侧设置区域，向下拖动滚动条（或滑动鼠标滚轮），找到“通知区域”进行设置。

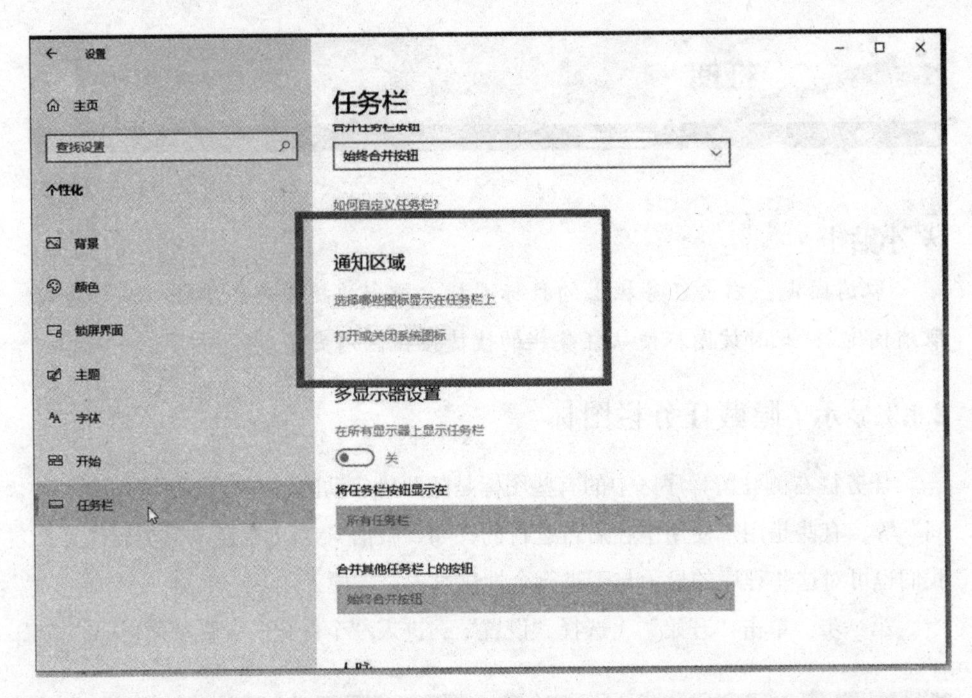

图 2-35 通知区域

第三步：单击“选择哪些图标显示在任务栏上”链接，从打开列表中设置驻留程序开关状态。

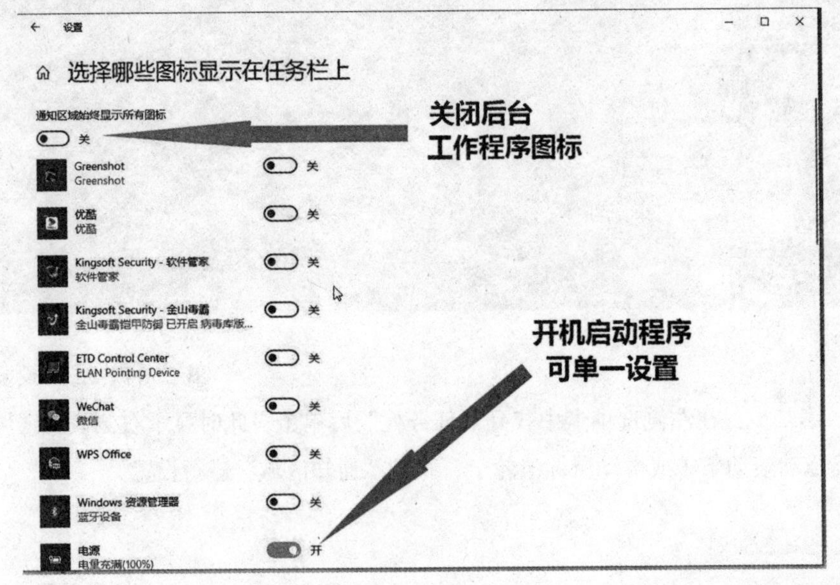

图 2-36 选择“开关”

第四步：设置完成后直接返回，此时驻留程序区中的设置已经更改。

2.4.4 设置任务栏自动隐藏

任务栏留在桌面是为了方便用户操作，但在某些情况下，用户需要将程序全屏而不保留任务栏，此时便可对任务栏进行隐藏设置。

操作方法：打开“个性化”设置窗口，单击左侧“任务栏”，打开右侧设置区域，找到相应的开关设置即可。

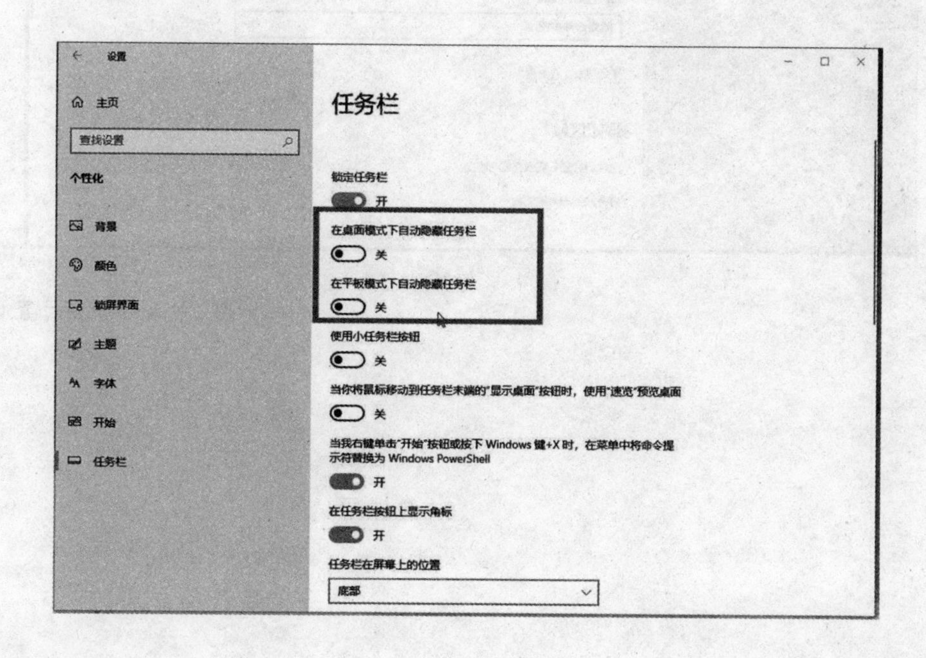

图 2-37 任务栏显示 / 隐藏

2.4.5 更改任务栏的位置

任务栏默认放置在桌面底部，用户也可通过个性化设置改变任务栏位置，将任务栏放在左侧、右侧、顶部。

操作方法：在“个性化”设置窗口左侧选项卡中单击“任务栏”，右侧设置区域中单击“任务栏在屏幕上的位置”下拉菜单，选择想要安放的位置。

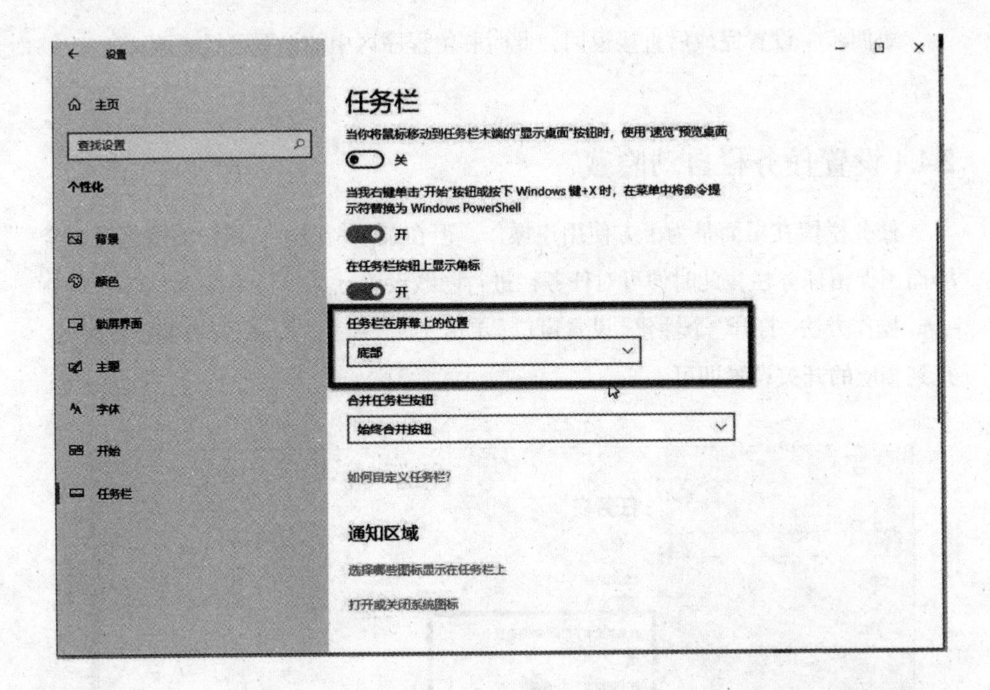
设置
主页
查找设置
个性化
背景
颜色
锁屏界面
主题
字体
开始
任务栏
任务栏
当你将鼠标移动到任务栏末端的"显示桌面"按钮时，使用"速览"预览桌面
关
当我右键单击"开始"按钮或按下 Windows 键+X 时，在菜单中将命令提示符替换为 Windows PowerShell
开
在任务栏按钮上显示角标
开
任务栏在屏幕上的位置
底部
合并任务栏按钮
始终合并按钮
如何自定义任务栏?
通知区域
选择哪些图标显示在任务栏上
打开或关闭系统图标

图 2-38 任务栏位置

第三章

打造个性化的电脑操作环境

每个人的电脑打开后各有不同，那是他们采用了个性化的设置，打造个性化的电脑操作环境，可以让我们的电脑使用起来更加顺手，心情也更加舒畅。

3.1 设置桌面与主题

为了让电脑更符合自己的喜好和使用习惯，用户可以设置桌面背景及主题。

3.1.1 设置桌面背景

打开“开始”菜单，鼠标指向左侧齿轮形图标，出现“设置”二字（下文直接称“设置”按钮），单击此图标便可对电脑进行设置。“设置”就是之前系统中的“控制面板”，单击打开设置窗口，它包括对电脑系统、设备、个性化、应用等的管理。下面具体看一下桌面壁纸更换方法。

第一步：单击“个性化”，打开电脑个性化设置窗口，在左侧目录中选择“背景”，右侧出现桌面背景设置项。

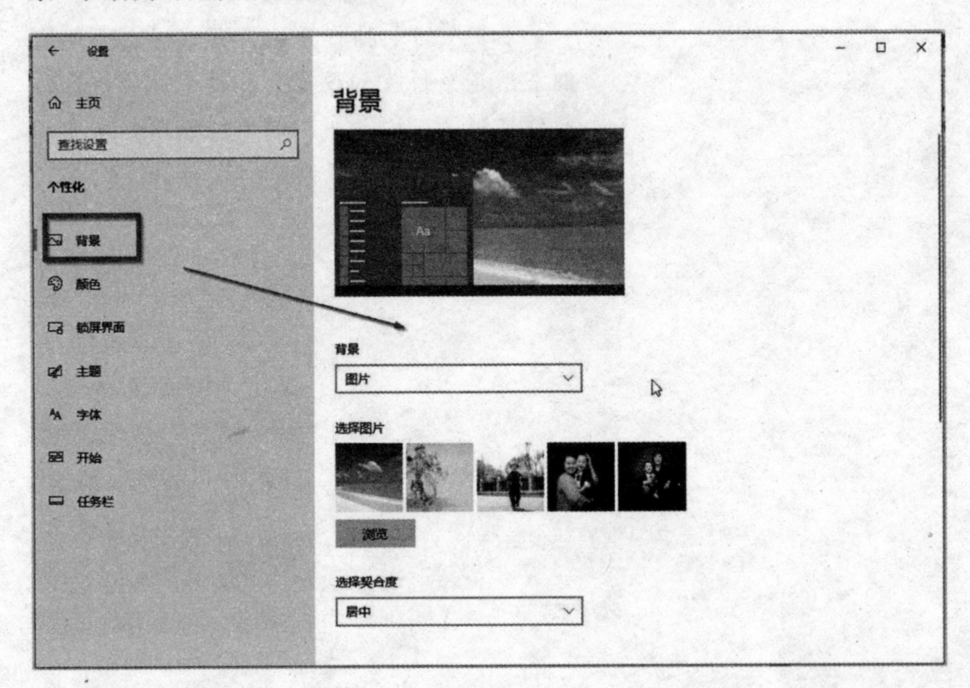

图 3-1 背景设置窗口

第二步：系统预设了三类壁纸，用户可根据需求选择。

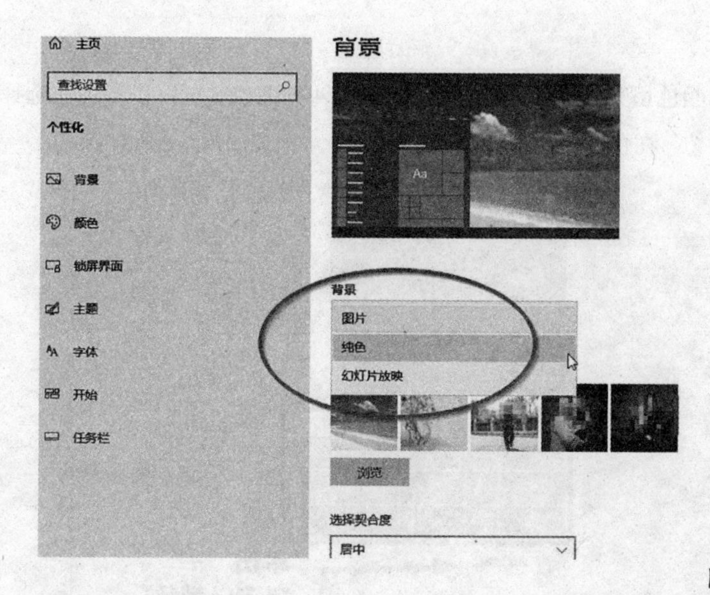

图 3-2 背景设置

1. 图片

可选择系统中提供的自带图片，如果不满意，还可单击“浏览”，在电脑中选择合适图片，之后单击图片完成选择操作。

有些图片作为壁纸后因大小无法与桌面完全契合，可选择下方的“契合度”进行调整。

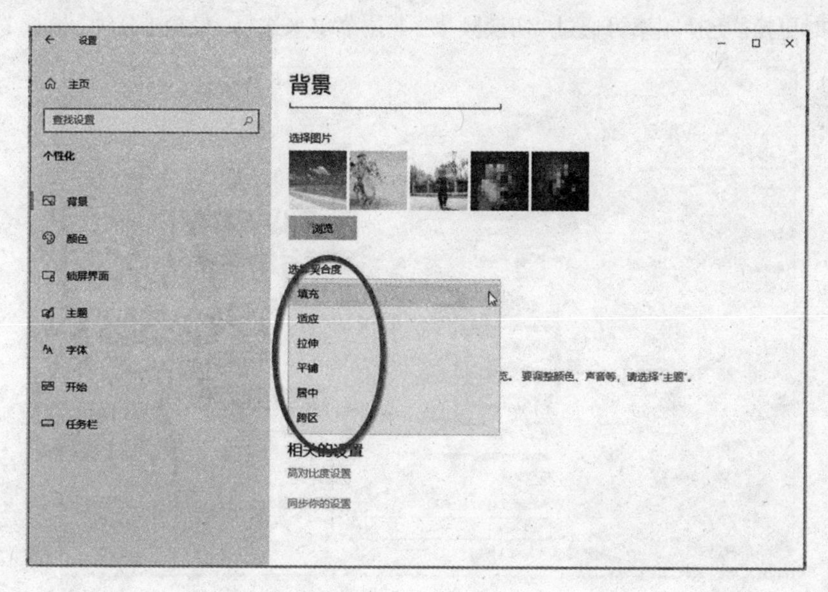

图 3-3 契合度

2. 纯色

选择单一的颜色填充桌面，系统已经预选了 24 种纯色，可以单击色块选择，也可单击“自定义”在色谱中选择。

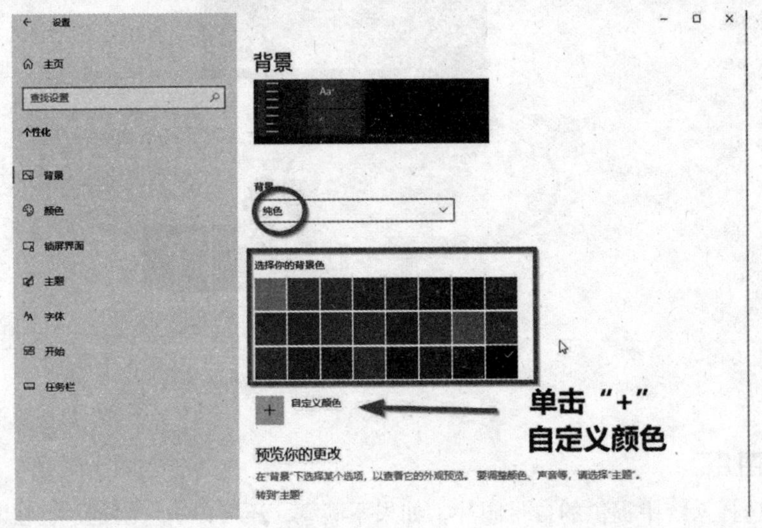

图 3-4 纯色背景

3. 幻灯片放映

通过“浏览”选择图库，对指定图库中的图片执行幻灯片播放命令，桌面壁纸定时更换。更换频率可通过“切换频率”下拉菜单来选择，最短 1 分钟，最长 1 天。

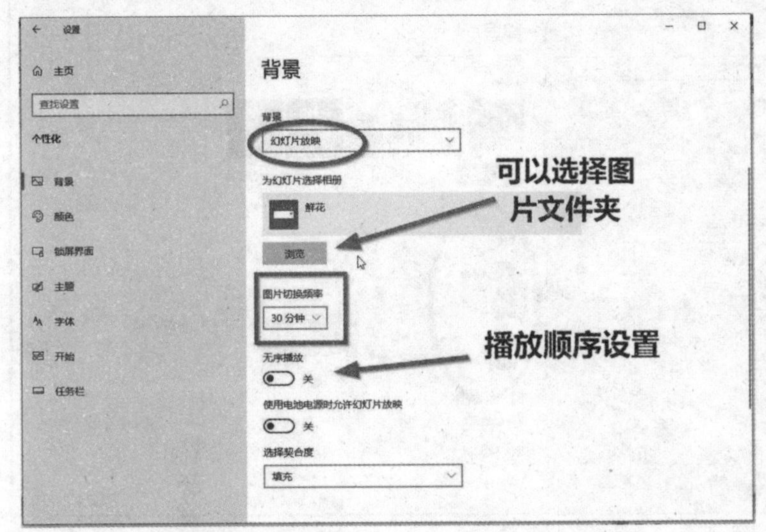

图 3-5 幻灯片放映背景

幻灯片有两种播放顺序——有序和无序，可通过下方开关设置。

Windows 10 还提供了节能开关，即“使用电池电源时允许幻灯片放映”，允许单击滑块选择“开”，反之则选择“关”。

3.1.2 设置窗口颜色和外观

Windows 的默认主题颜色为蓝色，用户可以根据喜好更换，即在左侧目录中选择“颜色”，右边则出现颜色设置项。

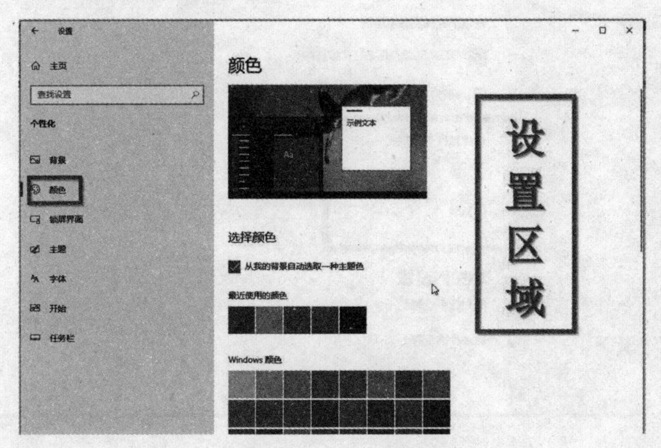

图 3-6 颜色设置

系统默认提供 64 种颜色，设置方法与纯色桌面设置相同。

向下滑动右侧滚动条，单击多选块，可将“开始”菜单、任务栏、操作中心、标题栏和窗口边框设置为同色系。

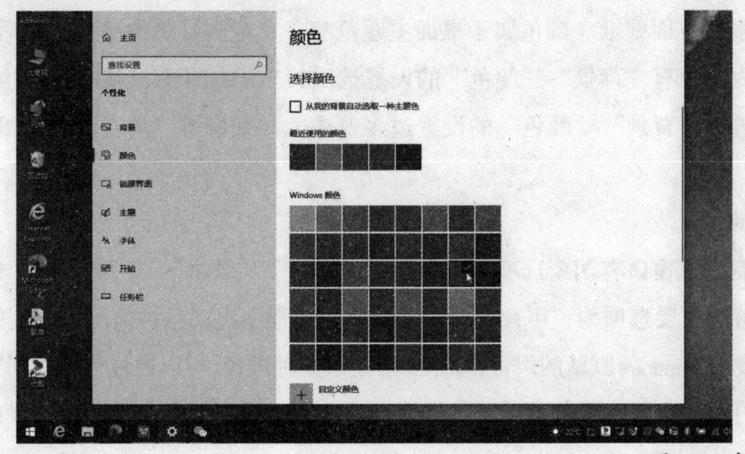

图 3-7 颜色设置

应用模式的颜色有两种选择：一种为“亮”，是正常白天模式；另一种为“暗”，是深夜模式。

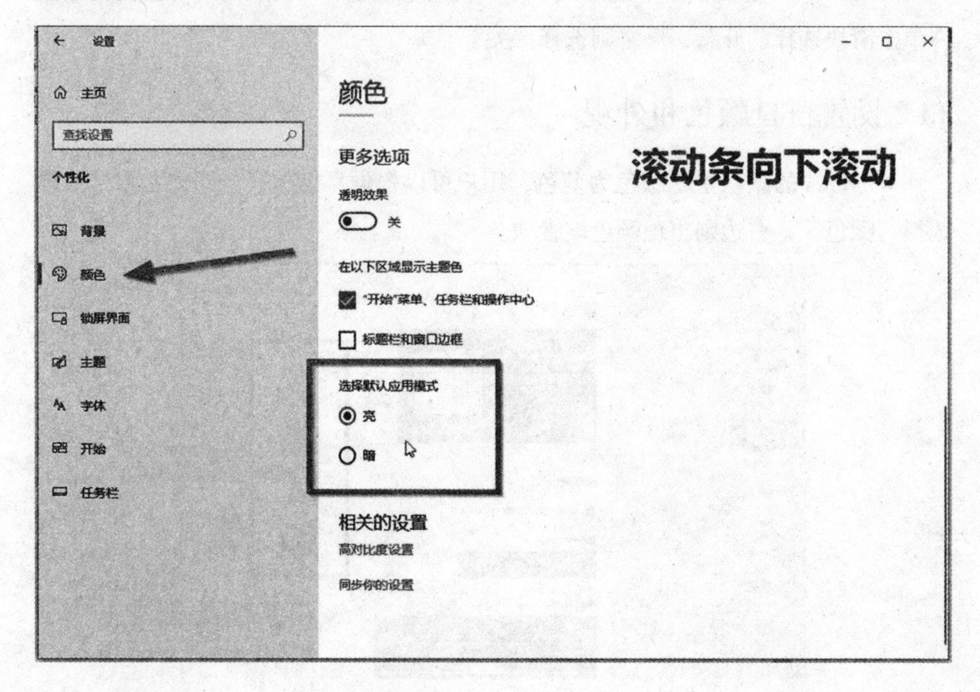

图 3-8 应用模式

3.1.3 设置主题

其实，桌面壁纸、颜色属于桌面主题范畴，在左侧目录中选择主题后，会发现右侧内容中有“背景”“颜色”的设置选项，单击打开后，跳转位置也相同，在此不再对“背景”“颜色”的设置过多赘述，详细讲解“声音”与“鼠标”的设置。

1. 声音

声音设置窗口有四个选项卡，分别是“播放”“录制”“声音”和“通信”。主题设置的主要选项为“声音”，即电脑操作过程中出现各种情况后产生的音效。系统预设了 Windows 默认的声音，如果想要更改某种声音，可以通过程序找到“事件”，在下方打开“声音”下拉菜单，选择声音，在上方找到“另存为”按钮保存设置。

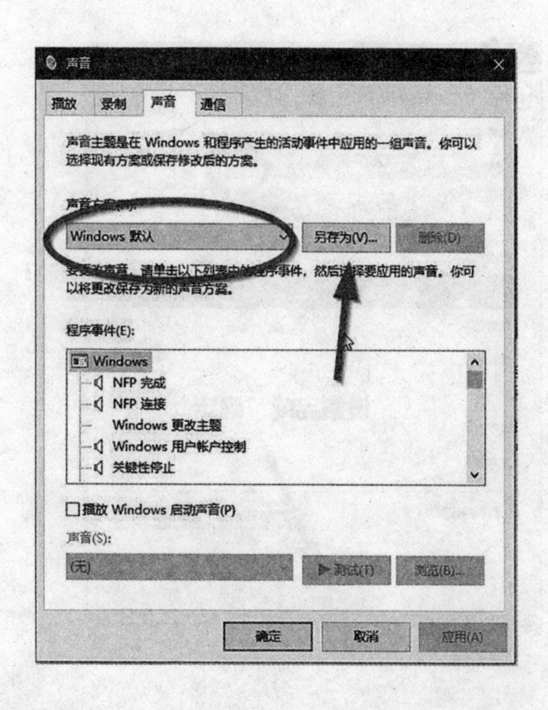

图 3-9 声音设置

2. 鼠标光标

单击“鼠标光标”，打开“鼠标属性”窗口，主题设置涉及的选项为“指针”。Windows 10 自带了许多鼠标指针系统方案，在“方案”选项中打开下拉菜单即可选择。

图 3-10 设置窗口

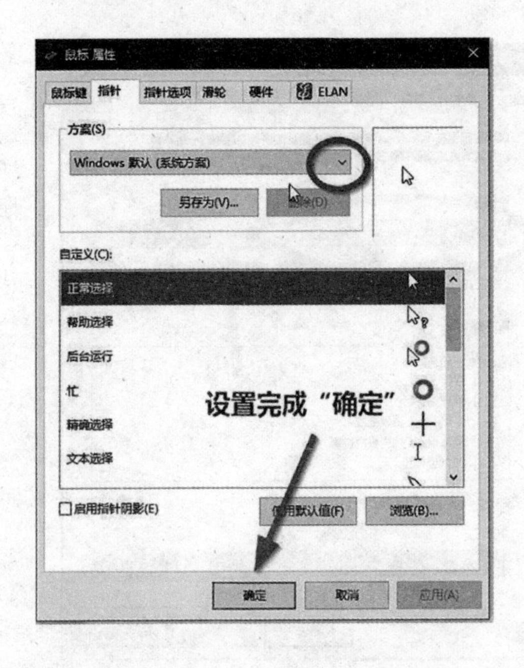

图 3-11 系统方案

用户也可自定义指针,选择状态后单击“浏览”,从电脑中选择需要更换的指针。

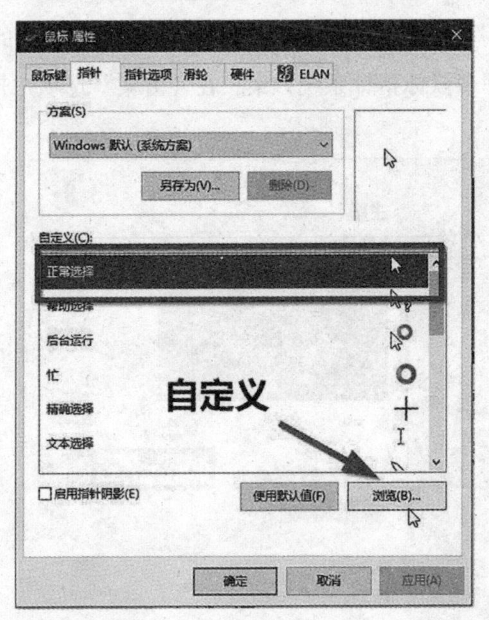

图 3-12 自定义指针

另外，Windows 10 还提供了一些整体设置打包的应用主题，滑动右侧滑块，找到“应用主题”，选择最近用过，或通过“微软商店”下载更多主题。

3.2 设置锁屏界面

锁屏界面，即电脑锁屏显示的界面，包括背景图片、应用的显示等。用户通过个性化设置锁屏界面增加对电脑的使用乐趣。

3.2.1 设置锁屏的图片

在“个性化”设置窗口左侧目录中选择“锁屏界面”，右侧“预览”出现的为当前锁屏桌面图片。用户可以通过“背景”下拉菜单设置锁屏类别——图片或幻灯片放映。

如想更换图片，可通过选择图片下方的“浏览”打开电脑文件，选择其他图片作为锁屏图。

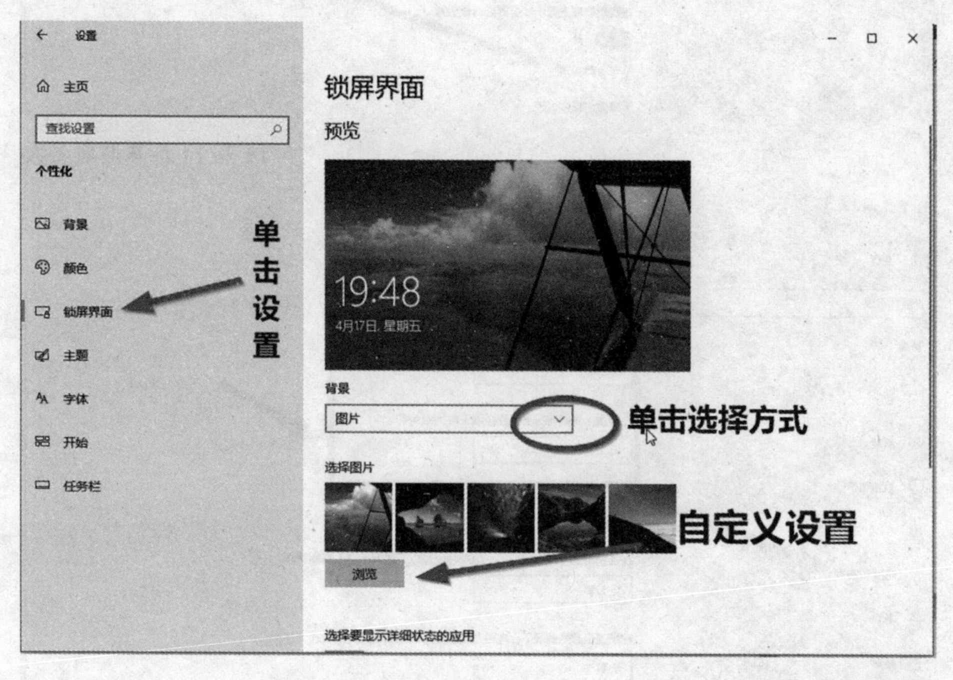

图 3-13 锁屏界面

3.2.2 设置屏幕超时

屏幕超时设置，其链接到电脑的“电源和睡眠”设置卡。在“屏幕”选项中，用户可以选择在电池或接通电源的情况下进入锁屏状态的时间，下拉菜单的最后一项为“从不”，选择后电脑将不会自动进入锁屏状态。

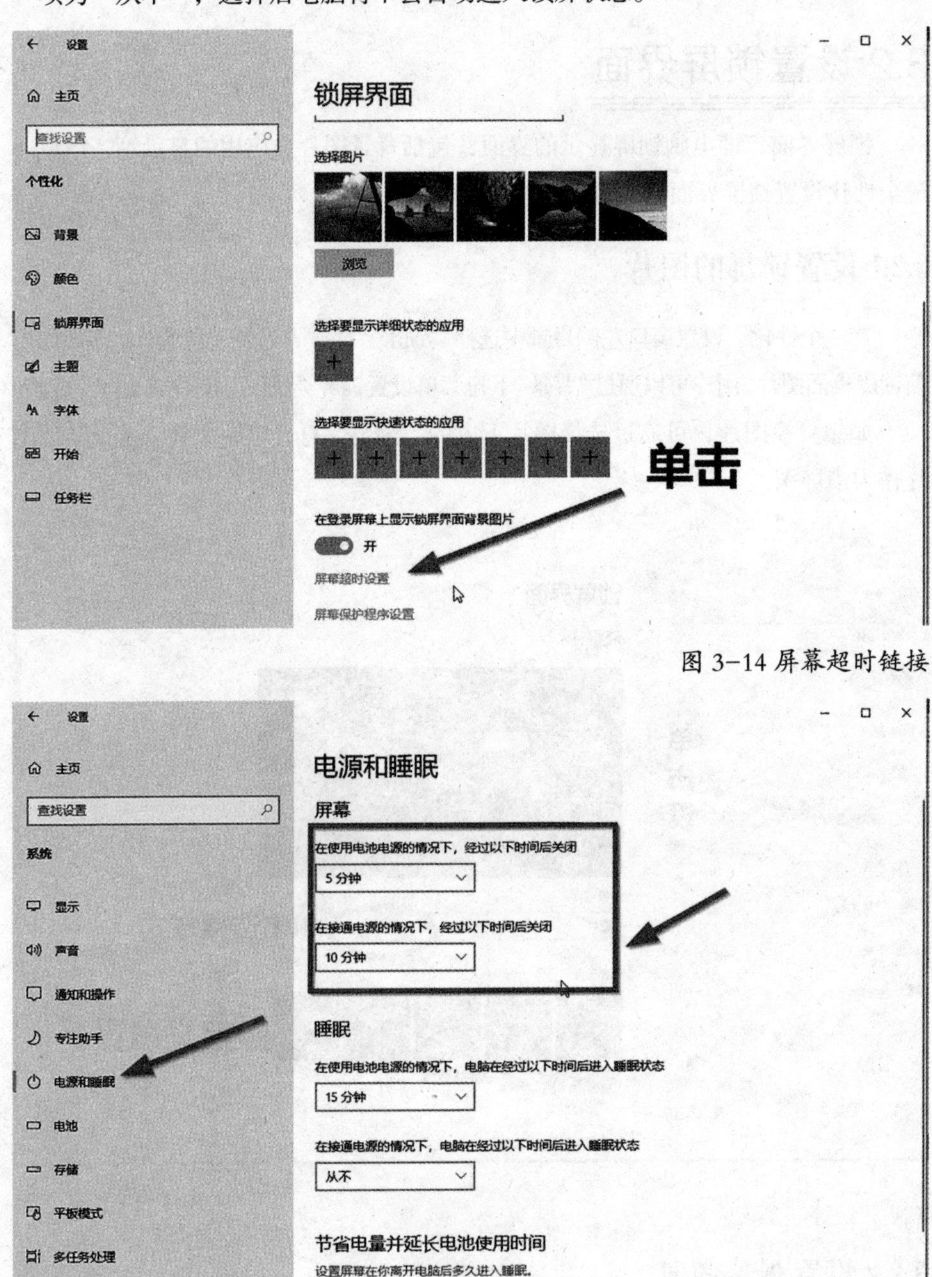

图 3-14 屏幕超时链接

图 3-15 超时设置

＊小贴士：

锁屏也可手动启用，暂时不用时，按 Windows+L 组合键进入启用锁屏。

3.2.3 设置屏幕保护程序样式

屏幕保护程序最初是为了保护 CRT 显示器而开发的。CRT 显示器长时间停留在一个画面或者电脑开启未使用时容易产生色素积压，对显示器造成损坏，所以才开发了屏保程序来保护显示器。

现在，电脑多用 LED 屏，不会再出现这样的问题。而且，电脑运行屏保程序对 CPU 来说也是一种运行程序，会增加负担，因此短时间不使用电脑时，可以采用睡眠方式保护电脑及隐私。当然，用户是否选择屏保，主要看自己的使用习惯。下面是屏保的设置方法。

第一步：在“开始”菜单单击设置，打开设置窗口，单击“个性化”设置。

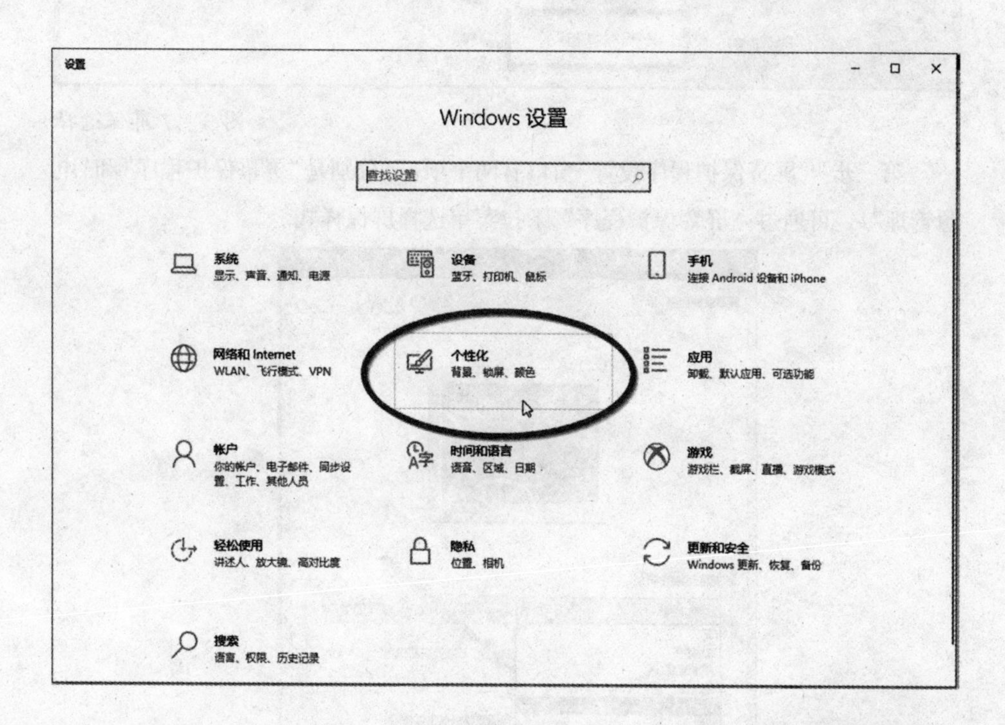

图 3-16 设置窗口

第二步：单击左侧“锁屏界面”，弹出右侧设置区域，向下滑动滚动条，找到“屏幕保护程序设置”链接，单击打开。

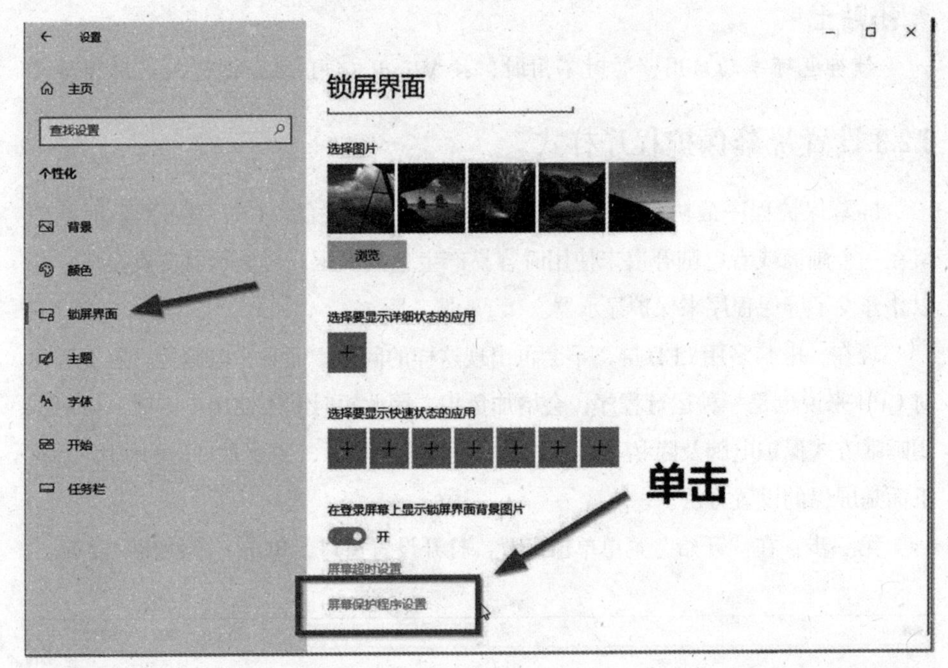

图 3-17 屏保选择

第三步:“屏幕保护程序设置”窗口有两个项目,分别是“屏幕保护程序”和“电源管理”,可通过“屏幕保护程序”下拉菜单选择屏保样式。

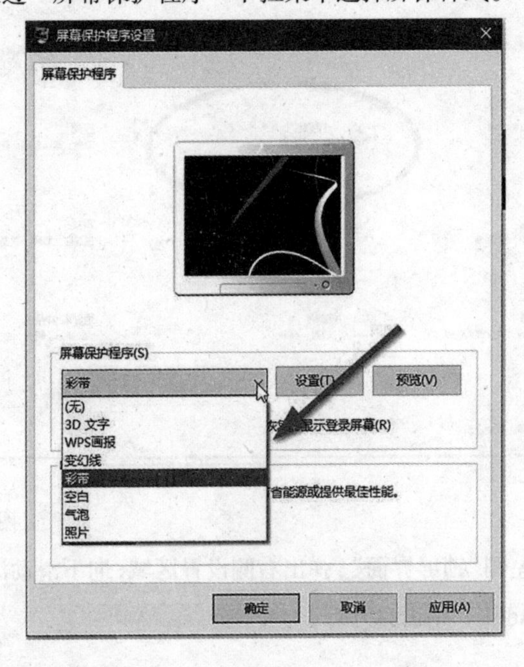

图 3-18 屏保样式

第四步：通过样式右侧的“设置”按钮对样式进行调整，完成后单击“预览”观看。

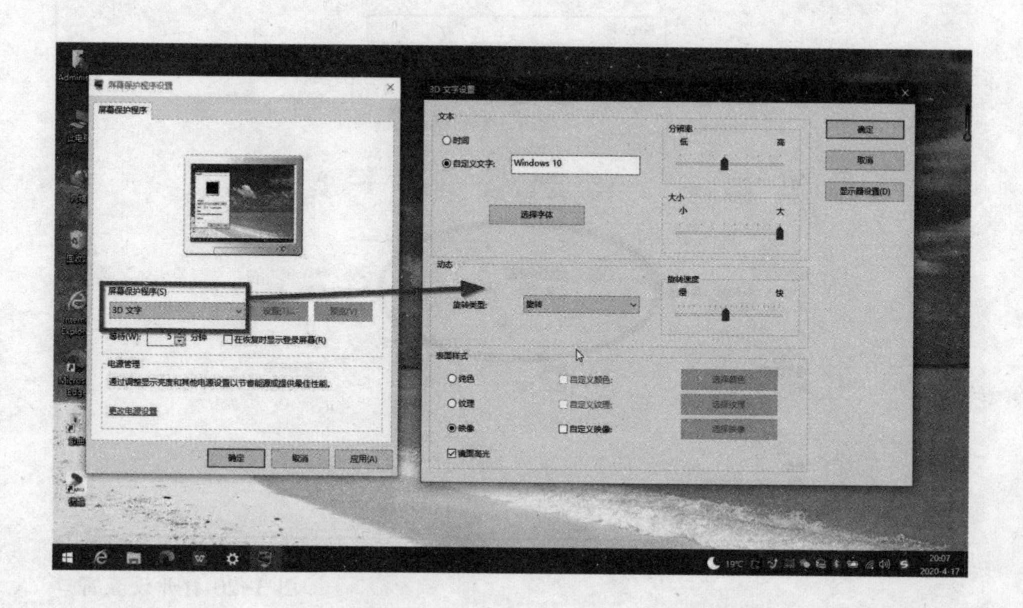

图 3-19 样式设置窗口

第五步：设置屏保出现时间，即当电脑多长时间不用时屏保出现。设置完毕后，单击应用，可以进行其他设置。如果设置完成，可以单击确定，完成设置。

3.3 设置日期和时间

Windows 10 安装完成后，会根据预装信息自行设置日期和时间，不需要再次设置。但是如果电脑没有联网或者台式电脑主机电池损坏等，会影响电脑的日期和时间设定。用户出国或因事需要设定其他时区时间，都需要自动校对或者手动调节。

日期和时间设定的方法很多，最常用的有两种。

1. 第一种：在“开始”菜单中单击“设置”，打开“设置窗口”，选择“时间和语言”选项，单击打开“日期和时间设置窗口”。

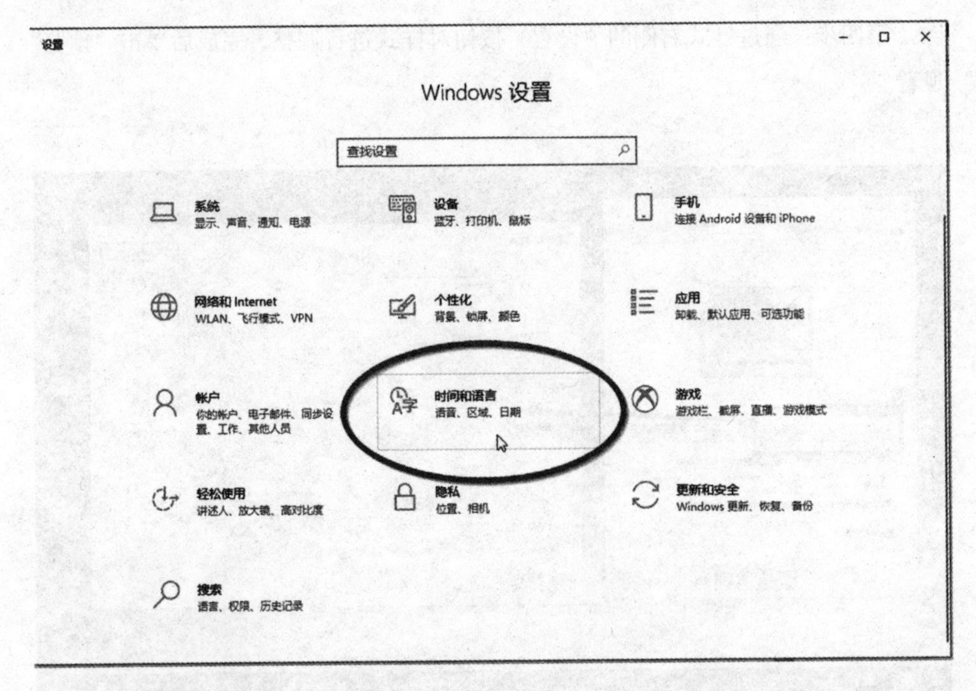

图 3-20 打开设置窗口

2. 第二种：单击任务栏最右侧的时间日期按钮，跳出时间和日历，在最下方找到“日期和时间设置”，单击打开“日期和时间设置窗口”。

图 3-21 打开任务栏

3.3.1 自动校准日期和时间

在“日期和时间设置窗口”的右侧选项中，找到“自动设置时间”开关。如果希望根据电脑自动确定的时间和日期显示，就选择“开”；如果不希望自动确定，就选择“关”。选择“关”后，下方的“更改日期和时间”按钮才会亮起，用户单击才可手动调节。

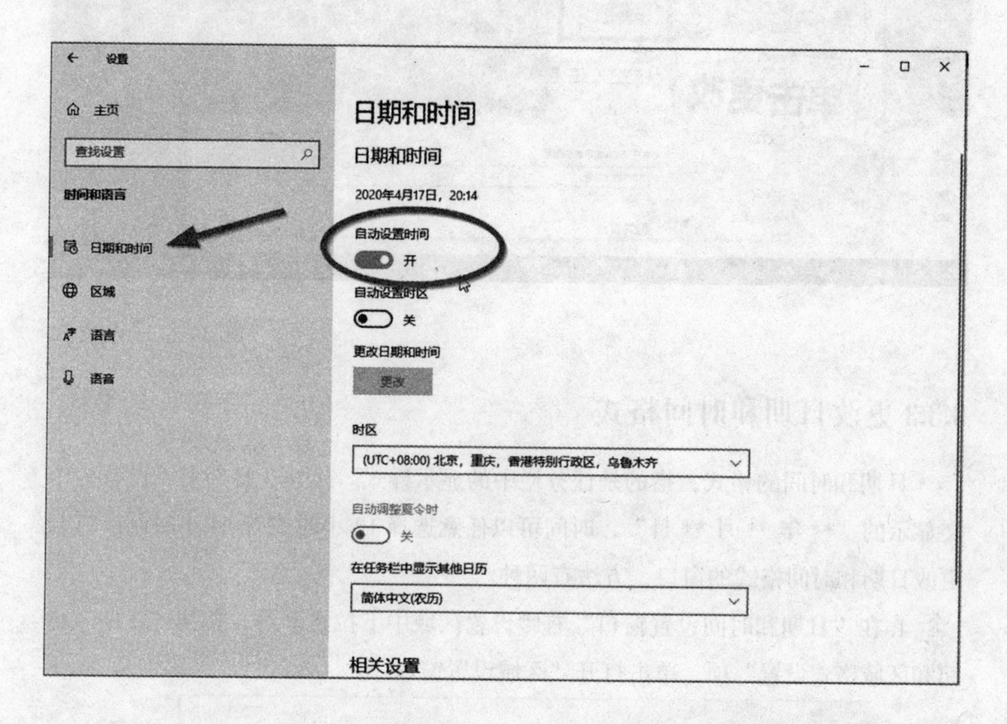

图 3-22 自动设置时间

3.3.2 手动更改系统日期和时间

关闭自动设置后，单击“更改”按钮，跳出日期和时间设置窗口，用户不可以手动输入，可以单击设置项目，找到需要设置的日期或者时间，设置完成后单击“更改”保存。

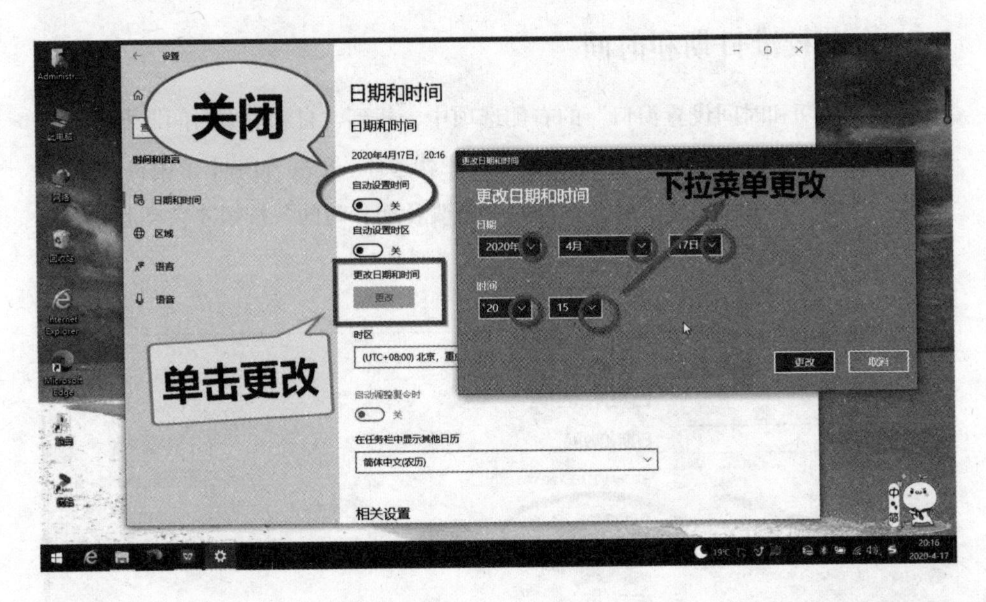

图 3-23 手动更改

3.3.3 更改日期和时间格式

日期和时间的格式，指的是任务栏中的显示样式。比如，日期可以设置为中文显示的“** 年 ** 月 ** 日”，时间可以任意选择 12 小时或者 24 小时制。打开更改日期和时间格式的窗口，方法有两种。

1. 在“日期和时间设置窗口”右侧设置区域中下拉滚动条，找到“日期、时间和区域格式设置”项，单击打开“区域设置窗口”。

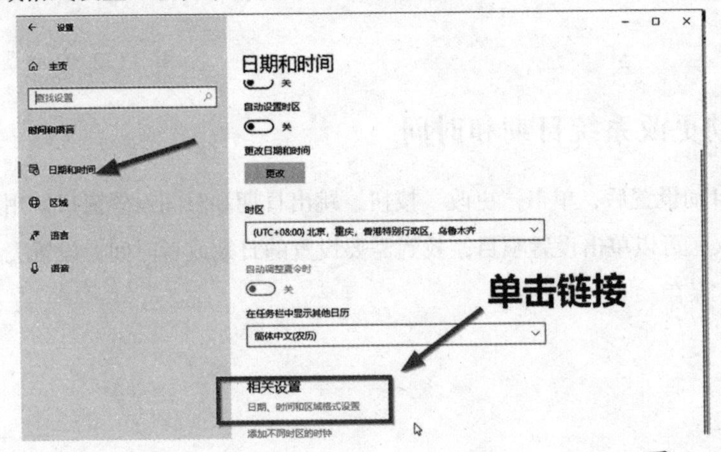

图 3-24 链接打开

2. 在“日期和时间设置窗口”左侧选项中单击“区域”，打开设置窗口。此时，用户便可对日期和时间的格式进行设置。

第一步：在窗口右侧的设置区域提供了当前格式预览，用户单击“更改数据格式”，便可打开更改窗口。

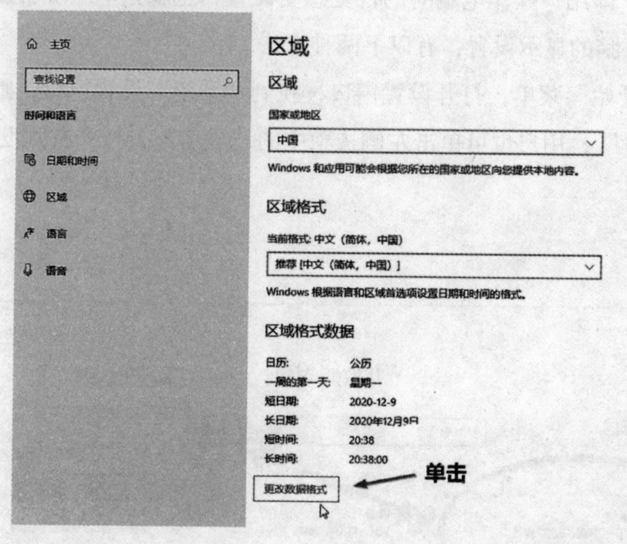

图 3-25 区域设置窗口

第二步：单击需要更改格式的项目，打开下拉菜单，找到对应格式，单击选择。此窗口没有确认更改按钮，用户设置后，直接关闭即可保存。

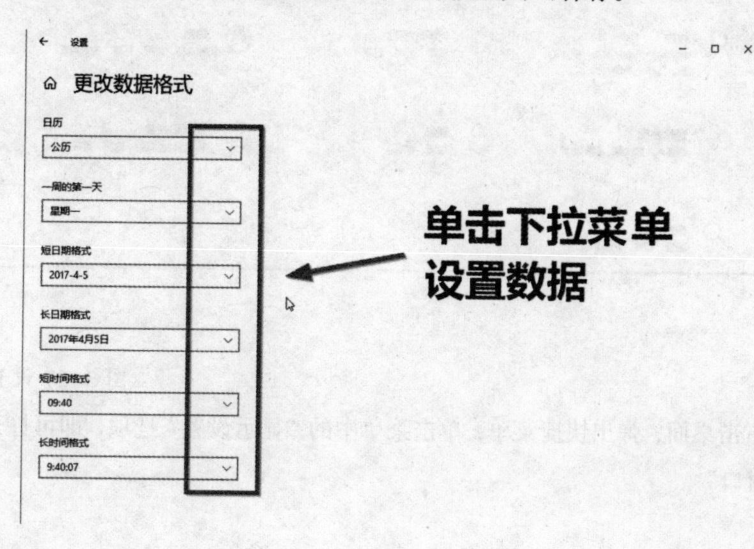

图 3-26 更改数据

3.4 更改系统的显示设置

显示设置，即用户操作电脑时的视觉感受设置，也就是电脑屏幕所显示的项目样式。打开电脑的显示设置，有以下两种方法。

1. 单击“开始”菜单，打开设置窗口，找到“系统”设置窗口，默认打开的就是“显示设置”，用户也可单击左侧选项中的“显示”，打开右侧设置窗口。

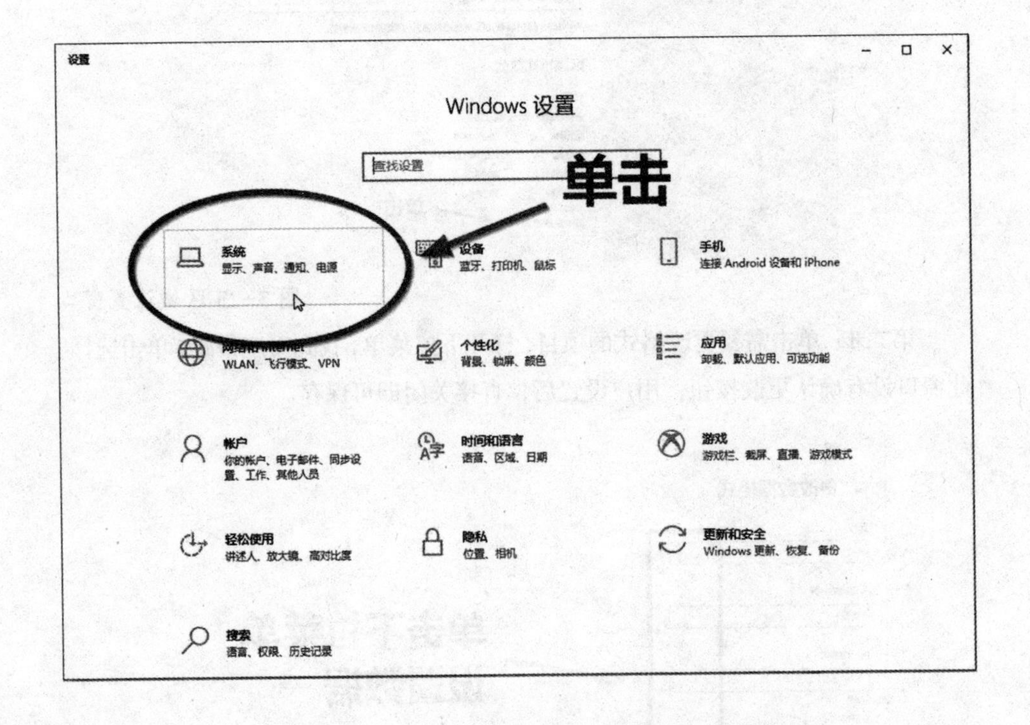

图 3-27 设置窗口

2. 右击桌面，弹出快捷菜单，单击菜单中的“显示设置”选项，即可打开“显示设置窗口”。

图 3-28 右击桌面打开

3.4.1 更改系统的项目文本大小

系统的项目大小在“显示设置窗口”的“缩放与布局”中可以调节，在“更改文本、应用等项目的大小”的下拉菜单中提供了两个预选——100% 和 125%，默认为 100% 显示。如果想将字体放大，可以选择 125%。用户如果不满足这两个设置，也可手动设置。

在“缩放与布局”的“更改文本、应用等项目的大小”下方，单击“高级缩放设置”，跳转到高级缩放设置窗口，在“自定义缩放”中输入想要缩放的大小，注意数据在 100 ~ 500 之间。设置结束后，单击“应用”保存数据。

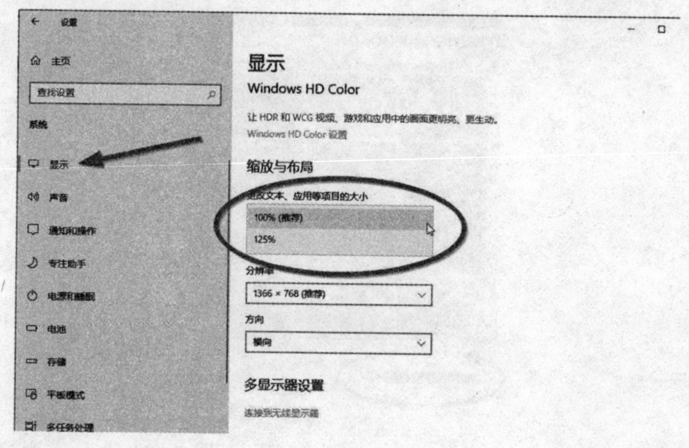

图 3-29 显示设置窗口

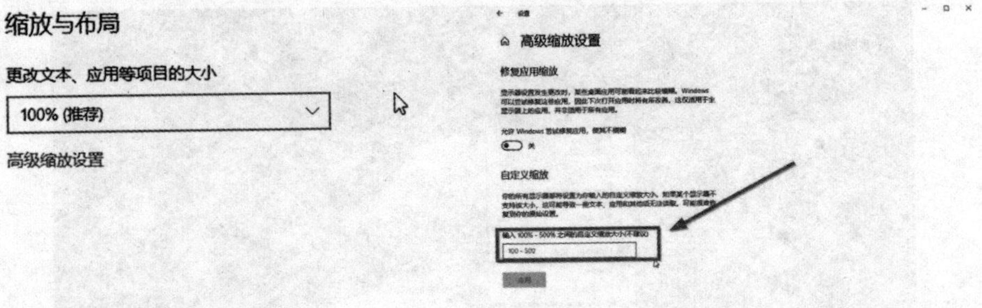

图 3-30 高级缩放设置

3.4.2 添加或删除快速操作按钮

系统的快速操作中心与手机的快速操作中心相似，用户可以通过操作中心的快速操作按钮快速打开相应程序，也可通过设置添加或删除快速操作按钮。

在“系统设置”的左侧选项中单击“通知和操作”选项，右侧打开“通知和操作设置窗口”，此处可以设置 Windows 的快速操作项目，用拖动的方法将快速按钮按用户需求排列。如果想要添加或删除这些按钮，需要单击下方的“添加或删除快速操作”按钮链接进行调节。

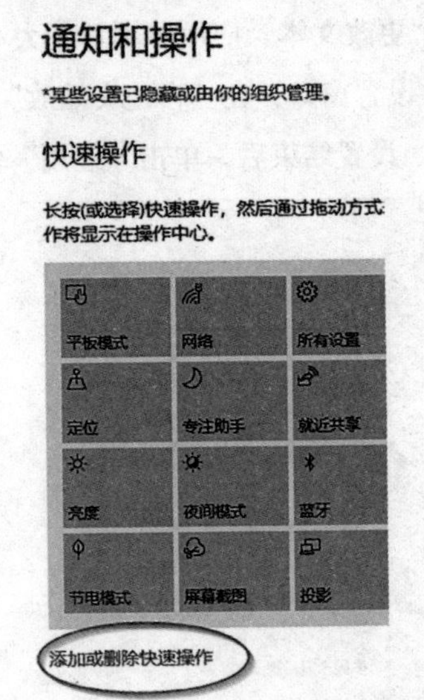

图 3-31 添加 / 删除快捷按钮

此窗口设置了网络、截图、亮度、蓝牙等的添加或删除开关，“开”的状态为添加到操作中心，“关”的状态为从操作中心删除。

3.4.3 设置要显示的通知

通知是指网络或者某个程序发送到用户电脑的通知。用户不仅可以设置通知显示位置，也可设置要显示哪些通知。

打开“设置”中的“系统设置窗口”，在左侧选项中找到“通知和操作”，单击后右侧显示设置窗口，下拉滚动条找到通知设置。设置中提供了三个开关，用户根据自己需求设置即可。

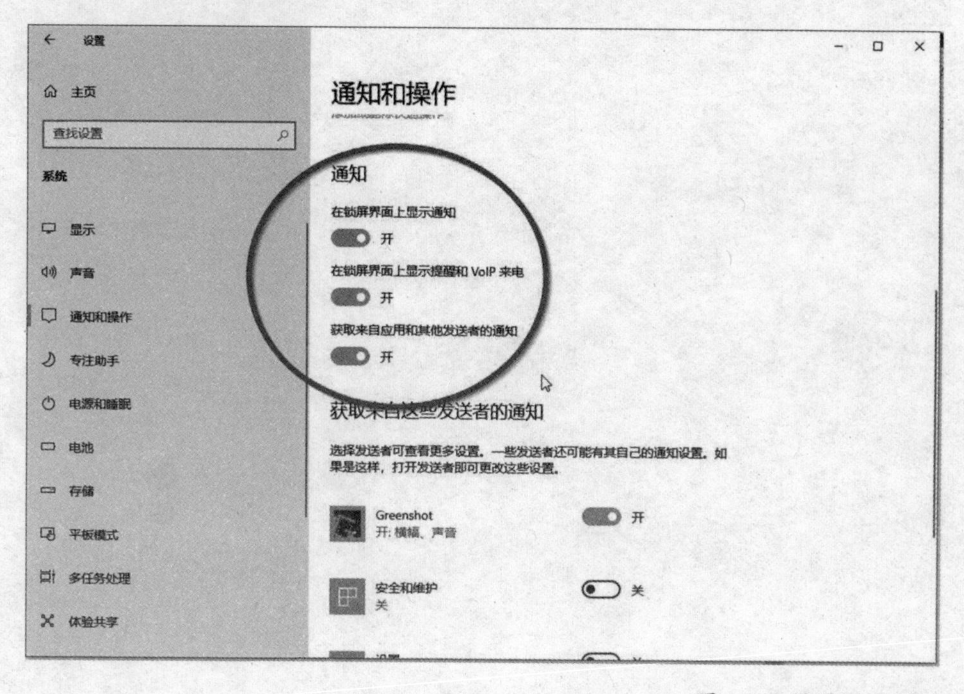

图 3-32 设置通知显示

第四章

文字的输入与字体安装

用户在使用电脑的过程中，如果需要向电脑输入数据、文字等，就要用到“输入法”。输入法是向电脑输入文字或数据的方法。本章就输入法的安装、使用以及字体的安装和删除做详细讲解，用户可以根据自己需要选择最合适的。

4.1 正确的指法操作

4.1.1 手指的基准键位

1. 两手八指

我们进行打字输入时，用的是轻击键而不是按键，击键要短促、轻快、有弹性。正确的指法是提高键盘输入速度的关键。掌握正确的指法，养成良好的习惯，才会事半功倍。在主键盘区，十指分工明确，各手指有明确的位置。打字时，两手的八个手指有八个基本键位，打字前要轻放在基本键位上。

图 4-1 两手八指

2. 手势

八个手指放于基本键位，手腕稍弯曲拱起，指尖后的第一个关节微成弧形，轻放在键位中央。注意：手腕悬起，不要压住键盘，也不可抬太高，只需离开桌面方便手指伸缩即可。打字时，手指击键部分为手指顶端，建议指甲不宜过长。

图 4-2 手势

4.1.2 手指的正确分工

在八个基本键位的基础上，八根手指各有“责任区”。为了快速、不冲突，八个手指在敲键盘过程中各负其责，不可混用。文字输入过程中，还要注意以下几点：

1. 无论用哪只手的手指击键，该手的其他手指也要跟着提起，方便操作，但另一只手的手指要放在基本键位上。

2. 无论是哪个手指击键，都应该快去快回，只要时间允许，都要回到基本键位，不可在空中停留。

3. 特别注意一些习惯，不要在小指击键时食指翘起，或者食指击键时小指翘起。

4. 键盘上的空格键由拇指负责，回车键由右小指负责。

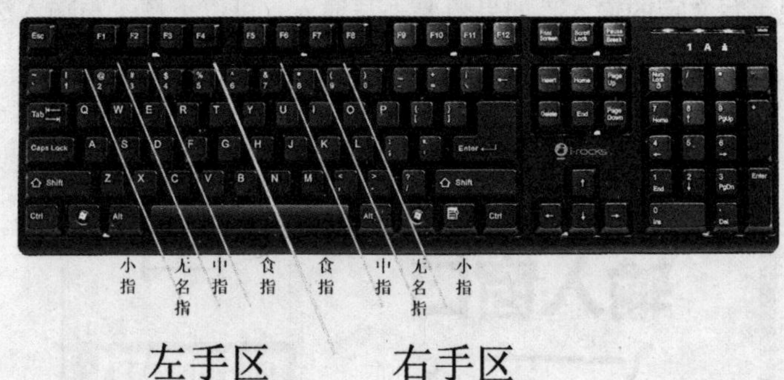

图 4-3 手指分工

4.1.3 正确的打字姿势

打字时，姿势对打字速度和正确率的影响很大。良好的操作姿势，也有利于健康，特别是初学者，更应养成正确的姿势，避免坏习惯养成不可更改。

1. 坐姿

身体保持端正，两脚平放于地面，椅子的高度以双手平放在桌上为准，桌椅距离以手放于基本键位舒服为准。

2. 手臂

打字时，两臂自然下垂，两肘弯曲，手腕放平，不要悬起，也不要下压。

3. 击键

手指稍倾斜放在键盘上，击键的力度应由手腕发出，特别是小指击键时，更要由手腕发出，否则不仅会影响打字速度，更会引起身体不适。

4.2 输入法的选择与使用

4.2.1 输入法的种类

目前，市面上的输入法很多，但应用最多的一般有三类，分别是手写输入法、拼音输入法和五笔输入法。

1. 手写输入法

虽然 Windows 10 系统自带触摸键盘，用户可以通过手势实现操作控制，但还是无法实现手写文字的输入。如果想要手写输入，可以下载手写输入法，用鼠标操控手写或者借助手写板外接设备手写。

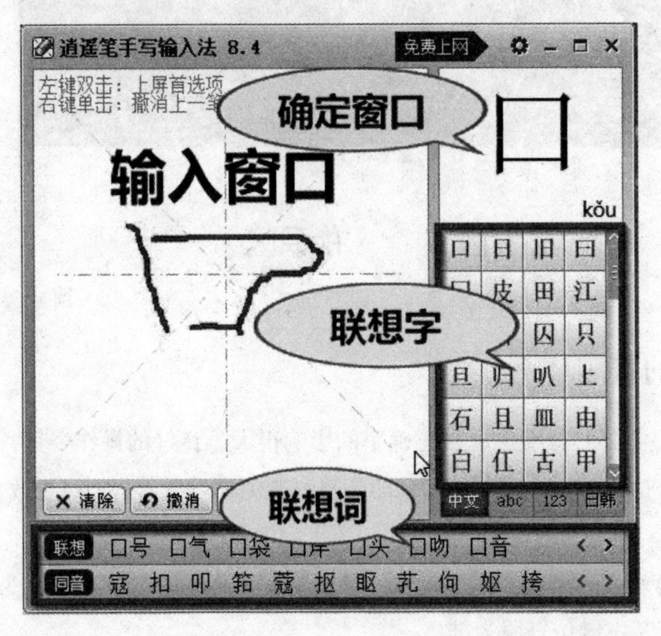

图 4-4 手写输入法

2. 拼音输入法

拼音输入法是以国家文字改革委员会颁布的《汉语拼音方案》为基础进行编码的一种键盘输入法，它利用 21 个声母、35 个韵母构成音节进行输入。现在，市面上的微软拼音输入法、搜狗拼音输入法等都属于拼音输入法。

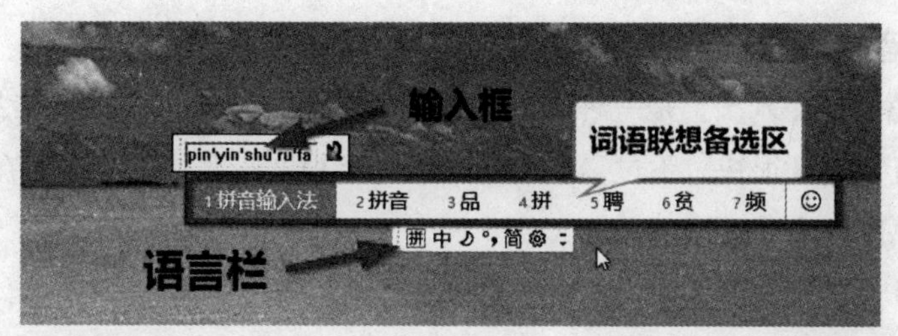

图 4-5 微软拼音输入法

3. 五笔输入法

即五笔字型输入法，由王永民先生发明创立，于 1983 年开始推广。它是一种将汉字的部分结构进行拼接组成汉字的输入法。现在，市面上的搜狗五笔输入法、极品五笔输入法等，都属于这种输入法。

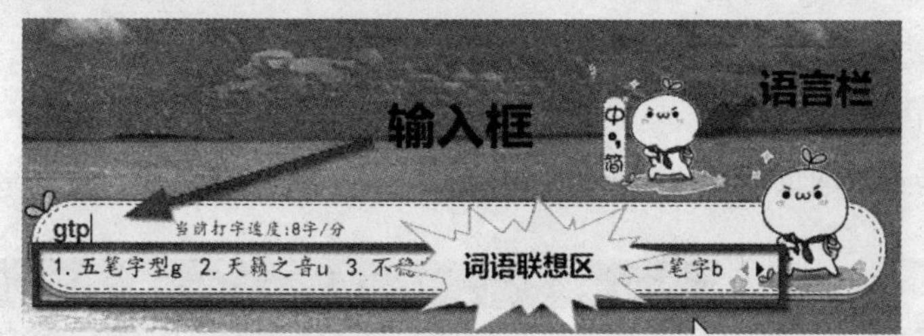

图 4-6 搜狗五笔输入法

4.2.2 挑选合适的输入法

现在，市面上的输入法种类很多，哪怕是同一种输入法，不同的公司开发的程序也略有不同。所以，用户应以实际用途和自己的习惯选择输入法。

1. 手写输入法

这对只需上网社交、搜索新闻、查看资料或书籍等，或有少量字体输入的用户来说，十分便利。如果用其打字，它因手写输入有字体识别限制，需要花时间等待系统辨识，所以一般不用于有大量文字需要输入的情况。当然，对于一些老年人，他们不需要大量输入文字，手写输入是不错的选择。

2. 拼音输入法

对初学者来说，此输入法很容易操作，又可以打出大量的字。它不需要任何基础，只要知道拼音就可以打出字来，受到很多人的欢迎。但因汉语中的同音字很多，打字速度不能很快。

3. 五笔输入法

即五笔字型输入法，是一种将汉字的部分结构拼接成汉字的输入法。它的重码很少，打字速度很快，不过需要学习“五笔字根”，明白“字根”在键盘上的对应按键，这样才可以打出字来。

现在，一些公司开发了混合输入法程序，如搜狗五笔拼音输入法，它将两种输入法的优点相结合，比较实用。

4.2.3 输入法的安装

每种输入法或者每个公司开发的输入法都各有特点，下面以搜狗五笔输入法为例，介绍输入法的安装及运用。用户也可依照此步骤搜索及安装其他输入法产品。

1. 下载安装

（1）官网下载安装

第一步：在网页搜索“搜狗五笔输入法”。

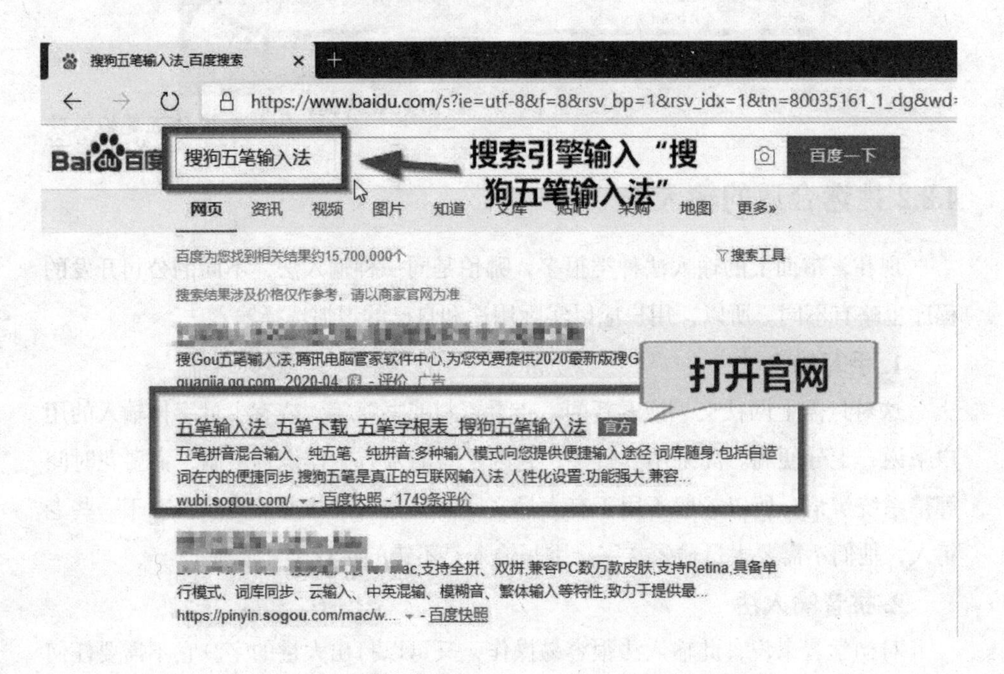

图 4-7 网页查找

第二步：打开“官网”，找到客户端下载地址，单击下载。

图 4-8 官网下载

第三步：浏览器后台下载，等待完成，准备安装。

图 4-9 后台下载完成

（2）第三方平台下载

第三方平台下载的方法比较简便，因它已有与官方网站链接的“通道”，用户只需找到“搜狗五笔输入法”后，单击安装即可。

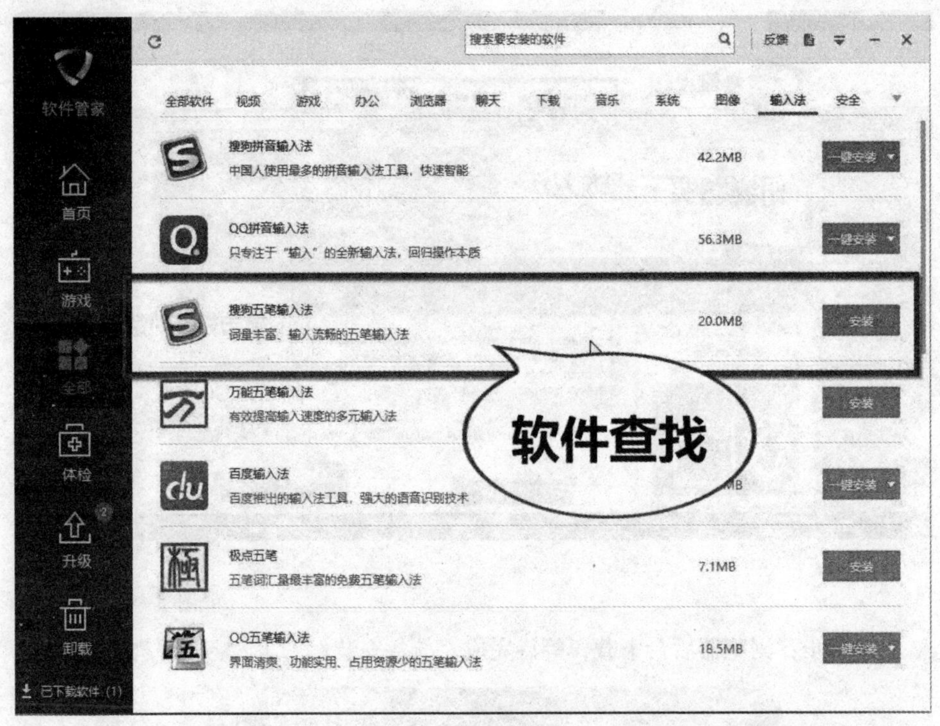

图 4-10 第三方平台下载

2. 输入法切换

输入法安装完成后，会出现在任务栏右侧的启动按钮区。假如电脑安装了多个输入法，可用鼠标单击右下角语言图标，从弹出菜单中选择所需输入法，也可按组合键“Ctrl+Shift”切换。

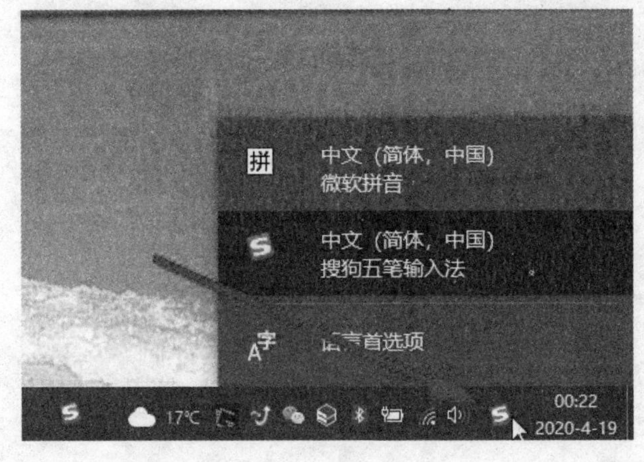

图 4-11 输入法切换

3. 设置默认输入法

Windows 10 系统安装后，默认的中文输入法为微软拼音输入法。为了避免切换麻烦，用户可以将自己常用的输入法设为默认，具体操作方法如下。

第一步：右击语言栏，单击“设置”，进入语言设置窗口。

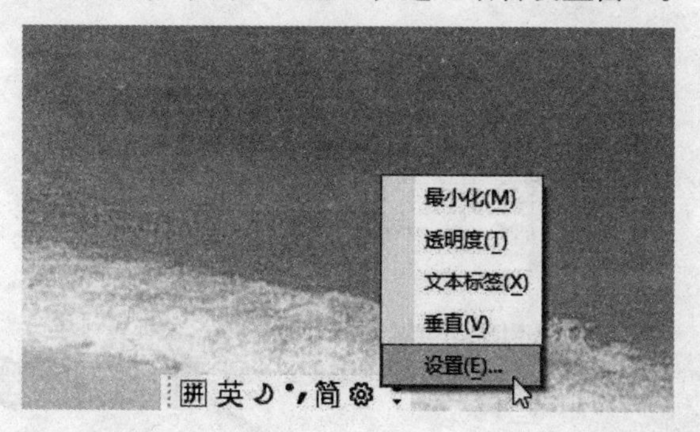

图 4-12 语言设置

第二步：在“语言设置”右侧工作区域向下拉滚动条，找到“拼写、键入和键盘设置”链接，单击进入“输入设置”窗口。

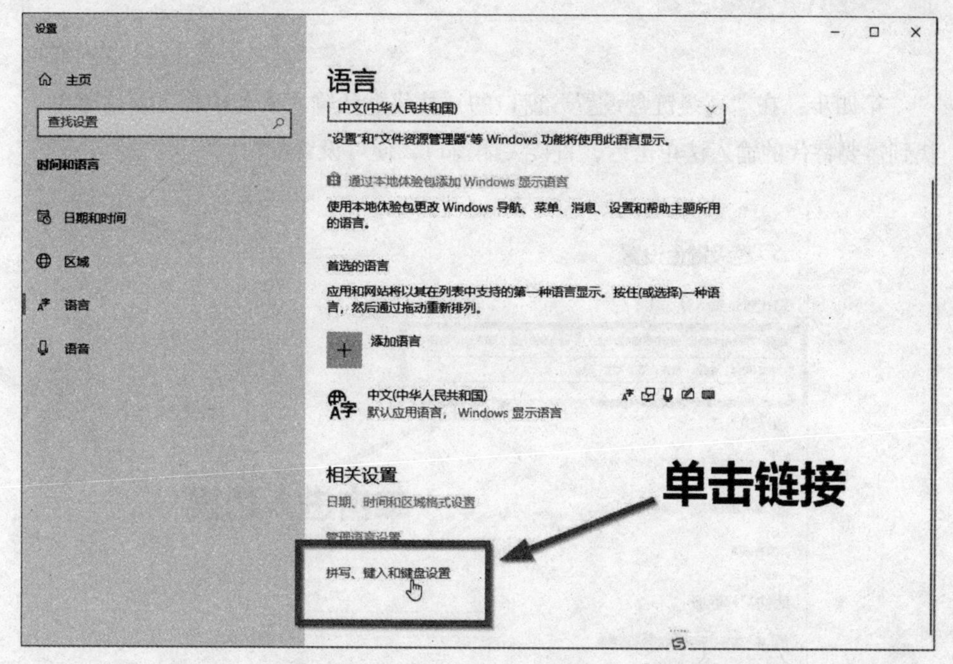

图 4-13 单击链接进入

第三步：在“输入”窗口中单击“高级键盘设置”链接，进入“高级键盘设置”

窗口。

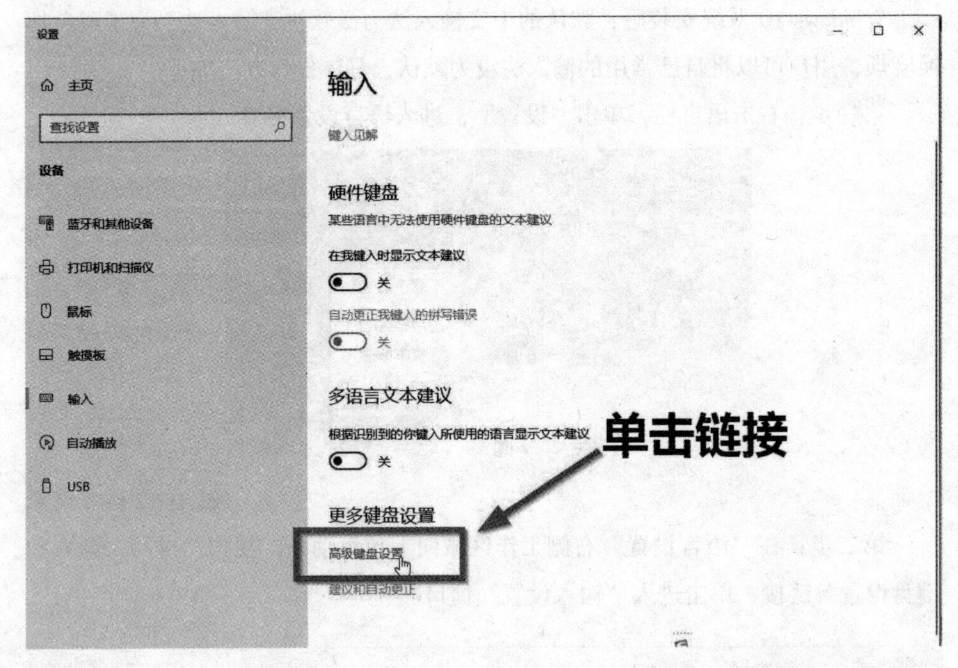

图 4-14 输入窗口

第四步：在“高级键盘设置”窗口的“替代默认输入法”中单击下拉菜单，找到需要替代的输入法单击后，直接关闭窗口，便可设置成功。

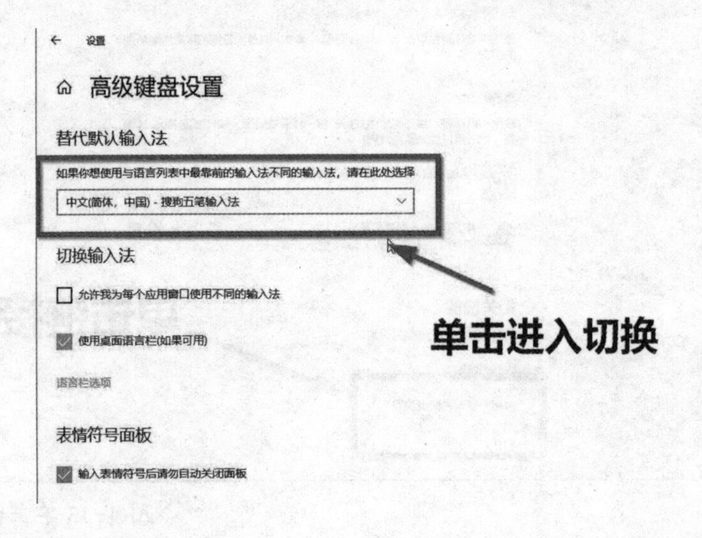

图 4-15 默认输入法设置

4.2.4 输入法的卸载

用户特别是新手用户在使用过程中，常常会尝试多个输入法，习惯于某输入法后，就会卸载其他不常用或者误安装的输入法。电脑也不宜有太多的输入法，否则在组合键切换时常常引起电脑卡顿，影响操作。

1. 设置窗口卸载

第一步：单击“开始”菜单中的“设置”按钮，打开“设置”窗口。

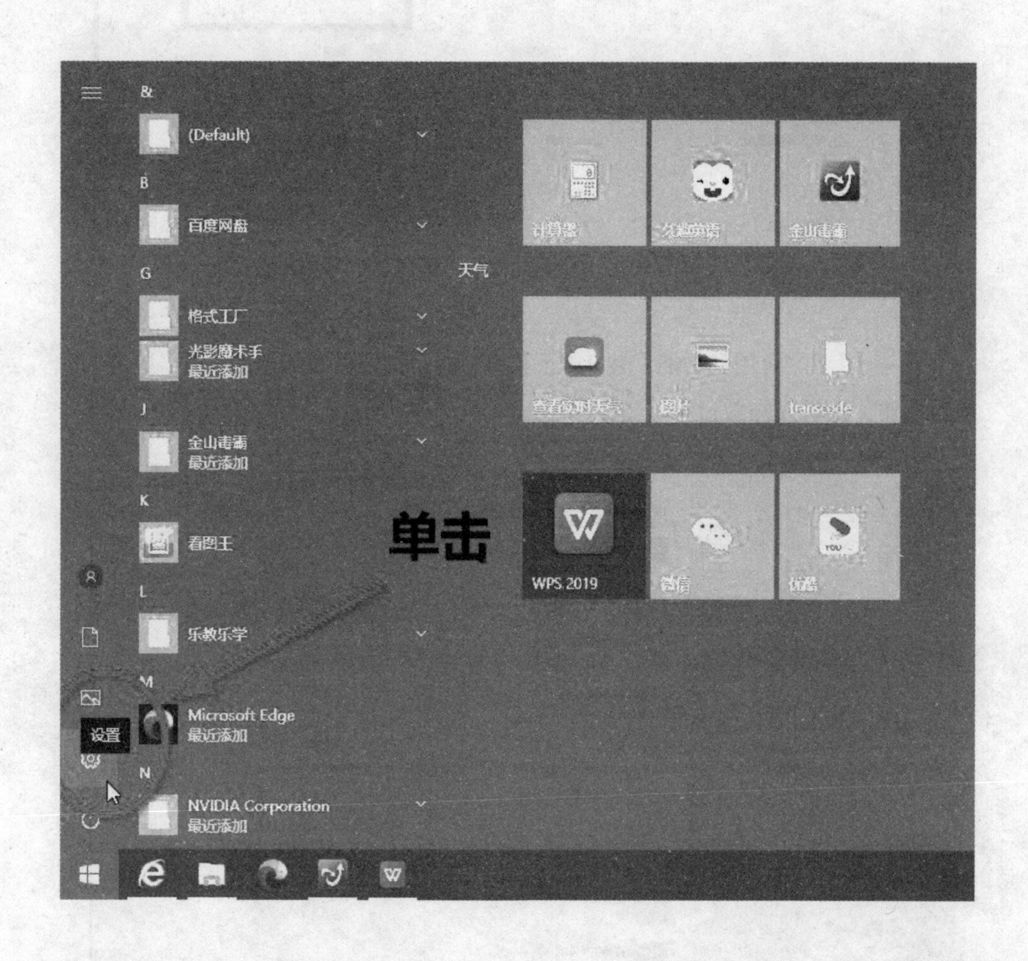

图 4-16 单击设置

第二步：单击“设置”窗口中的“应用”，打开“应用”窗口。

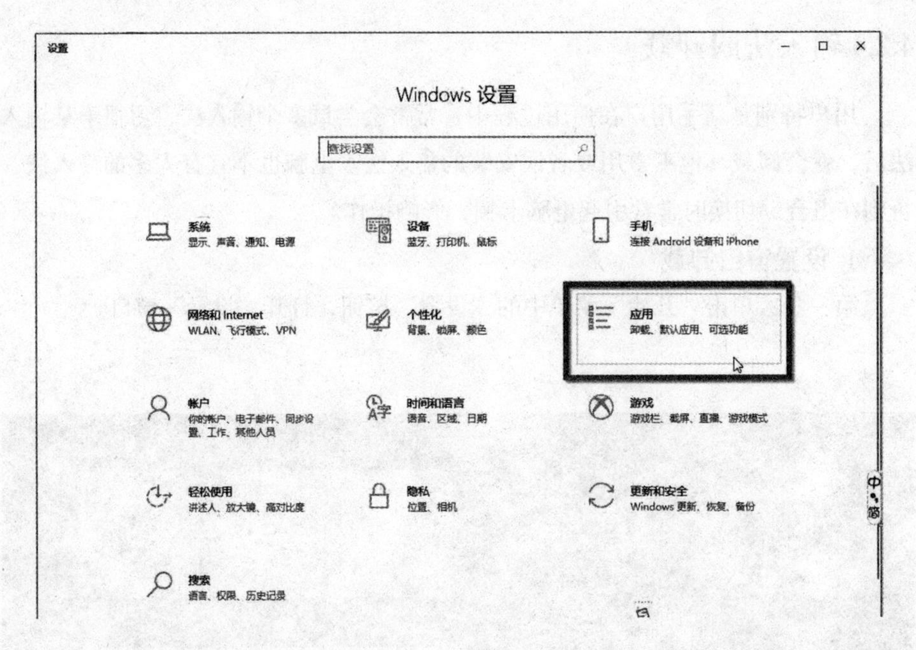

图 4-17 单击“应用”

第三步：在“应用和功能”窗口中下拉滚动条，找到需要卸载的程序，单击“卸载”按钮，即进入卸载过程。

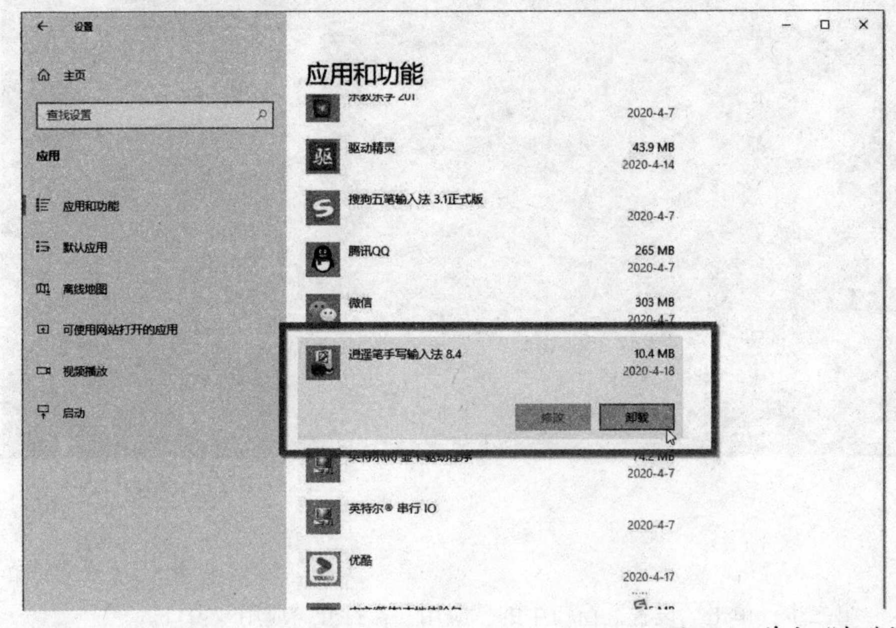

图 4-18 单击“卸载”

第四步：在出现的是否确认卸载对话框窗口中单击“是”，按提示逐步完成卸载。

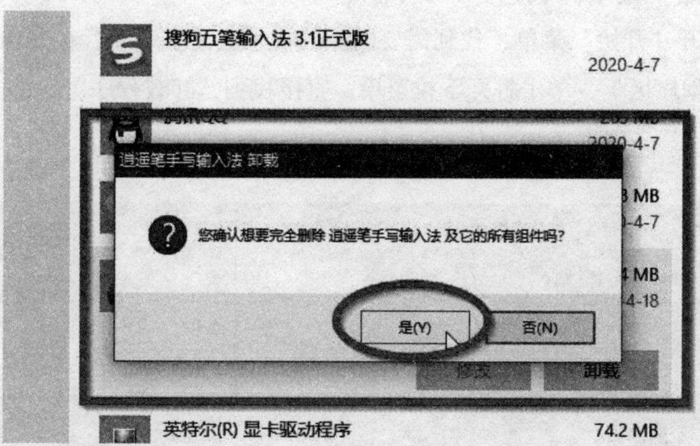

图 4-19 对话框

2. 应用功能窗口卸载

第一步：在“开始”按钮处右击，弹出菜单，单击“应用和功能”，打开设置窗口。

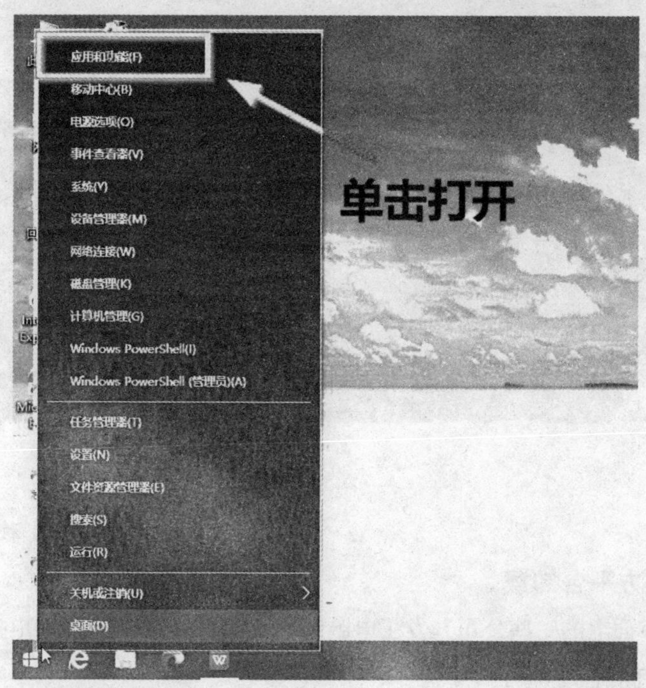

图 4-20 单击“应用和功能”

第二步：此操作方法与第一种相同。

3.“开始”菜单卸载

单击打开“开始”菜单，找到需要删除的输入法（安装时，在开始菜单显示才会出现在程序区），单击打开下拉菜单，直接找到“卸载程序”，单击卸载。

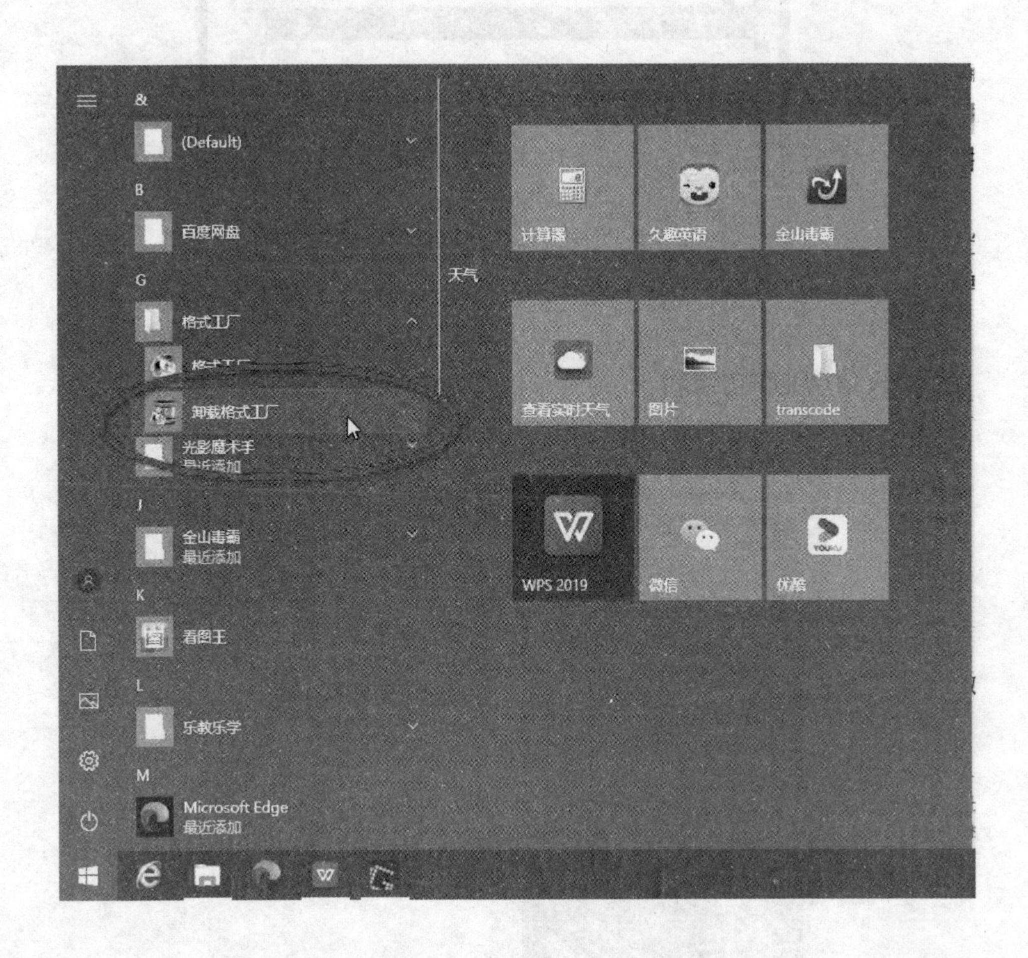

图 4-21 程序菜单卸载

4. 第三方平台卸载

现在，市面上的一些公司开发了电脑管理软件，如软件管理，用户打开此程序，按向导逐步卸载程序即可。

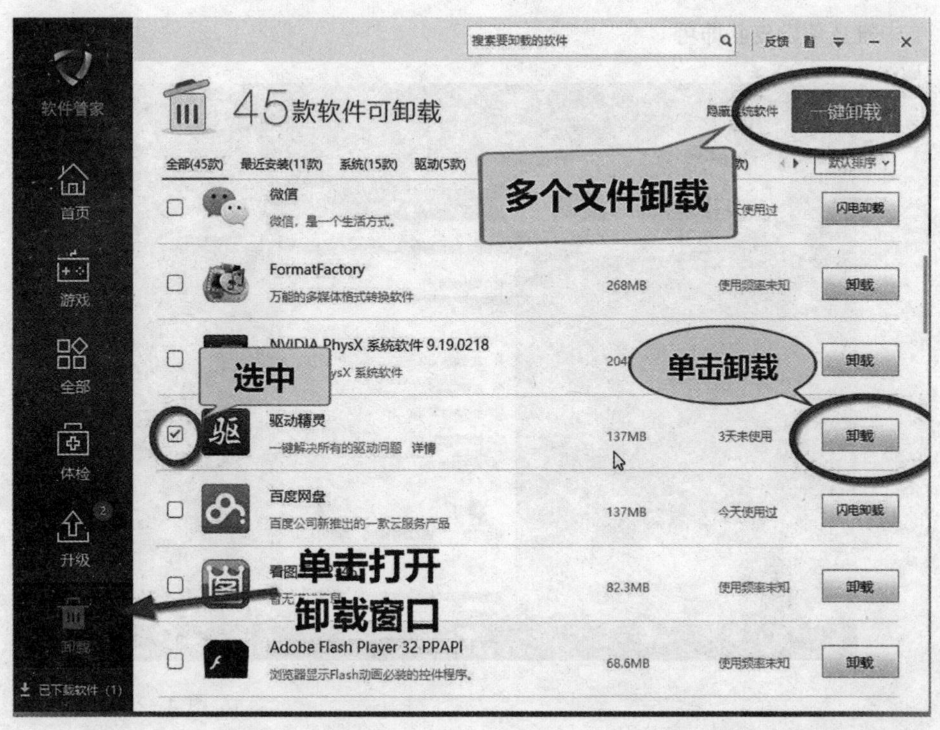

图 4-22 “软件管家”卸载页

4.3 拼音输入法

拼音输入法是装机量最大的输入法。本节以“搜狗输入法”为例，介绍输入法的界面、设置、输入方式及其他特殊功能。用户也可尝试安装其他拼音输入法，其界面、特殊功能可能存在一定的差别，但设置与基本输入方式是相同的。

4.3.1 搜狗输入法的设置

各公司虽然不能更改输入方法，但界面各有特色。比如，对于搜狗拼音输入法，用户可以根据喜好进行设置。

1. 皮肤切换

右击输入法语言栏上，从弹出的快捷菜单中指向更换皮肤，从弹出的二级菜单中挑选预设皮肤即可。

图 4-23 右击选择

如果用户不喜欢预设，可以选择下方的“更多精美皮肤”，链接到官网中找到更多的皮肤，总有一款是自己喜欢的。

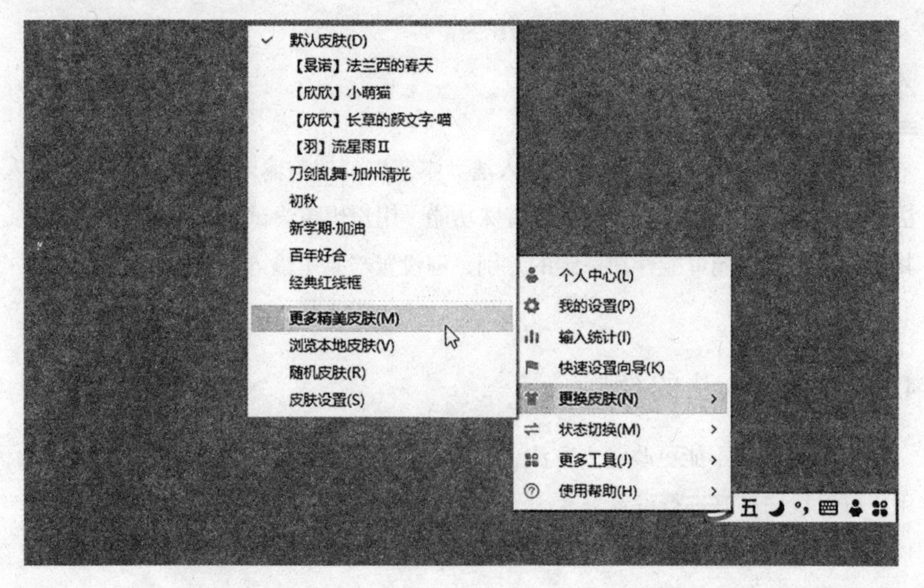

图 4-24 更多皮肤推荐

2. 工具箱

右击语言栏，弹出快捷菜单，单击“工具栏”打开，就可看到输入法的预装工具。搜狗输入法的工具箱为用户提供了手写、字典、截屏等工具，满足用户所需。

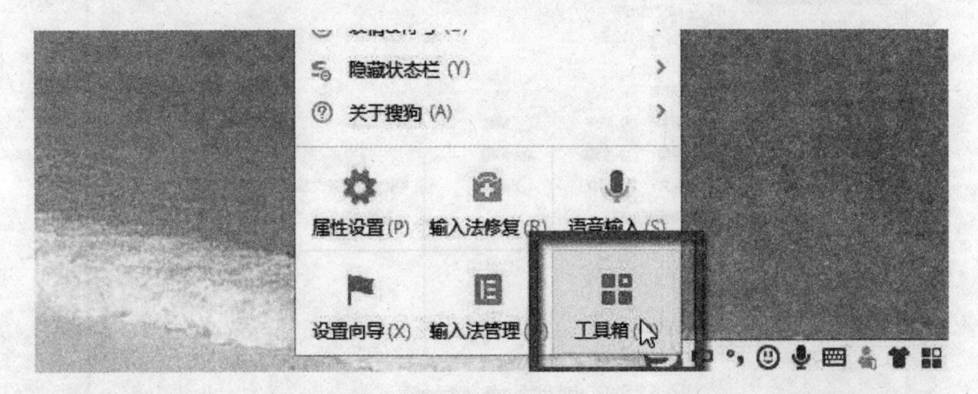

图 4-25 右击弹出工具箱

图 4-26 工具箱

3. 设置属性

搜狗的设置项很多，如果想要更改设置，用户可以用“设置向导”根据提示步骤设置，也可通过“属性设置”打开窗口进行选卡设置，或设置外观、按键等，或从此进入“快速设置向导”。

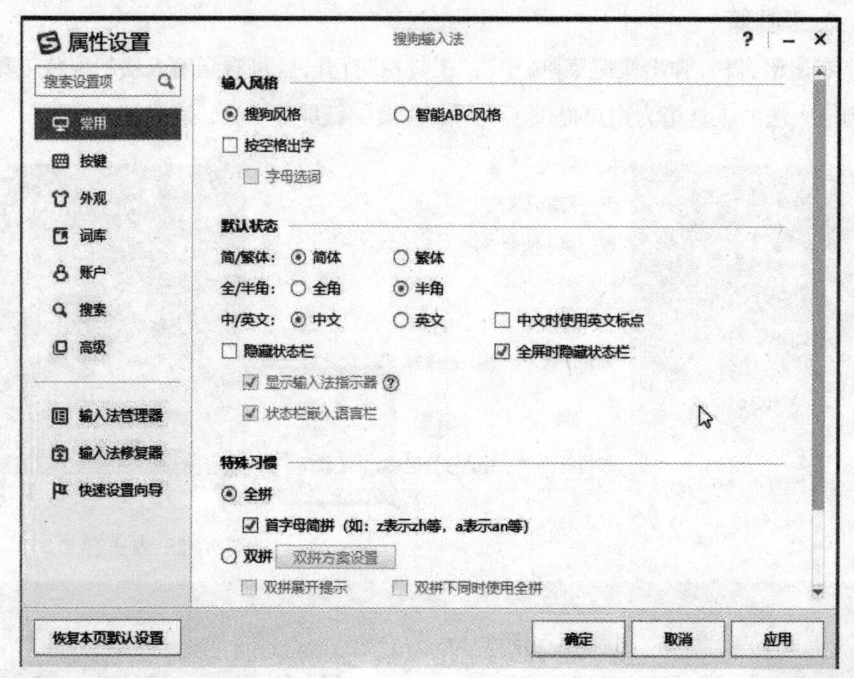

图 4-27 属性设置

4.3.2 拼音输入法

拼音输入法较为简单，只要会拼就可打出字来。很多输入法产品还开发了联想功能，使用户打字更加顺畅。下面介绍几种常用的输入方式。

1. 单字输入

单字输入是将字的全部拼音输出来。比如，键盘输入“sou”，如果第 1 个字即为所需字，按空格键确认即可；如果为其他同音字，在键盘上按出该字前的数字即可；如果本页没有显示所需字，鼠标单击“>”键向后寻找即可。

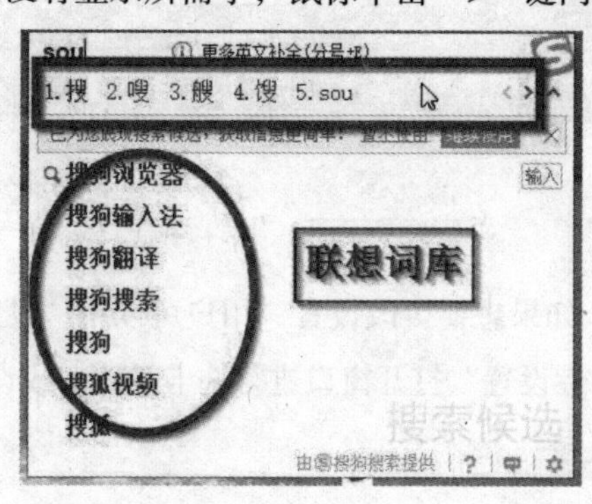

图 4-28 单字输入

2. 词句输入

搜狗在联想模式时支持词语或句子输入。对于词句输入，搜狗提供了三种输入方式。

（1）全拼，即输入每个字的全部拼音，如“sougoupinyin”。这种方式可提高打字速度，避免单字选择的烦琐操作。

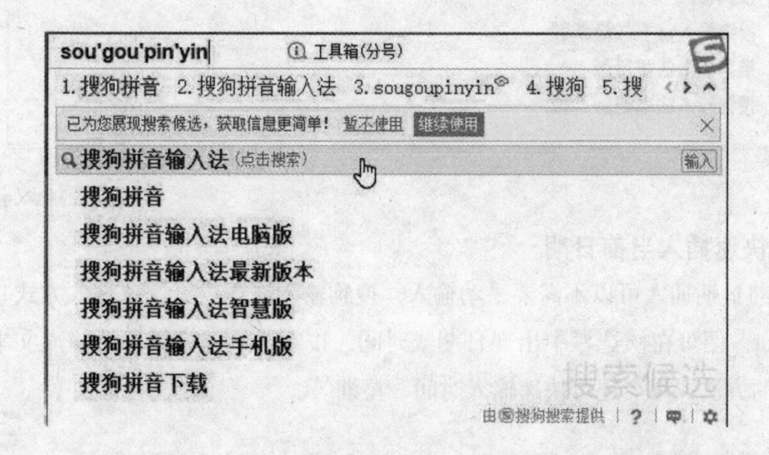

图 4-29 全拼输入

（2）简拼，即不需要输入全部拼音，只需输入首拼字母即可，如“sgpy”。这种输入法可减少用户的输入量。

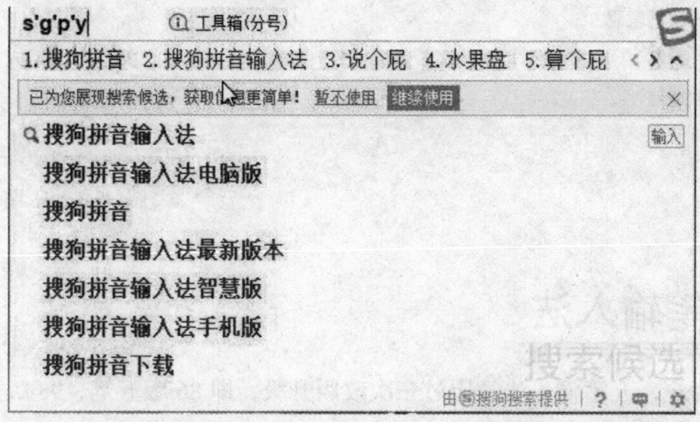

图 4-30 简拼输入

（3）双拼，即两种拼音方式结合在一起。因为简拼联想词很多，全拼又要输入太多字母，双拼便避开它们的缺点，输入最少的字母，获得最快的打字速度。

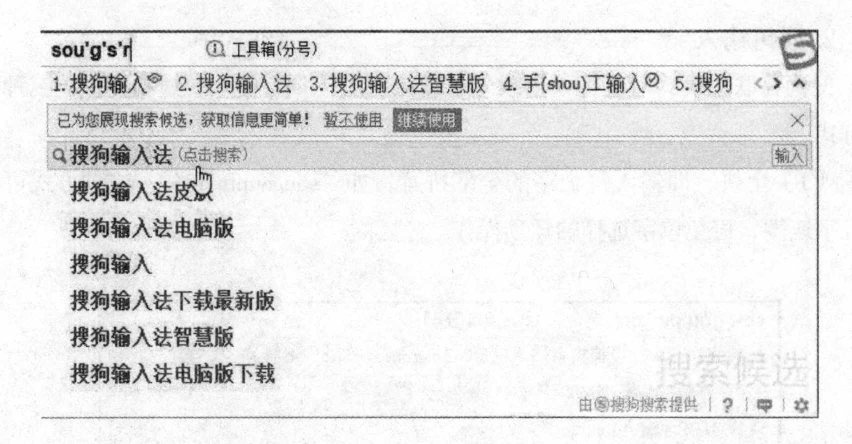

图 4-31 双拼输入

3. 快速插入当前日期

当前日期插入可以不需要手动输入。搜狗输入法提供了快速输入方式，只需输入“rq”便可在候选栏中出现日期或时间，按空格或数字键即可输入文本。使用同样的方法，用户还可快速输入时间、星期等。

图 4-32 日期快速输入

4.4 五笔输入法

迄今为止，五笔输入法经历过三次改版升级，即 86 版五笔、98 版五笔和王码五笔。几个版本的字根分布不尽相同，但拆字和使用方法是相同的。其中，应用最广的是 86 版五笔，常见的有搜狗五笔输入法、极品五笔输入法、智能陈桥输入法等。本节主要以搜狗五笔输入法为例，具体介绍五笔输入法的应用。

4.4.1 五笔字根

五笔输入法与拼音输入法不同。拼音输入法的原理是中国汉字的拼写，是绝大多数人会且不用重新学习的，但五笔输入法需要经过学习及练习才能熟练掌握。五笔输入法是以汉字中的150多种常见“字根”（汉字的不同笔画交叉连接而成的结构）相互搭配组成汉字为原理创造的，所以要掌握五笔输入法，首先就要掌握字根。

字根可以是部首，如土、木、火、亻……也可以是几个笔画交叉的汉字结构，如ナ、匚、乂……还可以是一个笔画，如一、丨、丿、丶……

4.4.2 字根键盘分布

为了方便记忆与操作，根据起笔笔画，五笔字根分为五类，分布在键盘的五个分区。每个区分为五个键位，位号由中间向四周扩散，共25个。这25个键位分布了多少不一的字根，用户需要将每个键位上的字根背熟，为日后打字奠定基础。

五笔字根表 86版

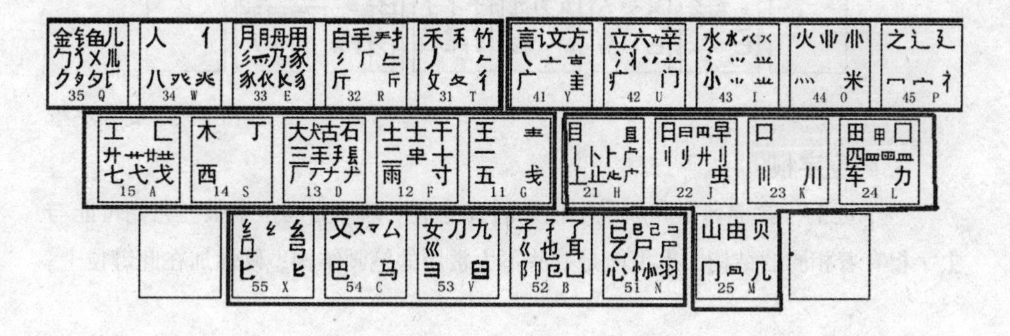

图 4-33 字根分布

1. 键名字

25个键位中，每个键左上角的字根为键名字，它们是构字能力很强的字，也是常用字。

图 4-34 键名字

2. 成字字根

每个键位上本就已经是汉字的字根，称为成字字根。

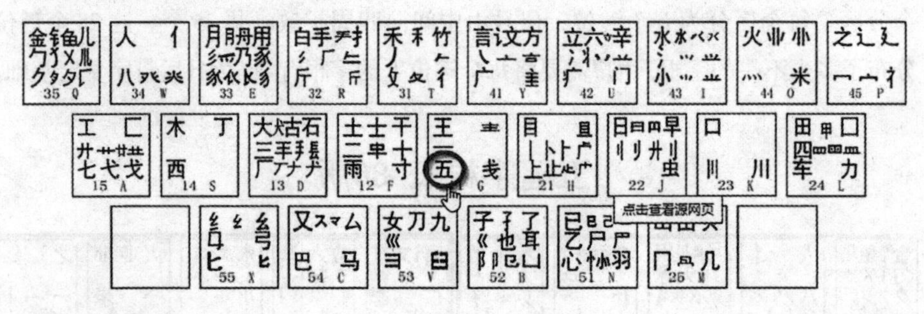

图 4-35 成字字根

3. 同位字根

一个键上，除键名字和成字字根外的其他字根都称为同位字根。它们可能与主字根有着相同的结构，也可能是一些不太常用的笔画结构，硬性加在此键位上。

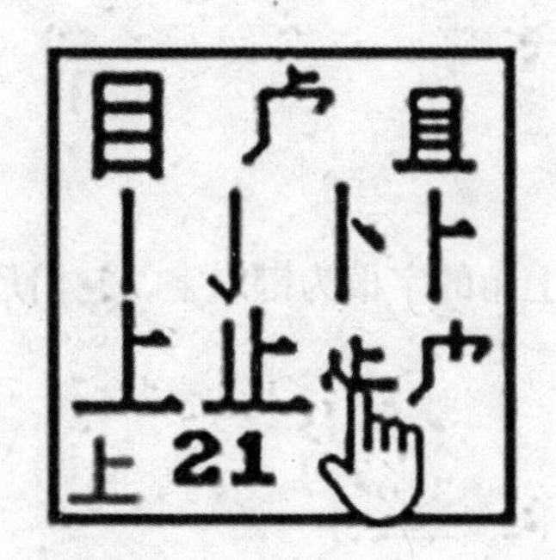

图 4-36 同位字根

4.4.3 五笔字根口诀

这么多字根虽然有规律地排列在键盘上，但硬性记忆比较困难，于是人们编写了字根记忆口诀方便记忆。

1 区横起笔

11G 王旁青头戋五一

12F 土士二干十寸雨

13D 太三【羊】古石厂

14S 木丁西

15A 工戈草头右框七

2 区竖起笔

21H 目具上止卜虎皮

22J 日早两竖与虫依

23K 口与川，字根稀

24L 田甲方框四车力

25M 山由贝，下框几

3 区撇起笔

31T 禾竹一撇双人立 反文条头共三一

32R 白手看头三二斤

33E 月彡【衫】乃家用衣底

34W 人和八，三四里

35Q 金勺缺点无尾鱼 犬旁留儿点一点夕，氏无七【妻】

4 区点起笔

41Y 言文方广在四一

42U 立辛两点六门疒

43I 水旁兴头小倒立

44O 火业头，四点米

45P 之宝盖，摘礻【示】衤【衣】

5 区折起笔

51N 已半巳满不出己

52 B　子耳了也框向上

53 V　女刀九臼山朝西

54 C　又巴马，丢矢矣

55 X　慈母无心弓和匕，幼无力

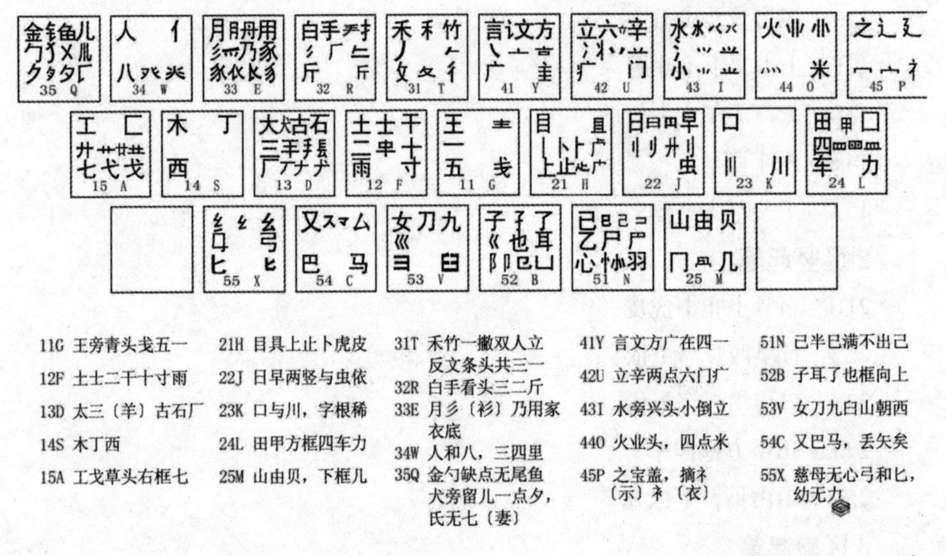

图 4-37 字根口诀表

4.4.4 五笔字型打字方法

五笔输入法的最大优点就是重码少，用户不用像拼音输入法那样在预先区挑选，无论是字还是词语一般都有对应码。而且，五笔输入法为四个键 + 空格输入，也就是说，字或者词语最多敲击四个键然后空格确定，就可以打出来了。

1. 五笔编码规则

字根虽然会背了，但是如何将汉字拆分为字根呢？五笔字型的编码规则为：书写顺序、取大优先、兼顾直观、能连不交、能散不连。

（1）书写顺序：日常书写习惯，从上到下，从左到右，先中间后两边。如“林”字为左右结构，可以拆成“木”和“木”；“秦”为上下结构，应该拆成“三”“人”“禾”。

（2）取大优先：按书写顺序拆字时，要将汉字拆成最大结构，不可一笔一拆，如“秦”要拆为“三”“人”“禾”，而不是“一”“夫”“禾”；“区”要拆成“匚”“乂”，而不能拆成“一”“乚”“乂”。

（3）兼顾直观：前两个规则下会有偶尔特殊的情况。比如“燕”字，按书写顺序应该在输入“廿”之后输入“口”，但为了直观需要，下一个字根应该是“丬”。

（4）能连不交：一般来说，“连”比“交”更为直观，所以拆字是能拆为连字笔画，就不要取相交的笔画，如“夫”的正确拆分为“二”“人”，而不是“一”“大”。

（5）能散不连：汉字能不连不交地拆开，就不要拆分连交的笔画，如“午”拆为人、十，而不是丿、干。

＊小贴士：

拆字口诀：上下左右类笔顺，择取码元大优先；一二三末取四码，能连不交散不连；不足四码要谨记，交叉识别补后边。

2. 五笔字型汉字输入

（1）键名字输入

“键名字”输入时，输入四次该键就可以。如“土”，五笔编码为：FFFF。

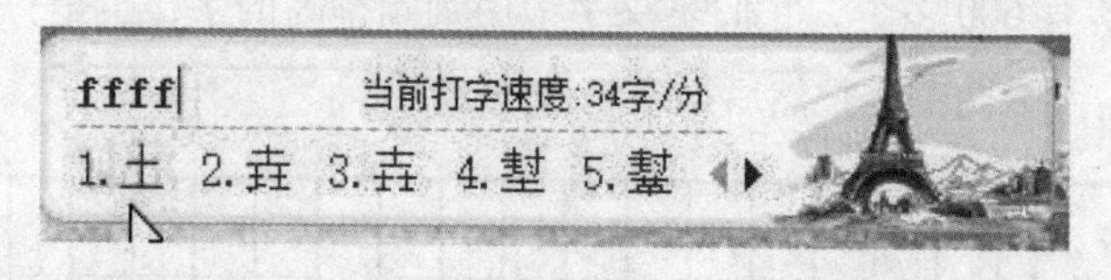

图 4-38 “土”

（2）成字字根输入

输入成字字根的字时，需要先报键名，再按笔画拆分。注意：成字字根不用拆字法拆字。如“雨”字，五笔编码为 FGHY。

图 4-39 “雨”

＊小贴士：

有些字本身就是一个笔画，不能再拆分，输入时先报键名，再输入该笔画，然后敲两下“**L**”键确定。如“乙”字的五笔编码为 NNLL。

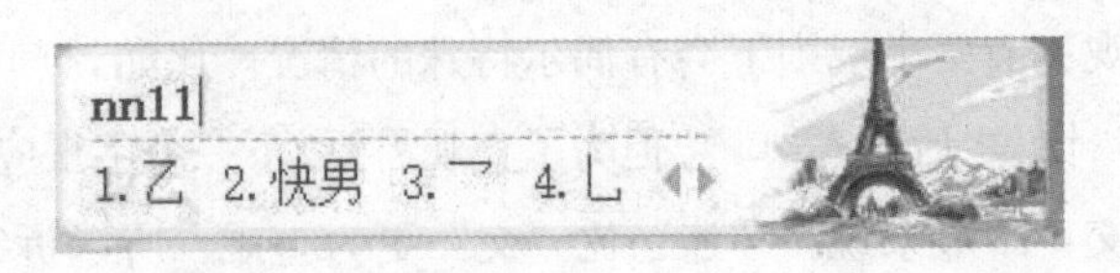

图 4-40 “乙”

（3）单字简码输入

一级简码：是 25 个高频字，它们是五笔输入法中能快速输入的汉字，只需敲击键盘上对应的键位后敲空格确定即可。

图 4-41 一级简码表

二级简码：有 600 多个，它们是汉字中用到频率高的字，也是打字速度提高的关键，只需输入前两个字根然后敲空格确定即可。

空	A	B	C	D	E	F	G	H	I	J	K	L	M	N	O	P	Q	R	S	T	U	V	W	X	Y
G	开	屯	到	天	表	于	五	下	不	理	事	画	现	与	来	★	列	珠	末	玫	平	妻	珍	互	玉
F	载	地	支	城	圾	寺	二	直	示	进	吉	协	南	志	赤	过	无	垢	霜	才	增	雪	夫	★	纺
D	左	顾	友	大	胡	夺	三	丰	砂	百	右	历	面	成	灰	达	克	原	厅	帮	磁	肆	春	龙	太
S	械	李	权	枯	极	村	本	相	档	查	可	楞	机	杨	杰	棕	构	析	林	格	样	要	检	楷	术
A	式	节	芭	基	菜	革	七	牙	东	划	或	功	贡	世	★	芝	区	匠	苛	攻	燕	切	共	药	芳
H	虎	★	皮	睚	肯	睦	睛	止	步	旧	占	卤	贞	卢	眯	瞎	餐	睥	盯	睡	瞳	眼	具	此	眩
J	虹	最	紧	晨	明	时	量	早	晃	昌	蝇	曙	遇	电	显	晕	晚	蝗	果	昨	暗	归	蛤	昆	景
K	呀	啊	吧	顺	吸	叶	呈	中	吵	虽	吕	另	员	叫	噗	喧	史	听	呆	呼	啼	哪	只	哟	嘛
L	轼	团	轻	因	胃	轩	车	四	★	辊	加	男	轴	思	辚	边	罗	斩	困	力	较	轨	办	累	罚
M	曲	邮	风	央	骨	财	同	由	峭	则	★	崭	册	岂	赕	迪	风	贩	朵	几	赠	★	内	嶷	凡
T	长	季	么	知	秀	行	生	处	秒	得	各	务	向	秘	秋	管	称	物	条	笔	科	委	答	第	入
R	找	报	反	拓	扔	持	后	年	朱	提	扣	押	抽	所	搂	近	换	折	打	手	拉	扫	失	批	扩
E	肛	服	肥	须	朋	肝	且	胩	膛	胆	肿	肋	肌	甩	膦	爱	胸	遥	采	用	胶	妥	脸	脂	及

图 4-42 二级简码

除一、二级简码外，还有三级简码，有 4400 多个，因为数量太多，不在这儿一一列举。它们的输入方法为前三个字根加空格确定。用户在使用中可以观察到。三个级别以外的汉字就需要全码输入，即将字拆分为四部分按空格确定。

（4）单字重码输入

打字过程中，五笔输入法最常遇到的就是重码，也就是说，输完字根后，预选框中还有其他汉字等待判定，此时便可用数字键选择。如“寸”字与“雨”字的编码相同，如果要输入它们时，就可以用数字键选择 1 为雨、2 为寸。

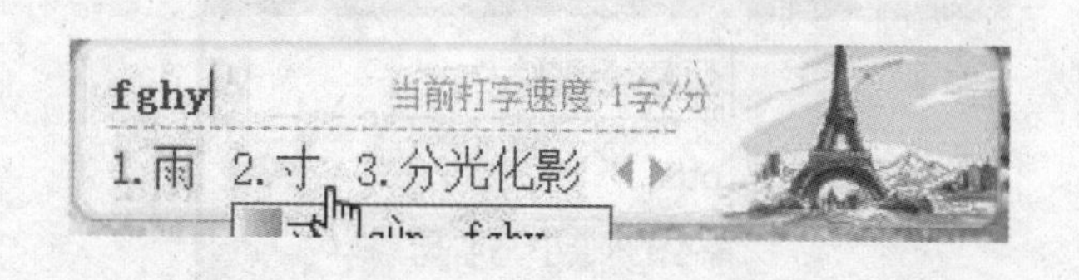

图 4-43 重码

（5）词语输入

二字词：单字前两个字根，如“拼音”的编码为“RUUJ”。

三字词：前两字第一个字根加末字的前两个字根，如“输入法”的编码为“LTIF”。

四字词：每个字的第一个字根，如“毛骨悚然”的编码为“TMNQ”。

多字词：前三字的第一个字根加末字的第一个字根，如“中华人民共和国”的编码为“KWWL”。

（6）手工造词

搜狗五笔输入法的词库已经添加了足够日常生活使用的词，如果用户在生活中还有一些常用词，用户便可在词库中添加。

第一步：右击输入法界面，弹出快捷菜单，指向“工具箱”，打开二级菜单，单击“造词”打开造词页面。

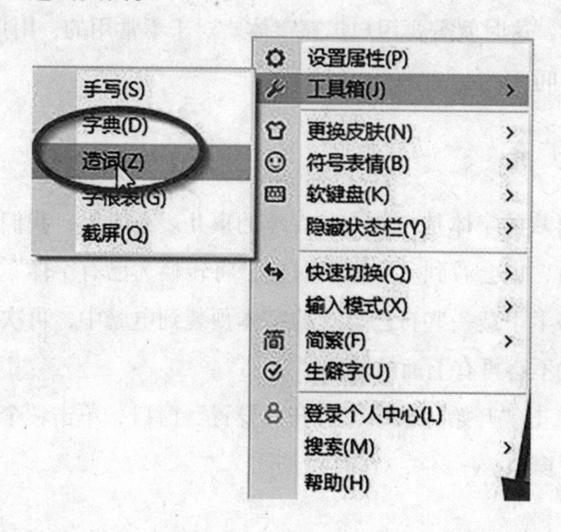

图 4-44 造词

第二步：在弹出对话框的“新词”框中输入要造的词语，下方“编码”会自动生成，单击“确定”即可。例如，造新词“商务笔记本”，在“新词编码”便会出现“utts”。

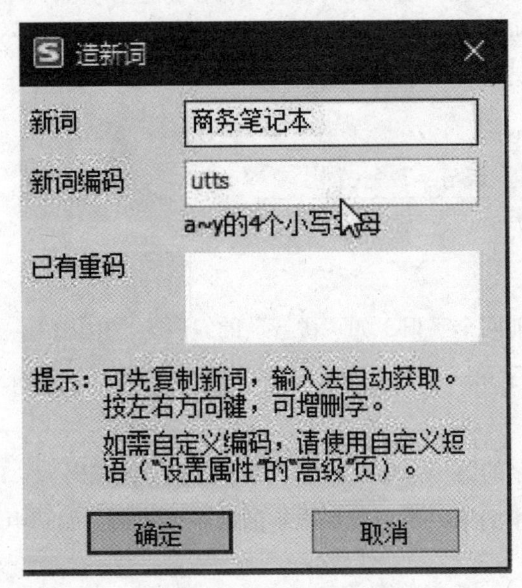

图 4-45 造新词

4.5 字体的扩充与删除

将汉字输入电脑，显示的是电脑默认字体。要知道，生活中我们不可能只单单用到一种字体，这时就需要用户扩充字体。对于不常用的，用户也可定期清理，节省电脑使用空间。

4.5.1 字体的扩充

安装自己喜欢的字体是一件十分有趣的事儿。有时候，我们用自己的电脑打开别人的文件时，也会看到“字体不对应，将转换为已有字体”的字样。其实，用户可以从网络上下载一些自己喜欢的字体预装到电脑中，再次打字或者打开别人的文件时，就不会再有上面的尴尬了。

第一步：单击“开始”菜单，打开“设置”窗口，单击“个性化”选项卡，进入个性化设置窗口。

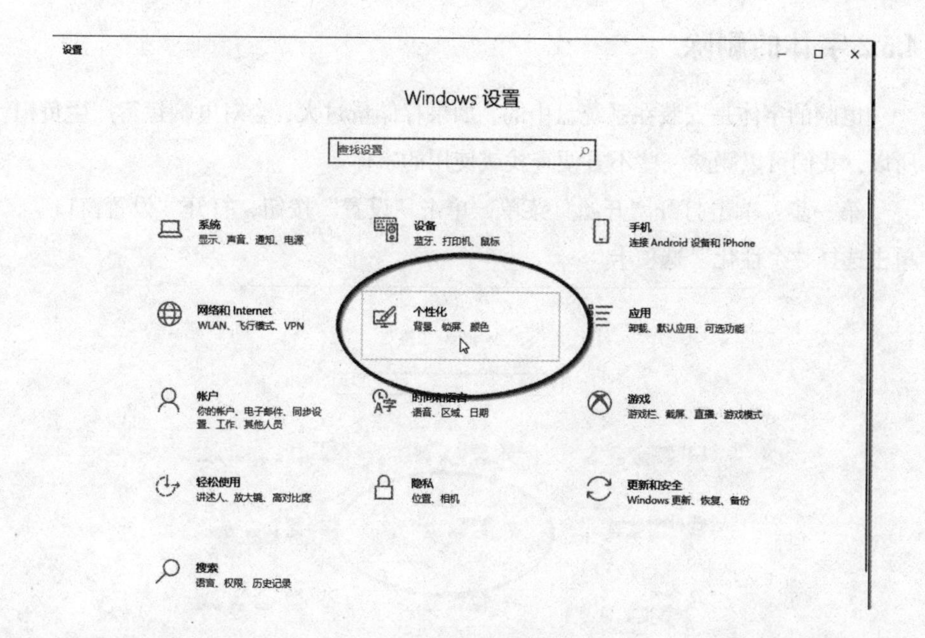

图 4-46 设置窗口

第二步：在“个性化”窗口左侧单击“字体”选项卡，右侧弹出设置区域，单击“更多”，在微软商店中下载更多字体。

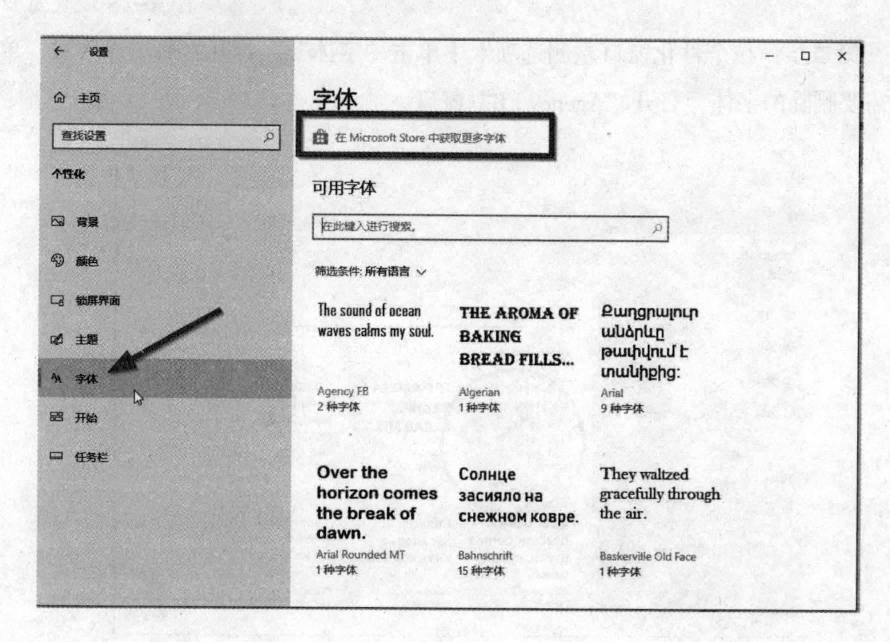

图 4-47 字体设置窗口

4.5.2 字体的删除

电脑的字体是安装在系统盘中的，如果存储量过大，会对电脑运行产生负担。所以，我们可以删除一些不方便查找或使用的字体。

第一步：单击打开“开始”菜单，单击“设置”按钮，打开“设置窗口”，单击选择“个性化”选项卡。

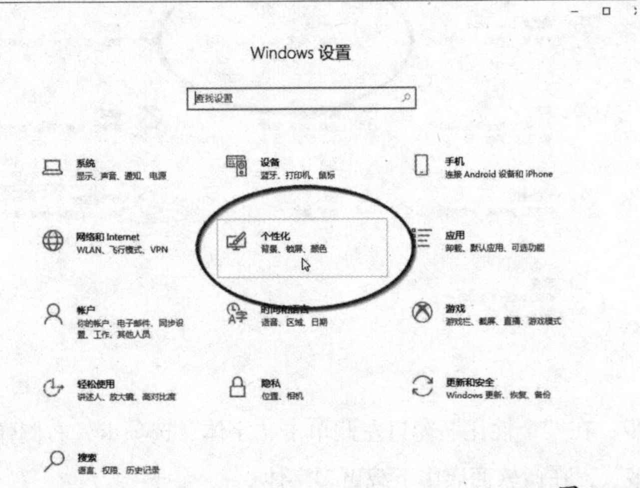

图 4-48 设置窗口

第二步：在个性化窗口左侧选项卡中单击“字体”，打开右侧工作区域，单击需要删除的字体，打开“Agency FB”窗口。

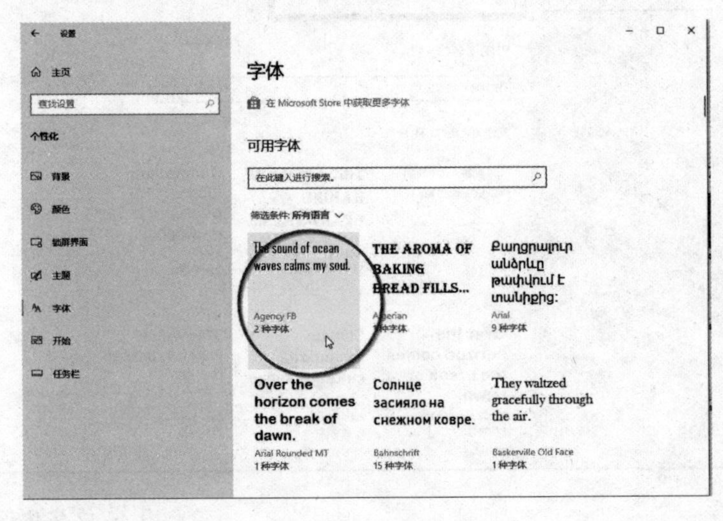

图 4-49 字体设置窗口

第三步：在 Agency FB 窗口的“元数据”下拉菜单中确认是不是需要删除的字体，如果是，直接单击“卸载”删除；如果不是，单击下拉菜单查找再卸载。

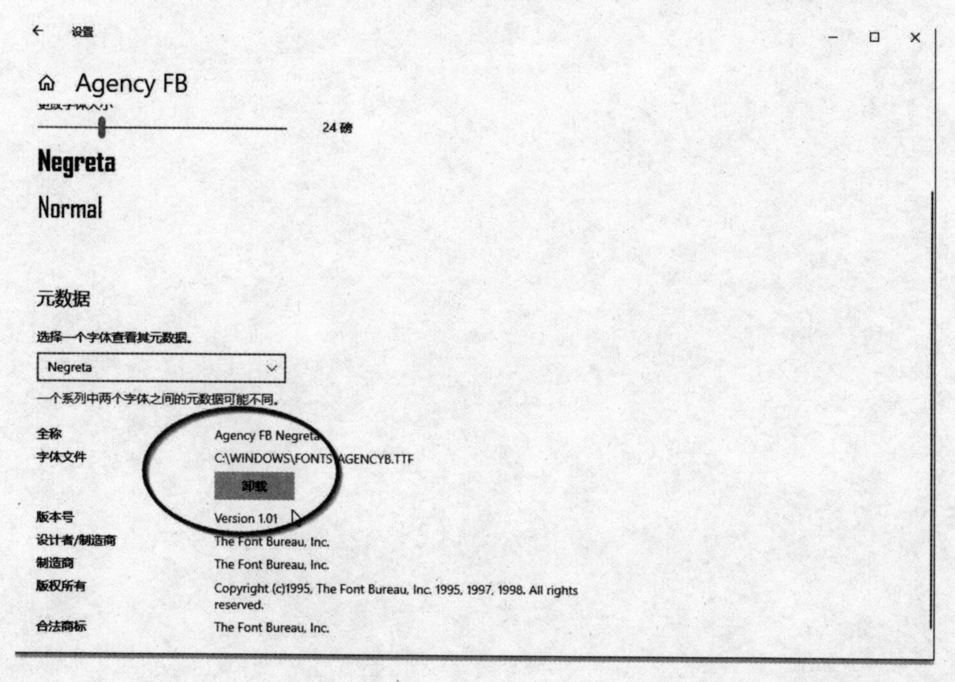

图 4-50 Agency FB 窗口

第五章

管理电脑中的信息：文件和文件夹

电脑的基本操作对象为文件和文件夹。文件和文件夹中存储着用户电脑中的所有数据、资源等。本章由浅入深，带领大家了解电脑中的文件和文件夹。

5.1 文件和文件夹的基本操作

文件是对电脑中资源、数据的统称，文件夹就像公文包，存放各种文件，可对文件分门别类。而且，文件夹可以嵌套使用，满足用户需求。

5.1.1 文件的基本操作

1. 文件

文件属于电脑文件管理系统，专业地说，它是管理系统下长期或临时存储在电脑设备中的数据流。文件的类型很多，如 doc 文件、exe 文件、dll 文件、png 文件等。用户可以通过文件的扩展名或者图标来识别其类型，不同类型的文件，运行方式不尽相同。

2. 文件名与扩展名

文件名是文件的名称，体现文件的内容；扩展名是文件类型的标识，也叫后缀名。电脑中的任何文件都是由文件名与扩展名组成的。扩展名跟在文件名的后面，用分隔符“.”隔开。

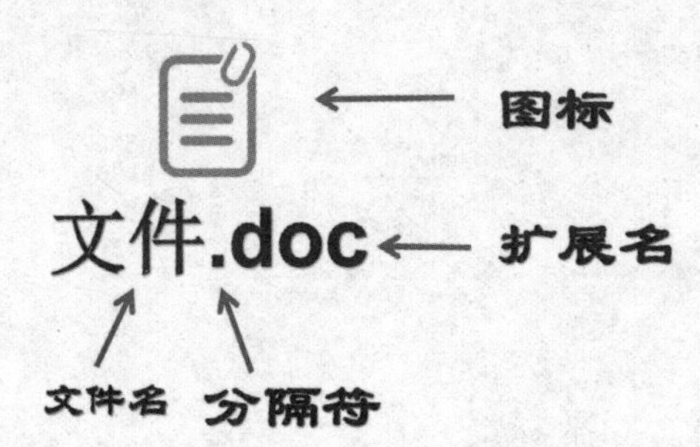

图 5-1 文件名构成

3. 更改文件名

文件名代表文件内容，更改之后不会影响文件内容；扩展名不可随意更改，更改后，文件类型便会更改，影响使用。所以，更改文件名时，一定要注意不要修改扩展名。

更改文件名的方法一般有两种。

方法一：鼠标指向文件右击，弹出快捷菜单，单击选择“重命名”，输入需要修改的名称。

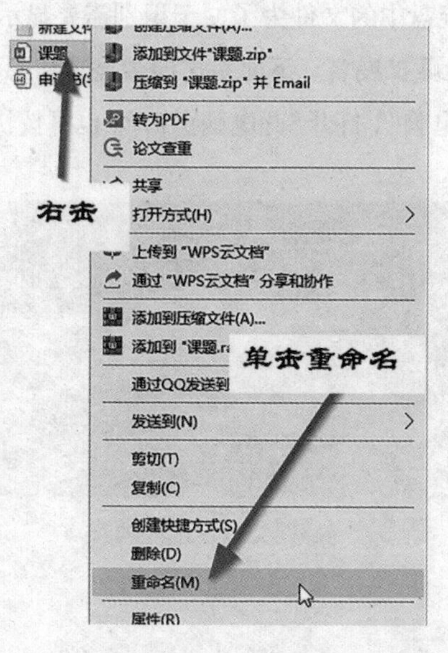

图 5-2 右击重命名

方法二：单击文件选择，在文件名处再次单击，此时文件名处于修改状态，输入需要修改的名称即可。

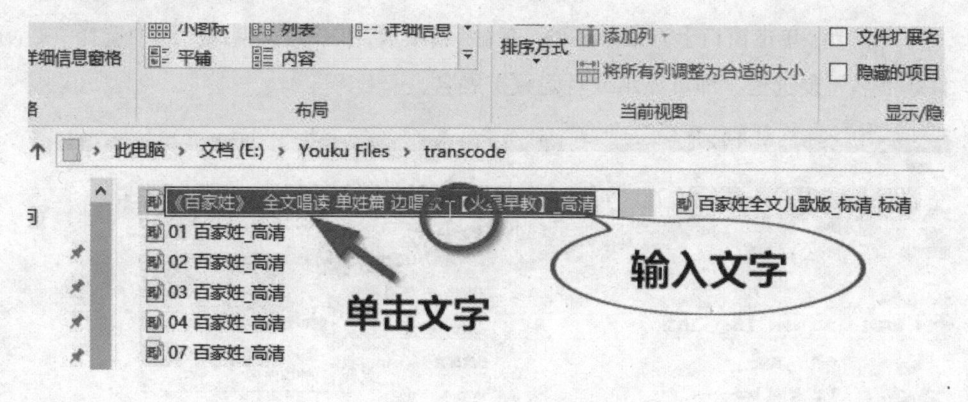

图 5-3 单击修改

* 小贴士：

用户使用过程中会发现，有时候可以看到文件的扩展名，有时候却看不到，那是因为扩展名被隐藏了。不同的情况，文件名的更改方法也不一样。扩展名隐藏的文件可以直接用以上方法修改，未隐藏扩展名的文件在修改时一定要注意只修改文件名，保留扩展名。

4. 扩展名的隐藏

一般情况下，系统盘中的文件为了便于识别需要显示扩展名，用户文件磁盘的文件方便操作需要隐藏扩展名。下面是扩展名显示和隐藏的方法。

第一步: 双击“此电脑”，打开“此电脑窗口”，也可按快捷组合键“Windows+E”打开窗口。

图 5-4 双击打开“此电脑”

第二步: 单击窗口上方菜单栏的“查看”选项卡，在“显示 / 隐藏”组中选择“文件扩展名”复选框，即可显示或者隐藏扩展名。

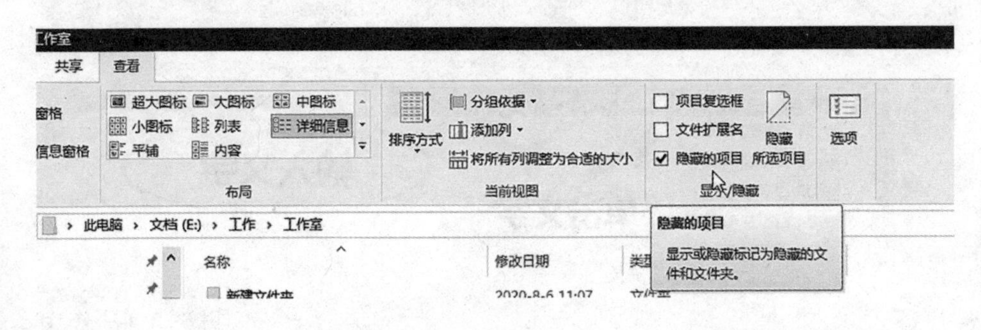

图 5-5 显示 / 隐藏扩展名

5.1.2 文件夹的基本操作

1. 文件夹

文件夹的作用是管理电脑中的文件，将各种文件分门别类，使它整齐规范。文件夹中包含多个文件或者子文件夹，形象点说，文件夹的结构就像一棵大树，用户数据就是组成大树的枝叶。

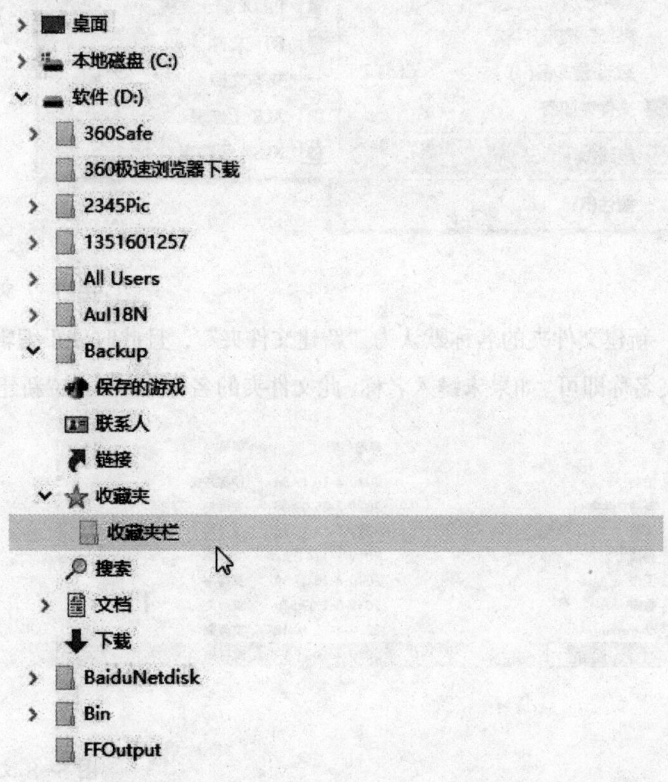

图 5-6 文件“树”形分支结构

2. 文件夹的建立与删除

如果用户需要保存文件，建议先在磁盘的根目录建立一个属于自己的文件夹，分组存储文件。

（1）文件夹的建立

方法一：

第一步：打开磁盘（文件夹），在空白区域右击，弹出快捷菜单，指向“新建”，从二级菜单中选择“文件夹”。

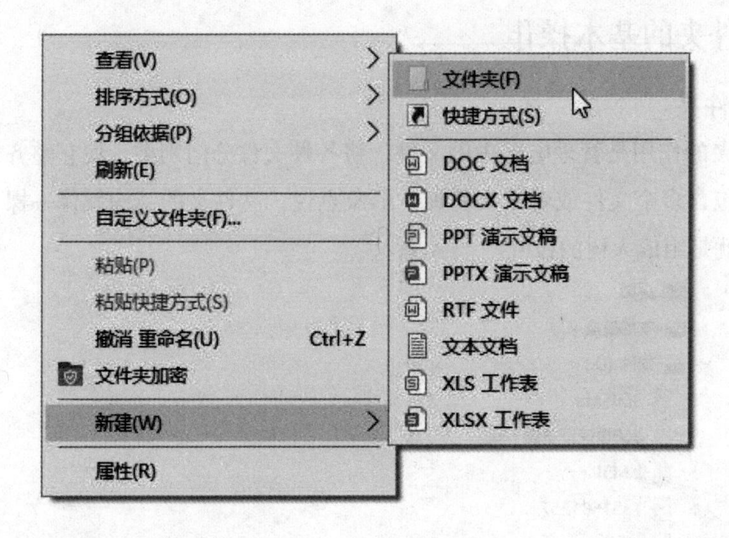

图 5-7 新建文件夹

第二步：新建文件夹的名称默认为“新建文件夹”，且此时处于编辑状态，用户键入文件夹名称即可。如果未键入名称，此文件夹的名称就默认为“新建文件夹”。

名称	修改日期	类型	大小
歌曲	2020-4-16 17:34	快捷方式	1 KB
新建文件夹	2020-2-25 09:06	文件夹	
下载	2019-5-18 15:56	文件夹	
孙葆儿	2019-11-14 23:26	文件夹	
工作	2020-4-16 17:59	文件夹	
歌曲	2019-6-1 09:52	文件夹	
chengxu	2020-4-15 10:18	文件夹	
新建文件夹 (2)	2020-4-19 22:59	文件夹	

图 5-8 文件夹命名

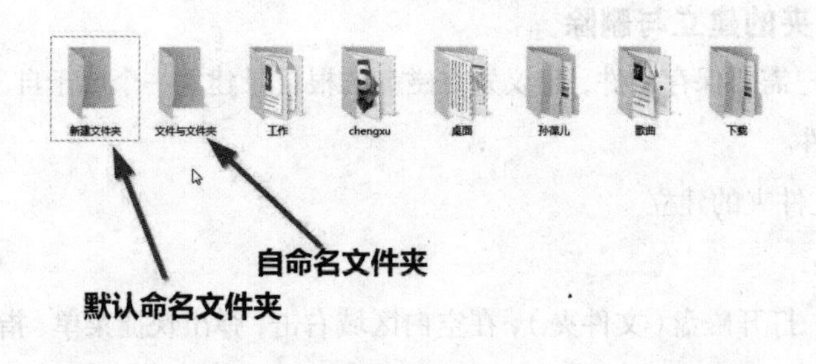

图 5-9 新建完成图

方法二：打开磁盘（文件夹），在标题栏左边快捷按钮区中单击“新建文件夹”按钮。

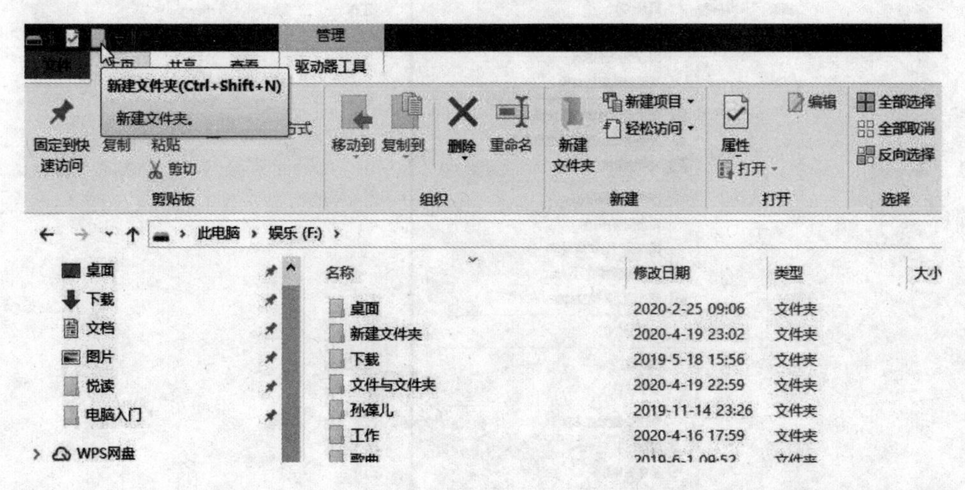

图 5-10 快捷按钮新建

方法三：打开磁盘（文件夹），单击菜单栏的“主页”选项卡，从弹出菜单中选择“新建文件夹”选项卡单击。

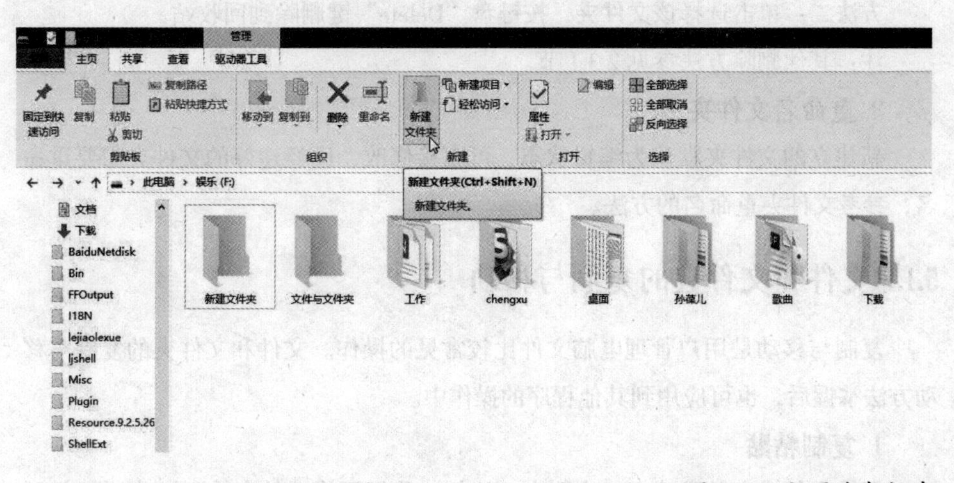

图 5-11 主页选卡新建

方法四：打开磁盘（文件夹），使用组合键“Ctrl+Shift+N”建立新的文件夹。

（2）文件夹的删除

方法一：右击需要删除的文件夹，从弹出菜单中选择“删除”单击，即可删除到回收站。

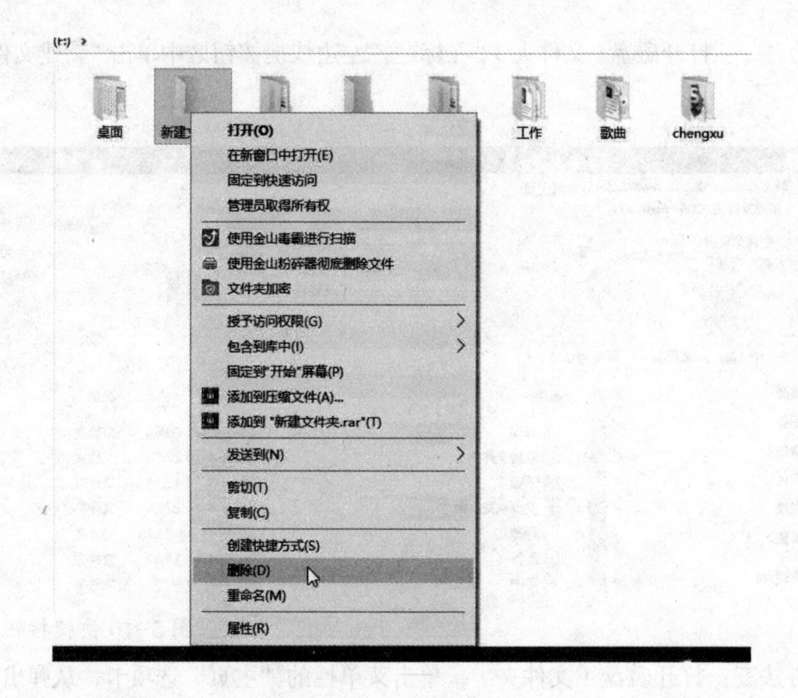

图 5-12 右击删除

方法二：单击选择该文件夹，按键盘“Delete”键删除到回收站。

注：其他删除方法参见 2.3.1 节。

3. 重命名文件夹

新建立的文件夹默认为编辑状态，可直接修改，已经建好的文件夹需要重命名，参考文件夹重命名的方法。

5.1.3 文件和文件夹的复制与移动

复制与移动是用户管理电脑文件比较常见的操作。文件和文件夹的复制与移动方法掌握后，也可应用到其他程序的操作中。

1. 复制粘贴

即给文件或文件夹建立一个副本。比如，我们要将文件存储到 U 盘中，又不想将原文件移走，就可以使用“复制粘贴”的操作。

（1）方法一

第一步：右击文件，弹出快捷菜单，选择“复制”，这样文件被复制到粘贴板上，等待粘贴。

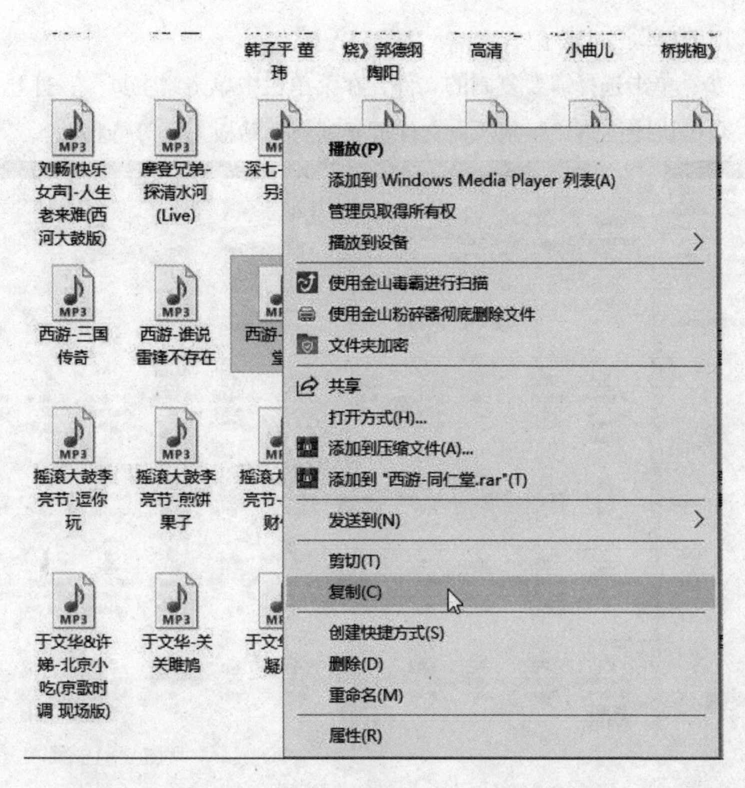

图 5-13 复制

第二步：打开要粘贴的目标地，右击选择“粘贴”，文件即被粘贴过来。

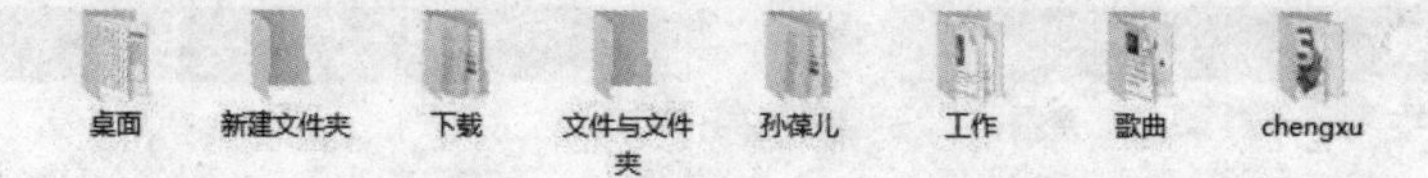

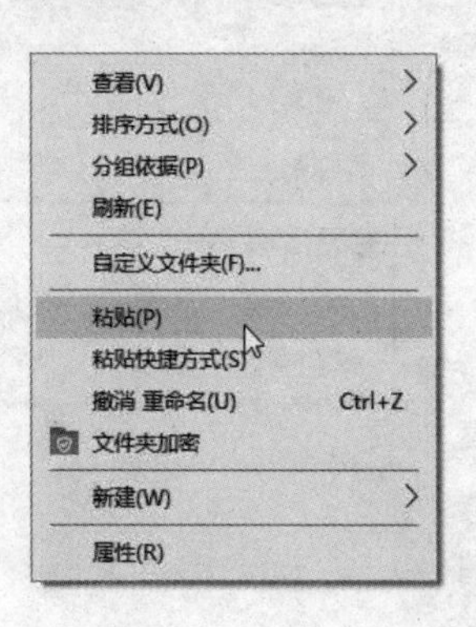

图 5-14 粘贴

（2）方法二

第一步：单击选择需要复制的文件，在菜单栏中单击“主页”，打开“主页”选项卡，单击快捷按钮“复制”，文件被复制到粘贴板上，等待粘贴。

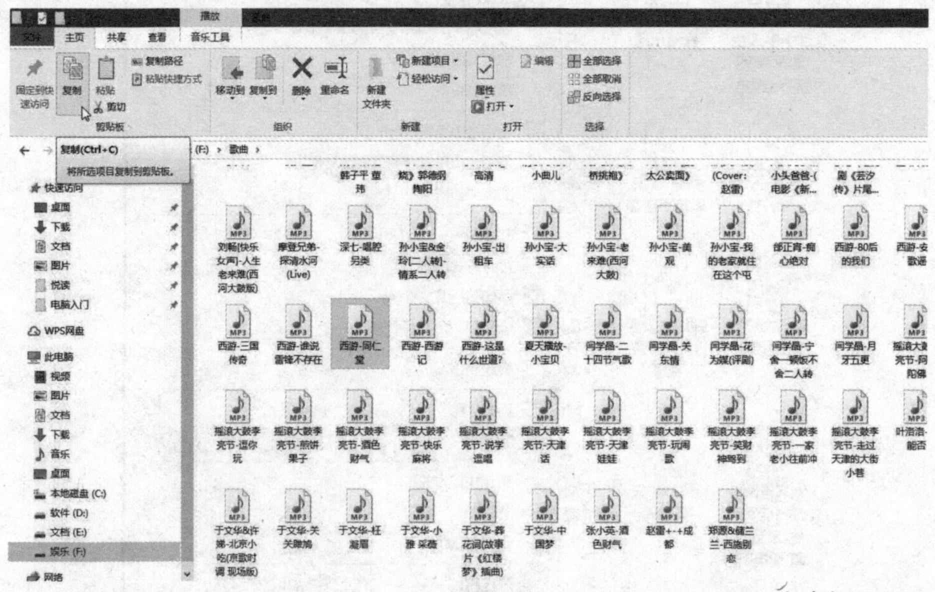

图 5-15 菜单复制按钮

第二步：打开目的文件夹，在菜单栏“主页”选项中单击“粘贴”，文件即被粘贴过来。

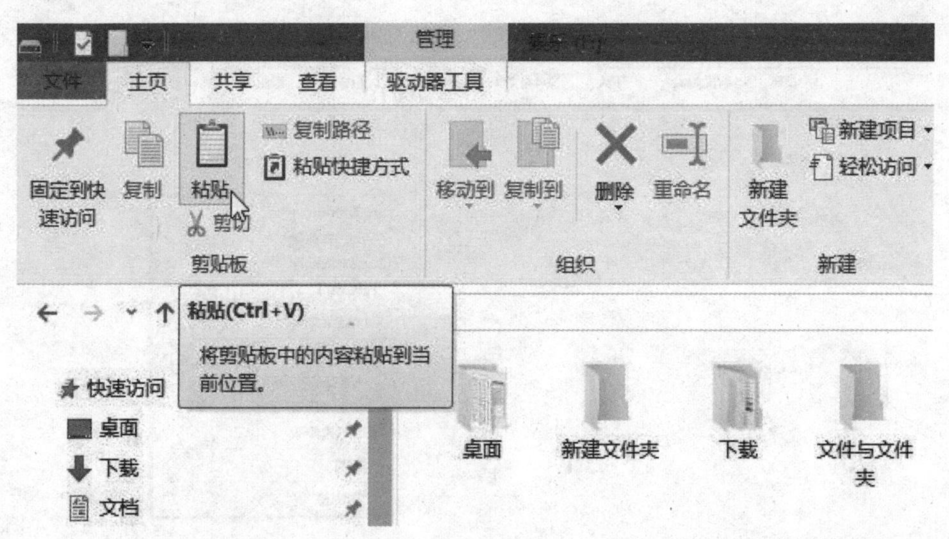

图 5-16 菜单粘贴按钮

＊小贴士：

方法一与方法二的“复制”“粘贴”操作也可混合使用。为了提高速度，很多用户使用快捷组合键形式，复制命令为 Ctrl+C，粘贴命令为 Ctrl+V。

2. 移动

移动与复制的最大区别是，复制后粘贴到其他位置，原文件不受任何影响，而移动是直接将原文件移走，一般操作命令为剪切粘贴，或者采用直接拖拽的形式。下面分别介绍这几种操作方法。

（1）方法一：剪切粘贴

“剪切粘贴”与“复制粘贴”的操作方法基本相似，将“复制”命令换为“剪切”即可。

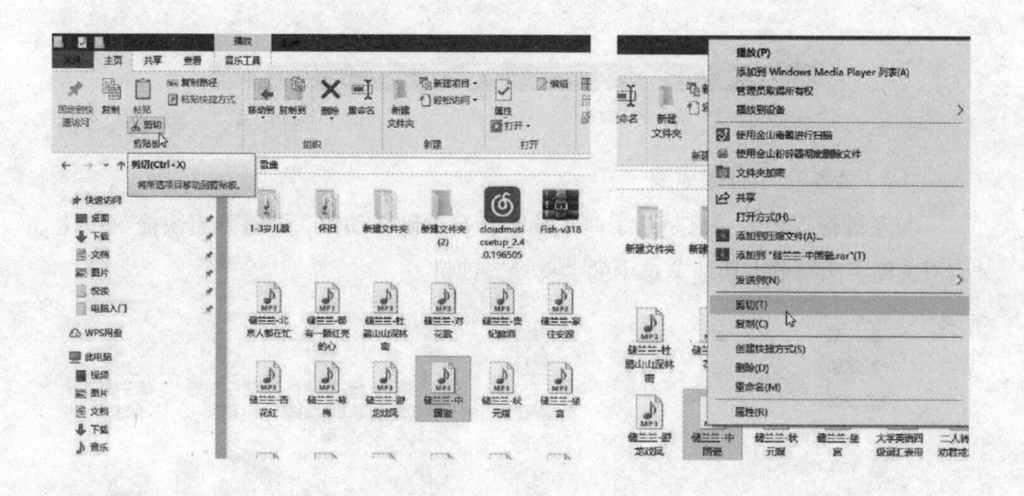

图 5-17 剪切

＊小贴士：

剪切命令的快捷组合键为：Ctrl+X。

（2）方法二：拖拽

在右侧文件夹中找到需要移动的文件，按住鼠标左键拖拽文件到右侧导航栏的目的文件夹，松手确定。注意：拖动前可以先打开右侧导航栏的“目的地”，也可拖动中指向文件夹，文件夹会自动打开下一级。

图 5-18 左键拖拽移动

（3）方法三：右键拖拽

与左键拖拽相似，只是松手时系统不会自动确认动作，而是弹出快捷菜单让用户选择，用户单击快捷菜单中的“移动”即可。

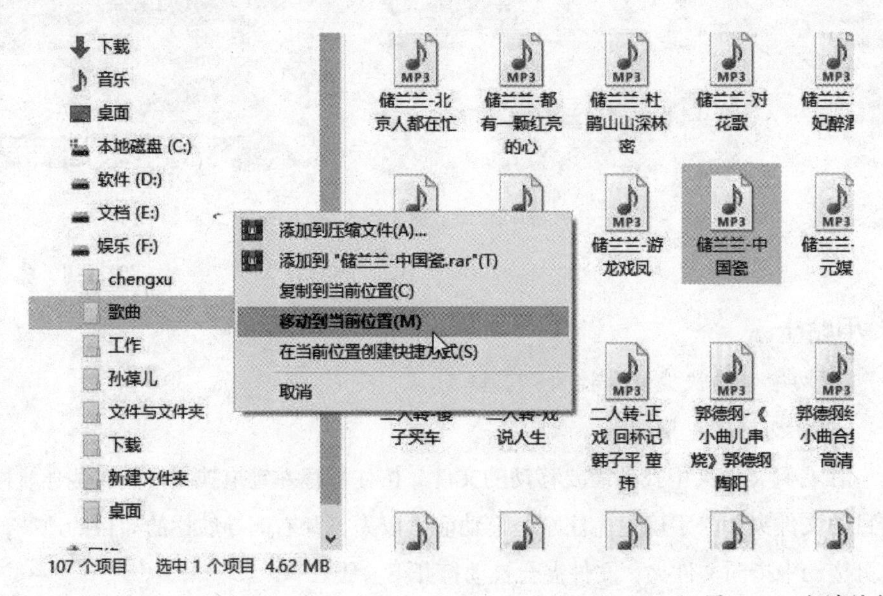

图 5-19 右键拖拽

此方法也可实现“复制”，省去“粘贴”操作，或实现“当前位置创建快捷方式”等操作。

5.2 查看文件或文件夹

文件或文件夹存储在磁盘是为了方便用户查找资料，但有些时候，因为存储量大、时间过久或文件放得太“深”，用户难以很快找到自己所需的数据，此时怎样查看文件及文件夹呢？本节主要介绍这一内容。

5.2.1 “快速访问”

“快速访问”为 Windows 10 的一个新功能，它可以展示用户常用文件夹、近期访问文件夹等，方便用户快速寻找。

右击“开始”按钮，单击打开“资源管理器”，在左侧窗口中找到“快速访问”后单击，便可打开“快速访问”列表。此列表分为两类：一类是有图钉标记的固定文件夹，它们被固定在“快速访问”列表中；另一类是常用文件夹，随着用户的打开量随时更改。

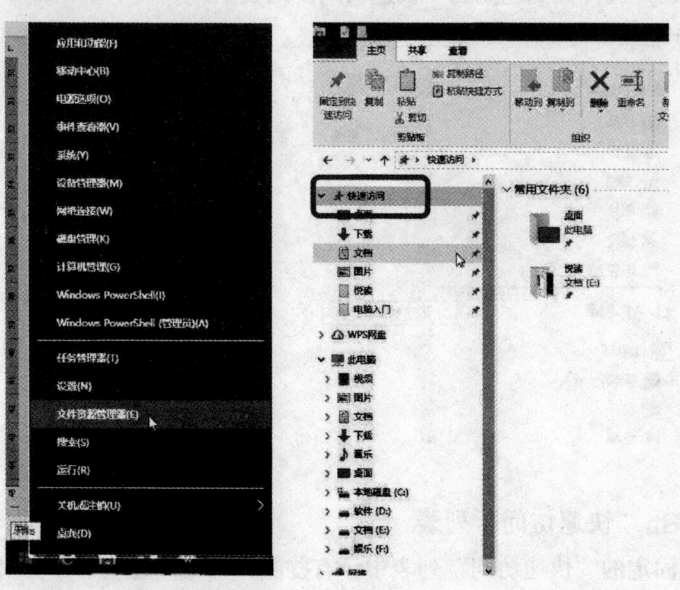

图 5-20 “快速访问”

1. 添加到“快速访问”列表

如果用户常常使用某个文件夹，每次打开时又在目录深处，便可将此文件夹固定在“快速访问”列表中。添加方法如下。

方法一：右击需要添加的文件夹，弹出快捷菜单，找到“固定到‘快速访问’”单击，此时该文件夹出现在“快速访问”列表中，文件夹后有图钉标记。

图 5-21 右击固定

方法二：打开“资源管理器”，在右侧窗口中找到需要添加的文件夹，按住鼠标左键拖动此文件夹到左侧的“快速访问”列表中。

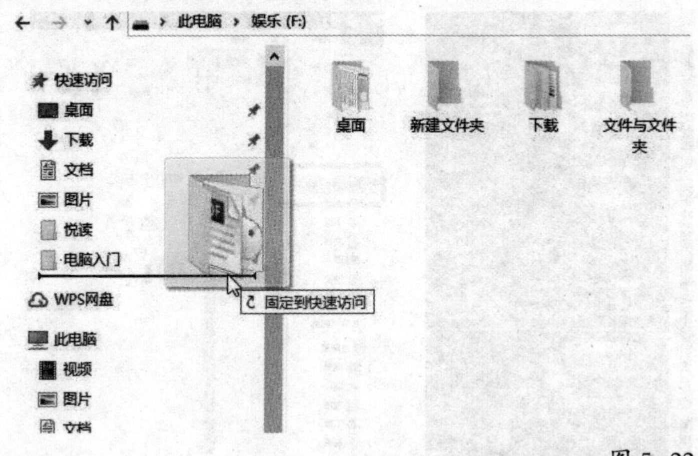

图 5-22 拖拽固定

2. 清除出“快速访问”列表

在已经固定的“快速访问”列表中，有些文件夹也许近期不再使用，为节省空间，可以将其从列表中清除，具体操作如下。

打开“快速访问”列表，找到需要清除的文件夹，右击文件夹，弹出快捷菜单，从中找到“从‘快速访问’取消固定”单击，此时列表中将清除该文件夹。

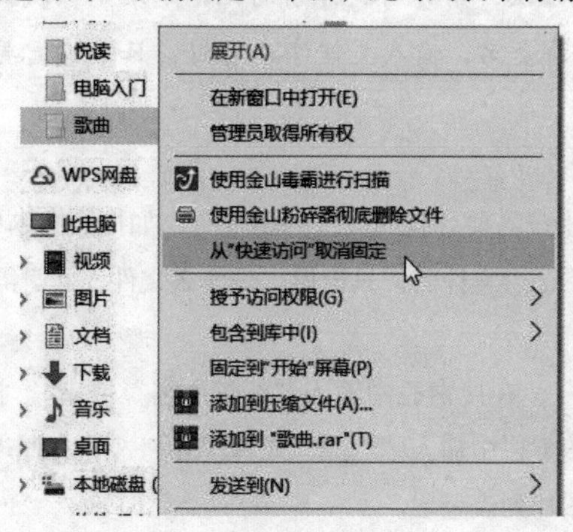

图 5-23 右击消除

5.2.2 搜索文件或文件夹

除了快速访问外，用户还需要从大量数据中找到所需的数据，有时甚至忘记这些数据的存储位置，一个个搜索浪费时间且不易找到，此时可以用到系统功能来搜索文件或文件夹。

1. 定位磁盘搜索

双击打开“此电脑”，在“搜索栏”中输入想要查询的文件或文件夹的名称，按回车键确定，电脑便开始搜索含有输入字符的文件，用户只需从这些文件中寻找自己所需的文件。

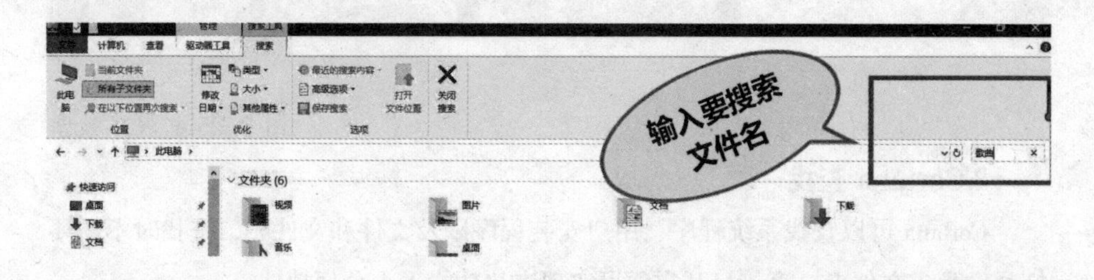

图 5-24 文件名全盘搜索

假如用户大概记得文件或者文件夹存储在哪个磁盘，便可双击打开该磁盘，再依上述方法搜索。

＊ 小贴士：

运用这种搜索方法，用户对文件名的记忆越准确，找到的候选项就越唯一。如果用户记不清全名，输入关键字也可以，只不过需要在众多候选项中挑选自己所需的。

2. 扩展名搜索

有些情况下，用户需要寻找的文件并不唯一，如搜索电脑中的所有图片。还有些情况下，用户不记得文件名，只记得它是什么文件，此时需要用扩展名搜索，方法如下。

打开“此电脑”，在搜索栏中输入“*. 扩展名”或者“. 扩展名”。比如，需要搜索图片，在搜索栏中输入“*.jpg”或者“.jpg”，按回车键确定，此时窗口便将电脑中的所有图片列表呈现。

图 5–25 扩展名搜索

3.Cortana 查找

Cortana 可以查找系统程序、用户安装程序以及文件和文件夹，查找时不需要打开磁盘或文件夹，直接打开它便可实现查找功能，十分便捷。

第一步：单击任务栏搜索框，打开 Cortana，之后用户在搜索框中直接输入需要查找的内容，如查找程序“乐教乐学”。

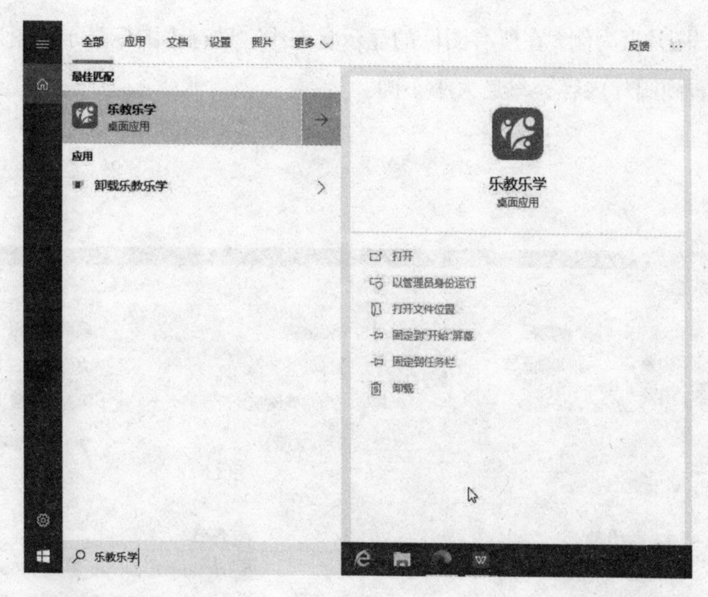

图 5-26 Cortana 查找

第二步：Cortana 工作区显示出所查找的内容，用户自行选择即可。

＊ 小贴士：

用户如果在任务栏中找不到“Cortana”搜索栏，可以在任务栏空白区域右击，弹出快捷菜单后，将鼠标指向菜单中的“搜索”，打开二级菜单，设置“显示 / 隐藏”搜索栏。

5.3 文件或文件夹的高级操作

文件或文件夹除了一些基本操作外，用户还需要使用一些高级操作，如文件或文件夹的查看及排序、文件或文件夹的隐藏、文件或文件夹的压缩及解压缩、文件或文件夹的加密等。

5.3.1 文件或文件夹的查看方式

对于已经存储的文件或文件夹，在电脑中有着不同的查看方式，展现的效果及信息各有不同。

1. 图标大小

查看方式的图标大小可以自行调整，分为小图标、中等图标、大图标、超大图标，以“图片”为例，在所有图标的显示状态中，只有小图标显示“图片”标志，其余都可看到图片内容，只是大小不同。

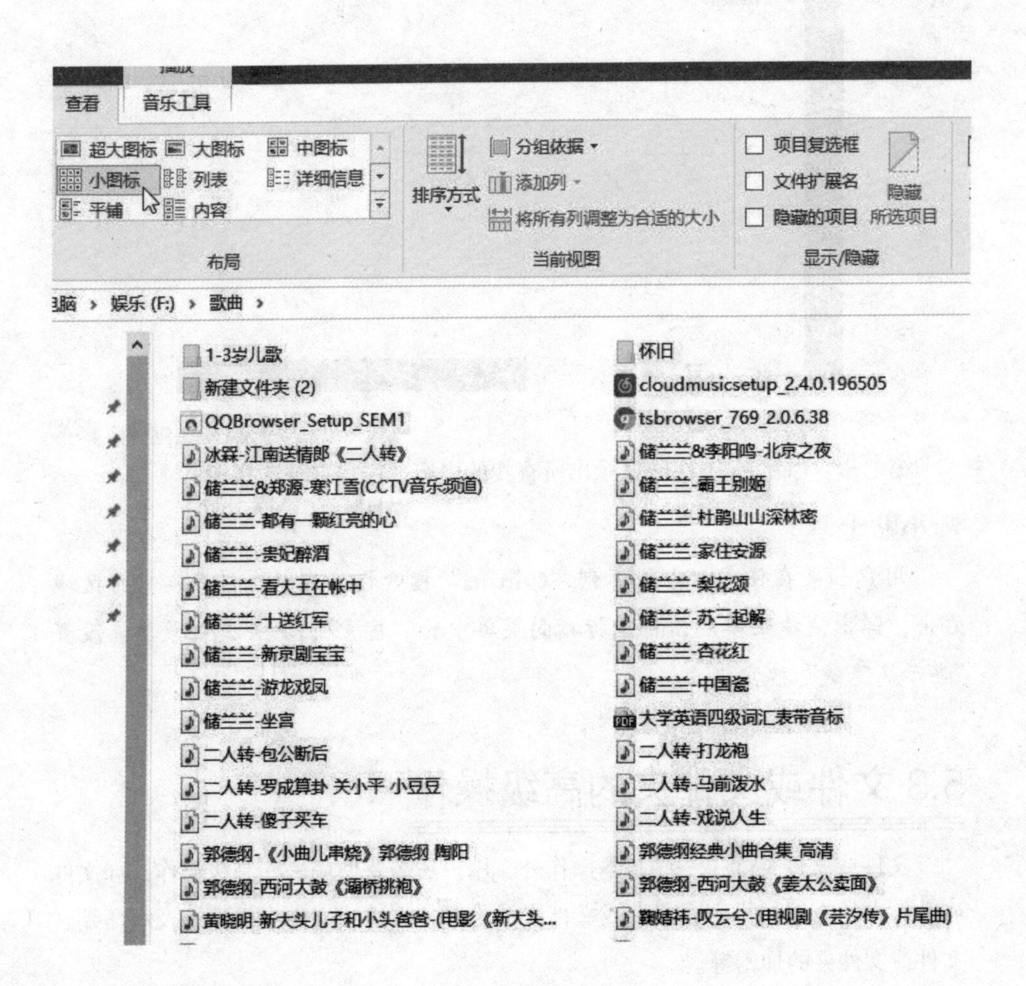

图 5-27 小图标

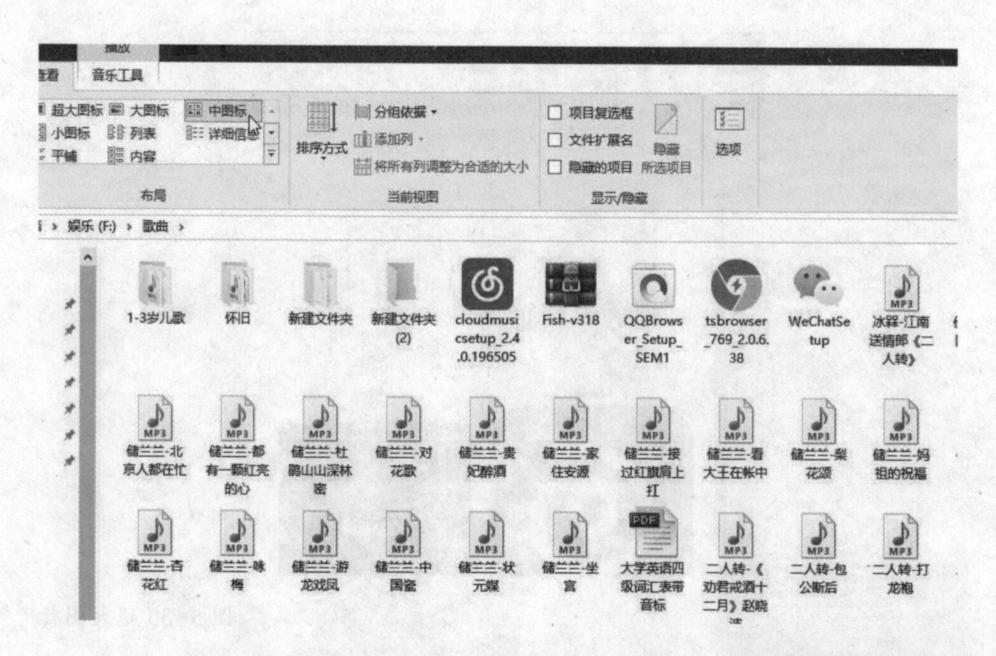

图 5-28 中图标

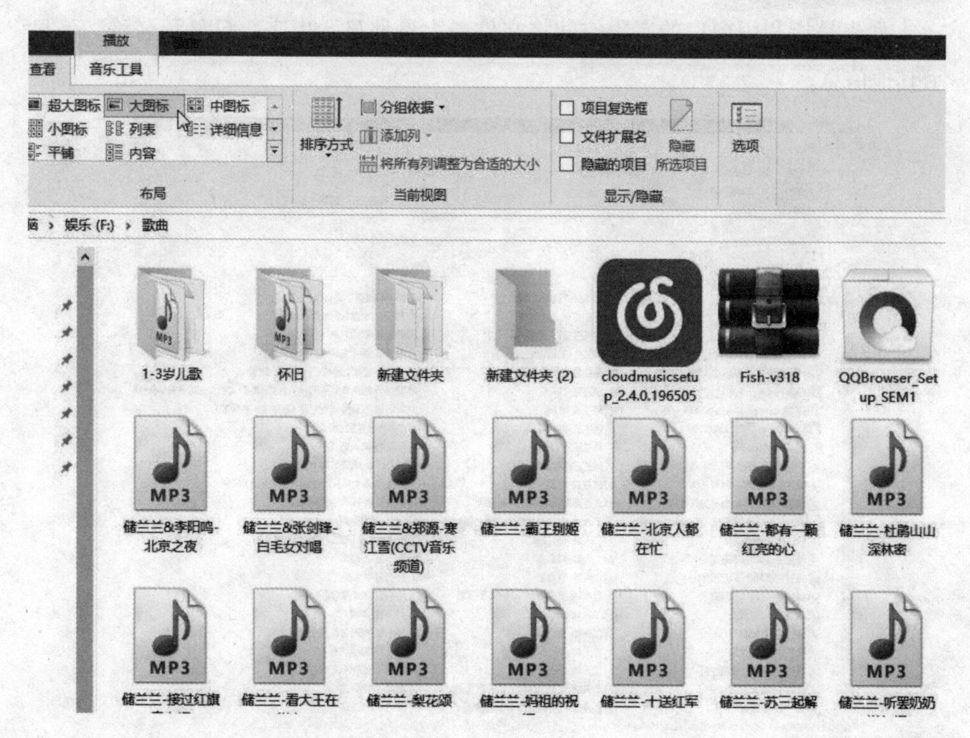

图 5-29 大图标

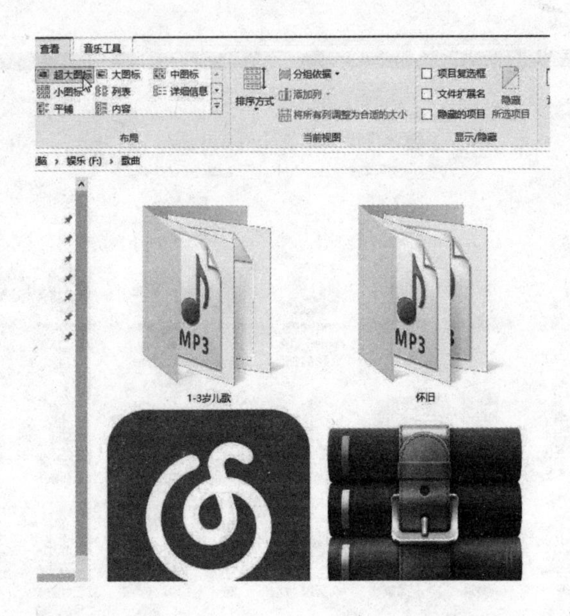

图 5-30 超大图标

2. 列表

列表是指利用窗口的有限空间将文件最大量地显示出来，只显示名称，不显示其他信息。

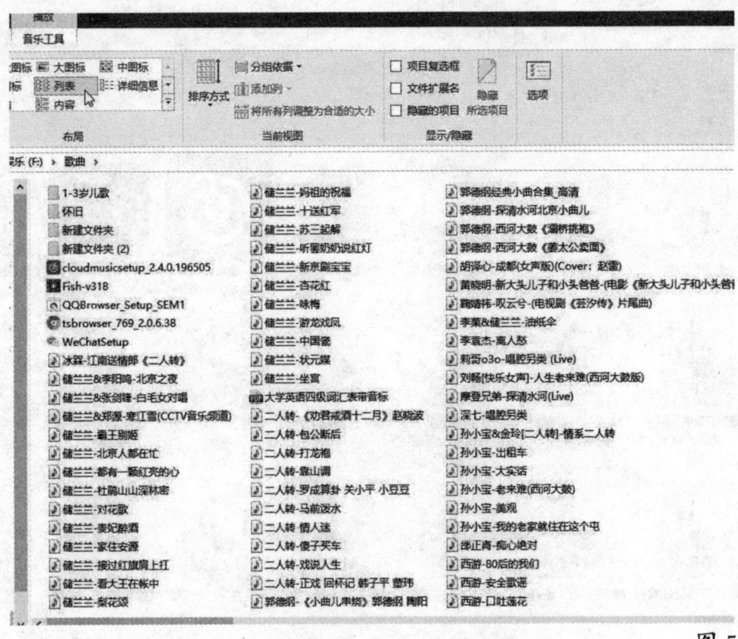

图 5-31 列表

3. 详细信息

详细信息显示出有关此文件的全部信息，包括文件名、修改日期、类型、大小。几项信息列表都有筛选功能，用户可根据这些信息筛选所需要的文件。比如，需要筛选大小为中等的文件，单击类型下拉菜单中的“大小”复选框并进行勾选，此时窗口中便只显示“中等大小”类型的文件，其他文件则被隐藏。

图 5-32 详细信息

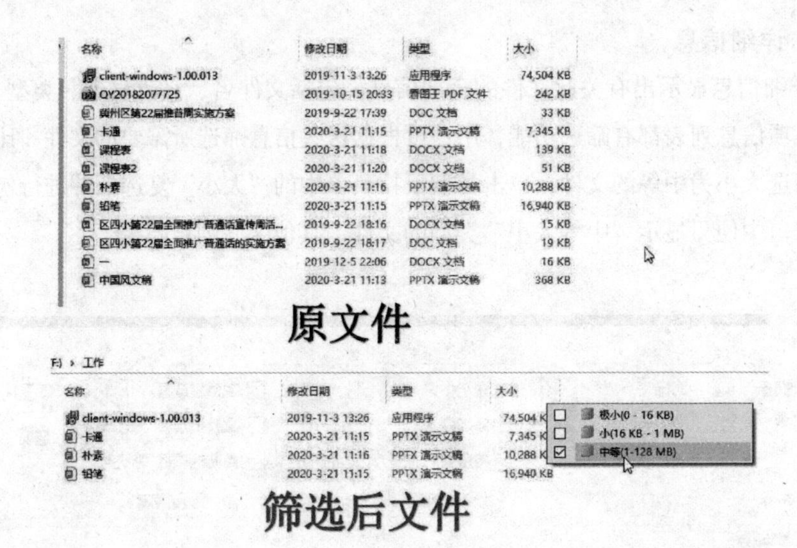

图 5-33 详细信息筛选

4. 平铺

平铺显示与列表显示不同，列表是将文件变成一个个小图标以列表形式展现出来，平铺则是将文件变为稍大图标列表显示。随着窗口变大，图标列数也会增加。

图 5-34 平铺

5. 内容显示

这种显示方式可以显示文件的基本信息，如类型、修改日期和大小，但不可以进行筛选操作。

图 5-35 内容

了解了各种查看方式，用户可以依自己所需，对窗口显示图标进行调整。下面介绍两种文件查看方式。

第一种：在菜单栏选择“查看”，鼠标指向“布局”卡，随着鼠标指向变化，窗口中的文件显示方式会跟着改变，以便预览。用户觉得合适时，单击该显示方式，即可更改。

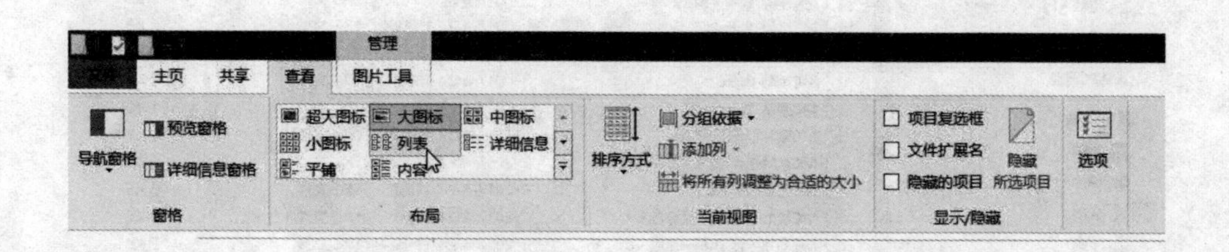

图 5-36 菜单查看

第二种：在窗口空白区域右击，弹出快捷菜单，鼠标指向“查看”，在二级菜单中单击需要显示的方式即可。

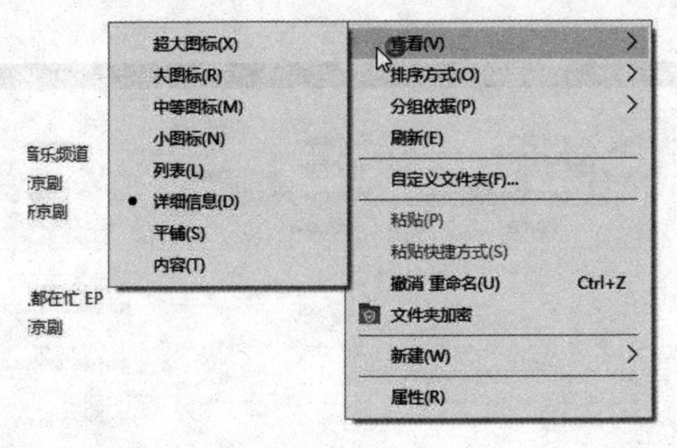

图 5-37 右击查看

5.3.2 文件或文件夹的排序

为了便于查询资料，有时需要将文件或文件夹排序。电脑中提供了多种排序条件，如类型、修改日期、递增递减、文件打印状态等，用户根据需要选择即可。

1. 第一种：单击菜单栏中的“查看”选项卡，选择“排序方式”，单击弹出下拉菜单，选择所需的条件，即可更改。

图 5-38 菜单栏“排序”

2. 第二种：在需要排序的文件夹空白区域右击，弹出快捷菜单，鼠标指向“排序方式”在弹出的二级菜单中选择所需的条件即可。

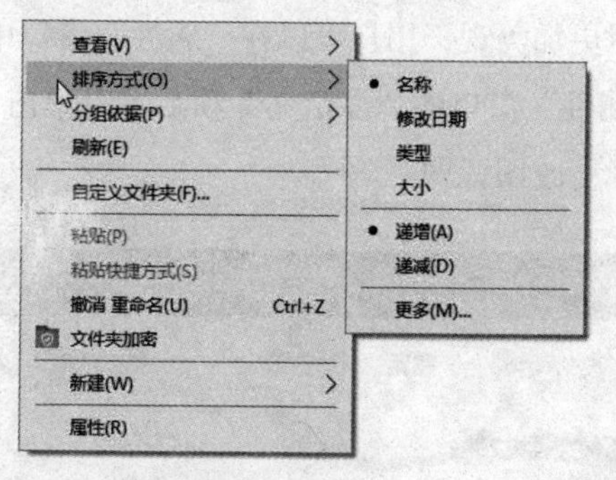

图 5-39 右击“排序”

如果用户没有从菜单中找到所需的条件，可以单击“更多”，从选择窗口单击复选框，即可添加到排序方式的菜单中。

5.3.3 文件或文件夹属性

文件或文件夹的属性指的是它们的相关信息。属性窗口显示的内容更加详细，可以帮助用户进一步了解该文件或文件夹。

1. 打开查看属性

选中文件或文件夹，右击弹出快捷菜单，找到最后一项“属性”，单击打开。需要说明的是，文件类型不同，“属性”窗口的项目卡也不同。

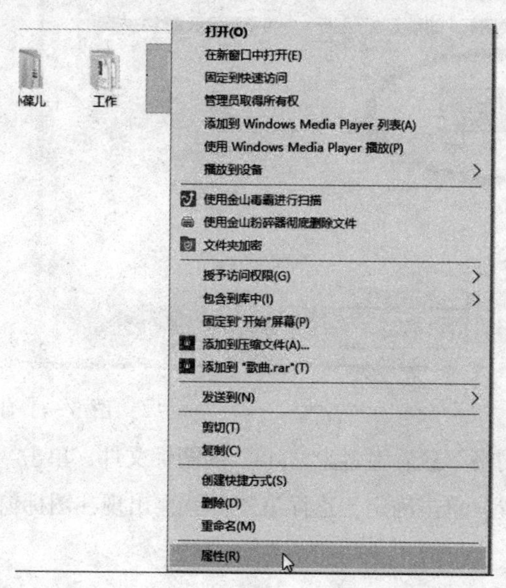

图 5-40 菜单单击“属性”

2. 更改文件夹图标

系统默认的文件夹图标是相同的。有时候，为了在众多文件夹中让某个文件夹更加明显，或者显示更加美观，用户可以在“属性”窗口中对图标进行修改。

第一步：打开“属性”窗口的“自定义”项目卡，单击“更改图标”按钮，从弹出的图标框中选择更改图标即可。

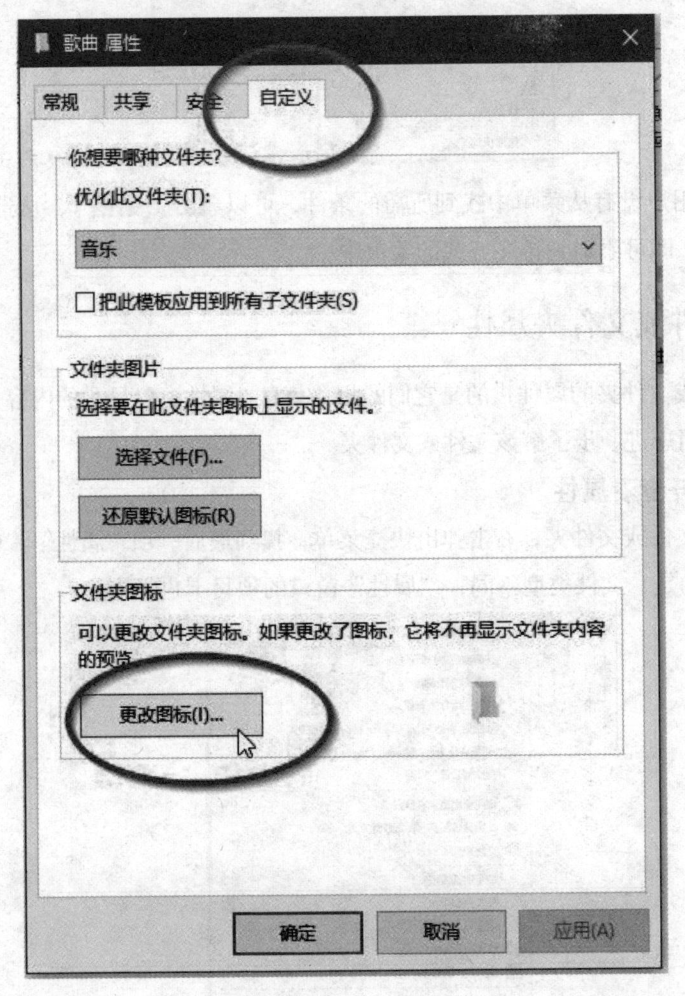

图 5-41 自定义窗口

第二步：用户可以从网络下载后缀名为“.dll”的图标文件，单击“浏览”按钮，打开该文件的所在位置，单击确定，这样该图标就会出现在图标窗口中，单击选择即可。

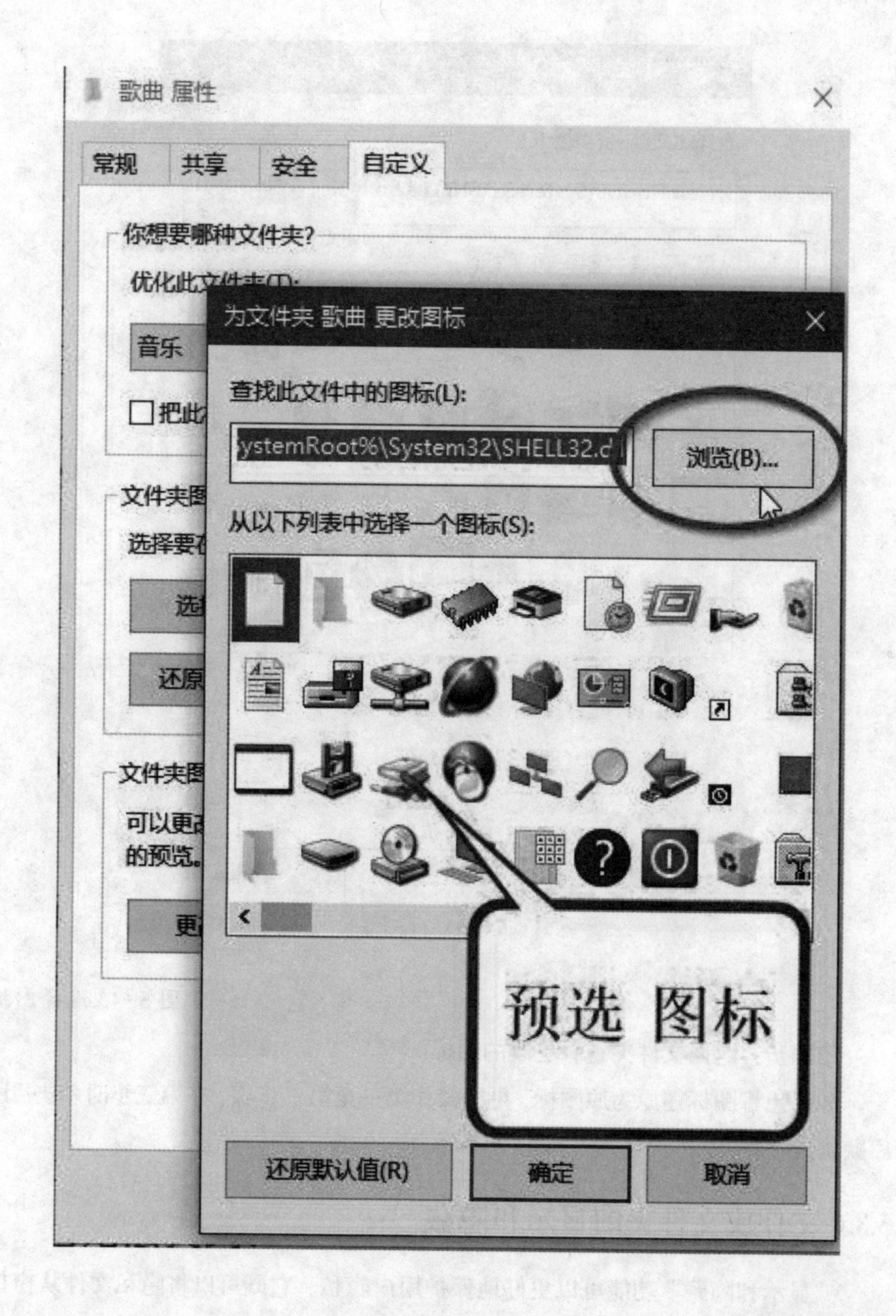

图 5-42 更改图标窗口

第三步：选择图标后，单击“确定”按钮退出窗口。

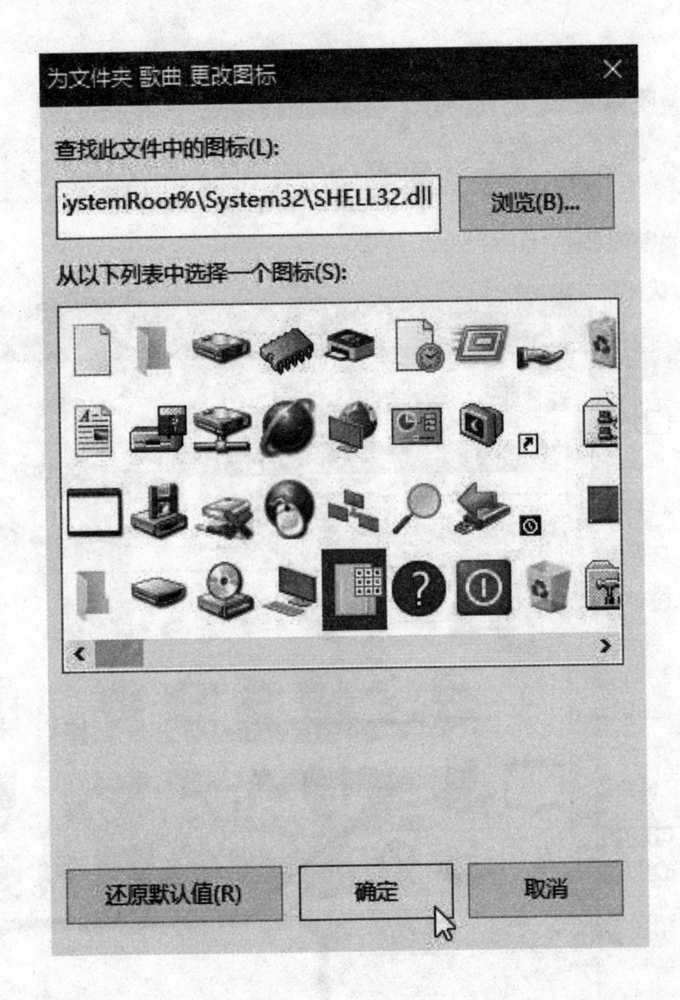

图 5-43 选择图标

第四步：返回文件夹查看更改的图标。

如果想将图标还原为原图标，再次操作第一至第三步骤，在第三步时单击“还原默认值”即可。

5.3.4 文件或文件夹的显示和隐藏

“显示和隐藏”功能可以更好地保护用户隐私。它既可以将隐私文件从窗口中隐藏，又可以将文件在需要的时候显示出来。

1. 隐藏

第一步：选择需要隐藏的项目，在菜单栏单击“查看”。

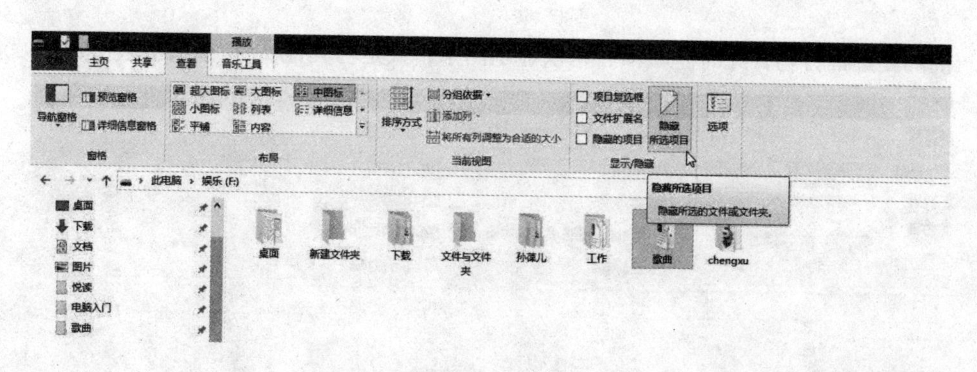

图 5-44 选择项目

第二步：在“显示 / 隐藏”选项卡中单击“隐藏所选项目”，此时跳出“确定隐藏”对话框，用户确定要隐藏的需求后单击“确定”按钮，所选项被隐藏，哪怕用搜索功能也无法找到。

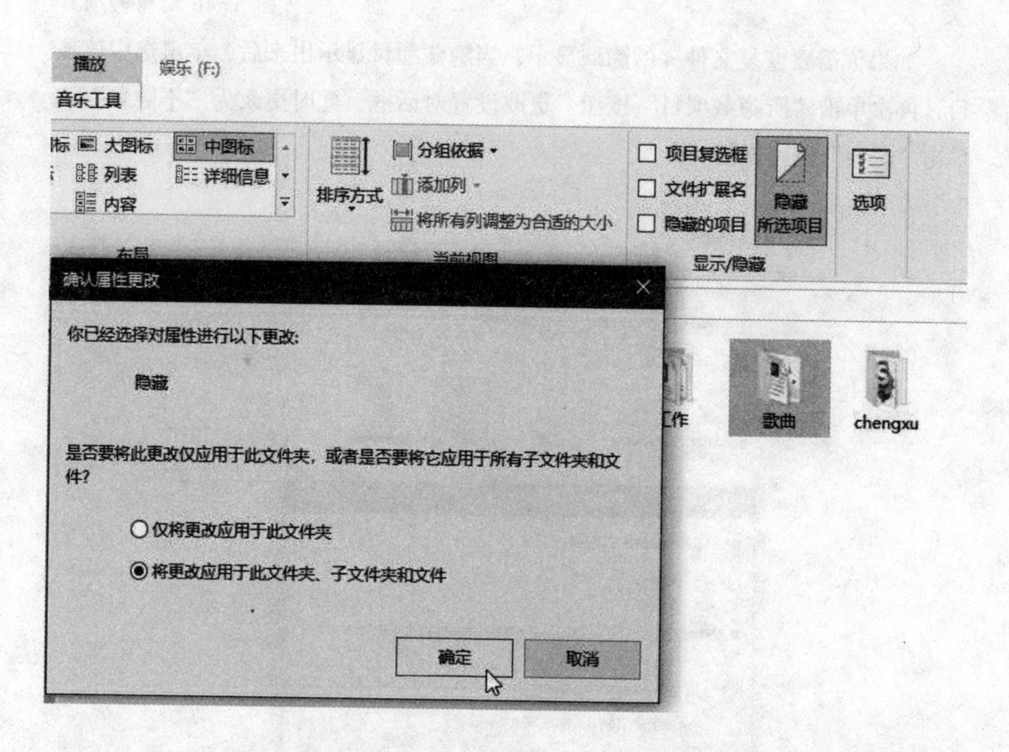

图 5-45 确认更改

2. 显示

单击菜单栏中的“查看”选项，将“显示 / 隐藏”选项卡中“隐藏的项目”

前的复选框打勾，此时隐藏项目再次显示出来，只是与其他文件夹相比颜色较浅。

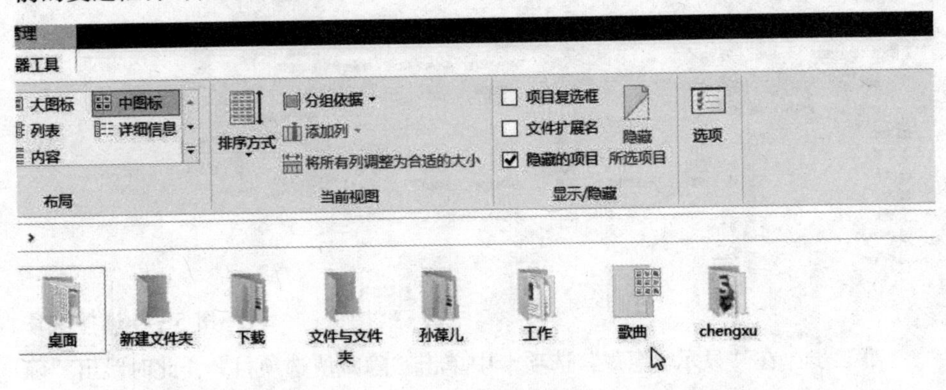

图 5-46 隐藏的项目

如果你需要恢复文件夹的隐藏显示，当隐藏项目显示出来后，单击选中该项目，再次单击“所隐藏项目”按钮，更改设置对话框，此时更改为“不隐藏”，单击“确定”即可恢复。

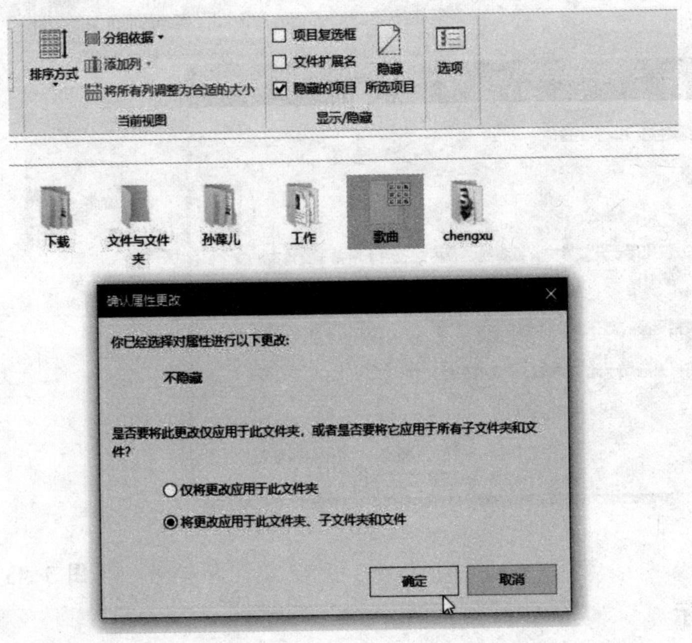

图 5-47 更改“不隐藏”

5.4 文件的压缩与解压

文件压缩，是指将文件打包，缩减文件大小，方便传输。文件压缩后以压缩包的形式存储，扩展名为 rar 或 zip。文件解压，是指将压缩包还原为文件或文件夹的形式。文件的压缩和解压需要压缩软件才可以完成。

5.4.1 压缩软件的下载与安装

现在常用的压缩软件有 WinRAR、360 压缩、快压等。下面以“360 压缩”为例，详解压缩软件的下载与安装方法。

第一步：在网页中搜索需要下载的压缩软件，单击进入“官网”。

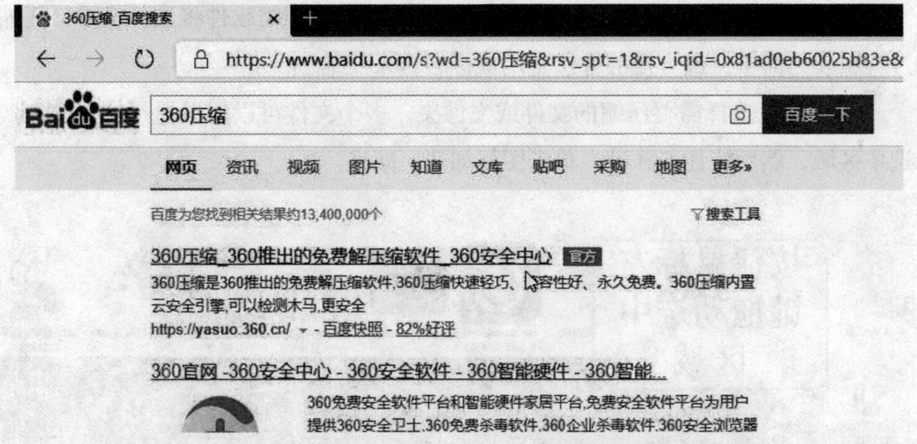

图 5-48 搜索网页

第二步：在官网找到客户端下载链接按钮，单击下载。

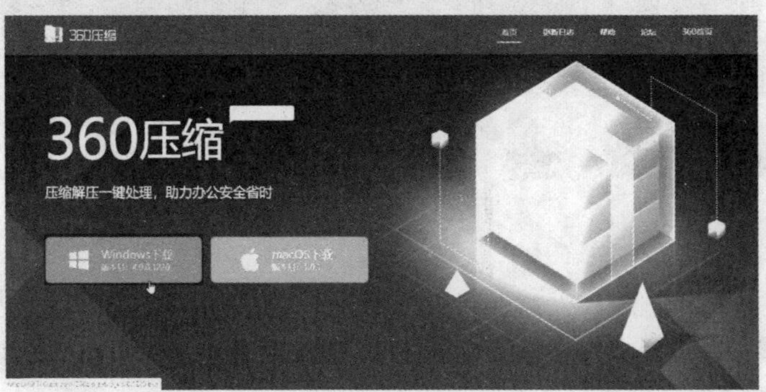

图 5-49 官网单击下载

第三步：下载完成后，单击打开已下载的文件，根据提示安装。“立即安装”是将软件安装在系统预设的磁盘中；“自定义安装”，用户可以自定义“安装路径”。

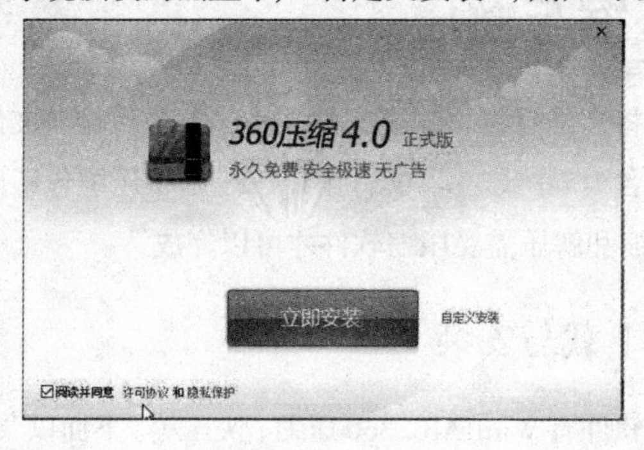

图 5-50 安装

5.4.2 压缩文件

有时候文件较大，没有办法传输时，用户可以用压缩软件将文件压缩，压缩过程也较为简单，最方便的方法是用鼠标右键来压缩。

第一步：选择需要压缩的文件或文件夹，多个文件可以用鼠标按住左键拖拽选中区域，然后按住 Ctrl 键，单击图标加选、减选。

图 5-51 选中文件

第二步：在选择文件变色区域内右击，弹出快捷菜单，单击“添加到压缩文件……”。

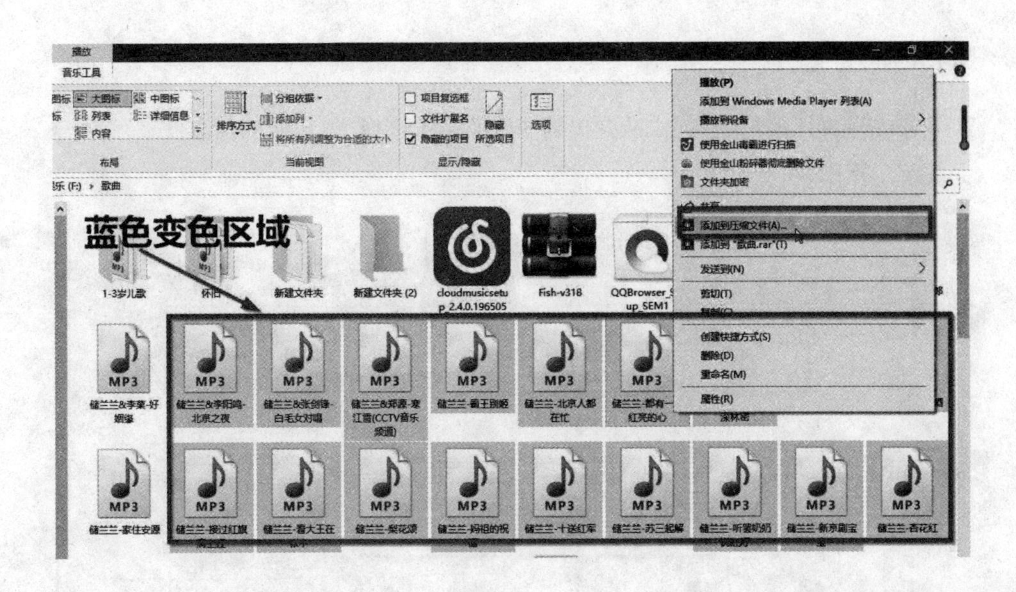

图 5-52 右击添加压缩文件

第三步：输入压缩文件名，选择需要压缩的格式，单击“确定”。

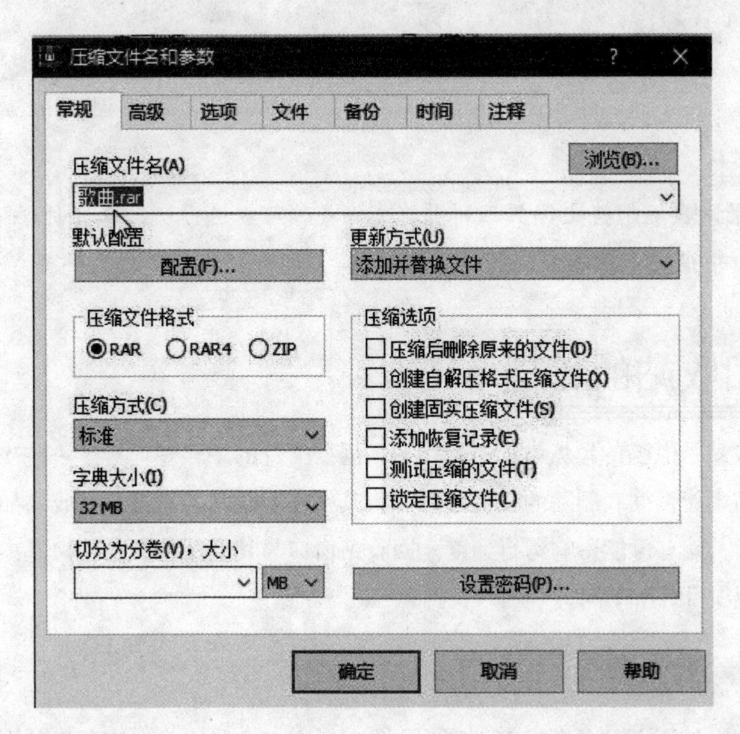

图 5-53 确定压缩

5.4.3 解压文件

单击选择压缩包后右击，从弹出的快捷菜单中选择“解压到当前文件夹”命令，完成解压操作。

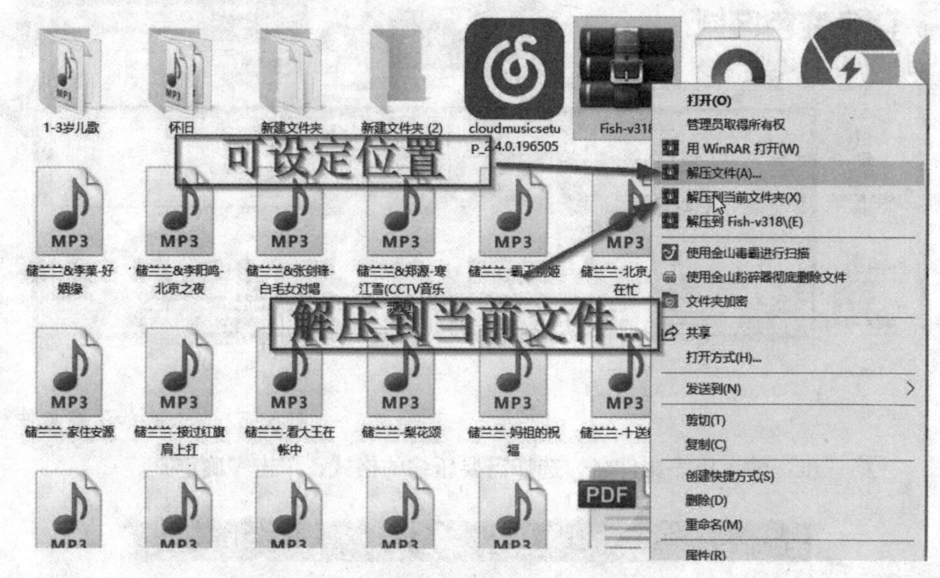

图 5-54 解压文件

＊ 小贴士：

如果用户不想将文件解压到当前文件夹，可以选择“解压文件……”，在弹出窗口中设置希望添加到的“目标路径”，即可解压到目标文件夹。

5.5 回收站的管理

回收站是电脑的垃圾站，也是用户不需要文件的中转站。对于一些当前不需要又不确定能否彻底删除的文件，可以将其丢在回收站。不过，回收站如果占用系统空间，就有可能影响运行速度。回收站窗口与其他文件夹的窗口基本相似，只是管理项目有所不同。

5.5.1 删除对话框

用户在使用电脑时会发现，删除文件时，有时会跳出“确实要把此文件放入回收站吗”的对话框，有时却不出现。其实，我们可以通过“回收站属性”进行设置。

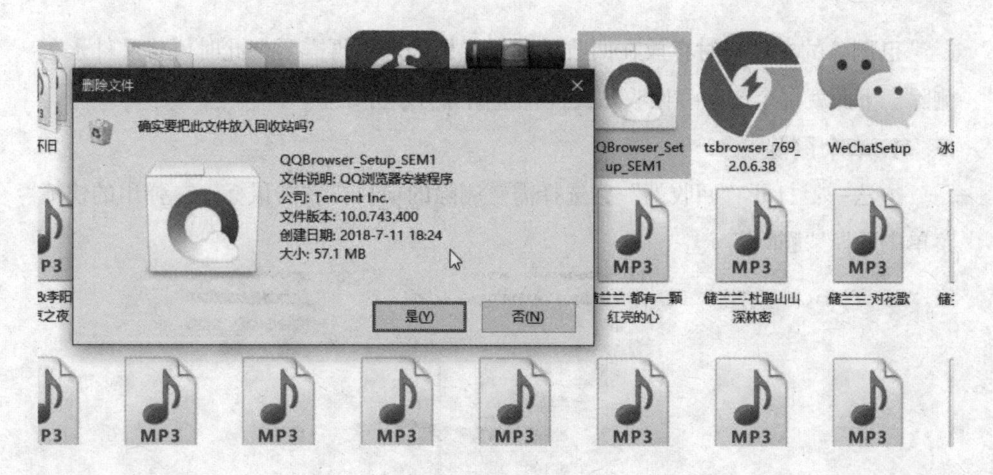

图 5-55 文件或文件夹删除

双击桌面图标打开“回收站”，在“回收站工具”选项卡中单击快捷按钮“回收站属性”，找到“显示删除确认对话框”，在其复选框中选择是否显示对话框。

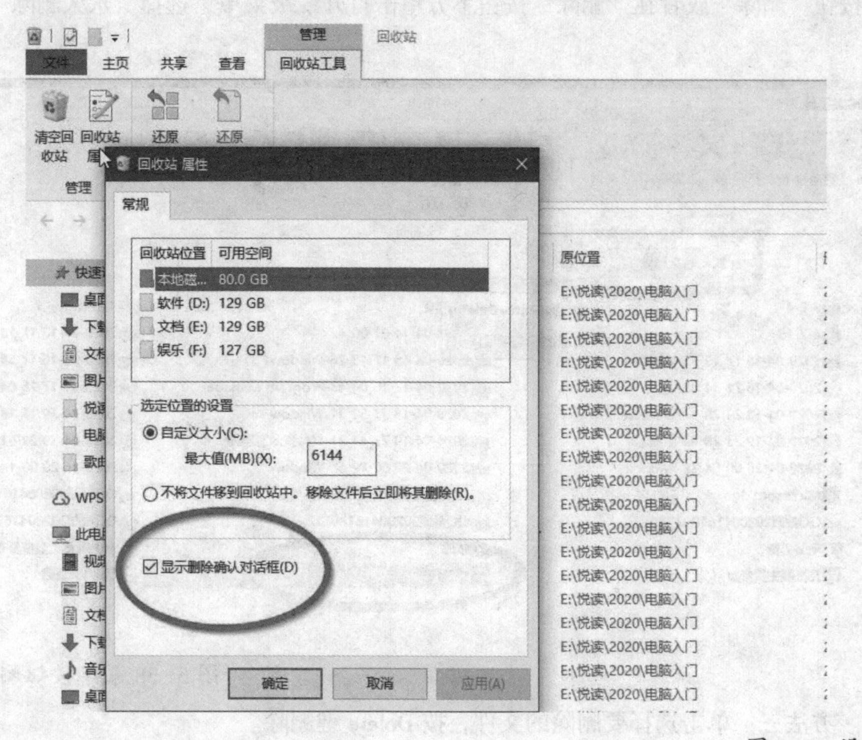

图 5-56 设置

5.5.2 清空回收站

已删除的文件临时存放在回收站中，如果确定不再需要，此时可将文件永久删除。下面就单个删除和回收站文件批量删除分步介绍。

1. 单个删除

方法一：打开“回收站”，选择需要删除的项目，右击鼠标，在弹出的快捷菜单中选择“删除”。

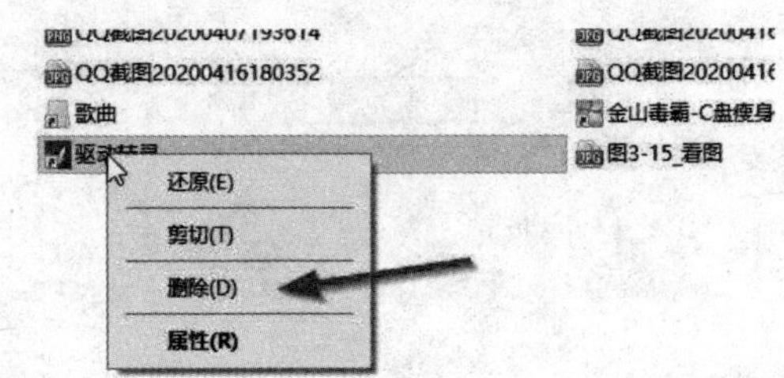

图 5-57 右击删除

方法二：单击选择需要删除的项目，在菜单栏选项中选择“主页”，单击快捷按钮“删除”或者在“删除”按钮下方单击打开二级菜单，选择“永久删除”。

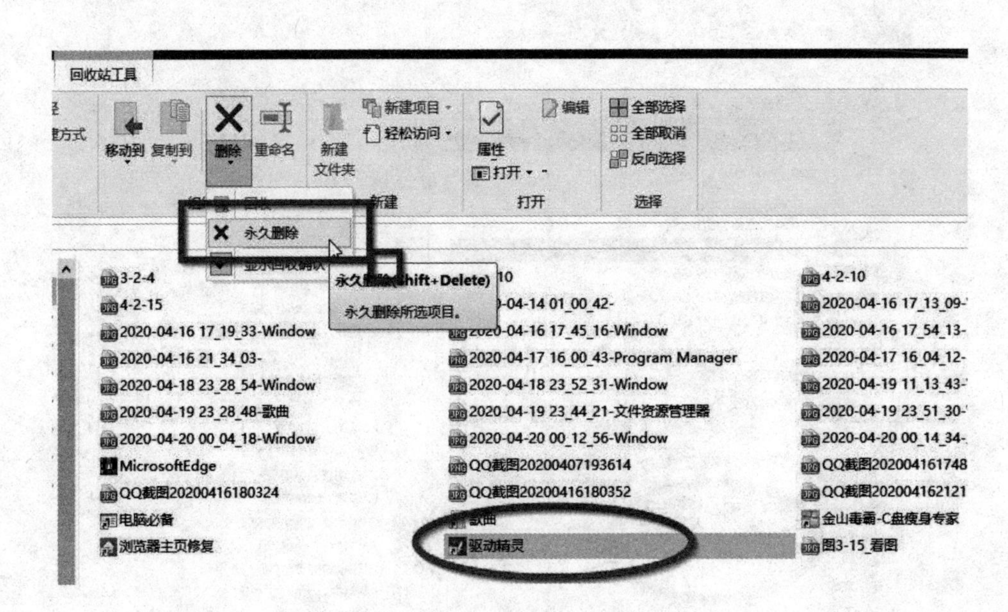

图 5-58 菜单按钮删除

方法三：单击选择要删除的文件，按 Delete 键删除。

＊小贴士：

文件永远删除可以不经过回收站，用户单击选择需要删除的项目后，按住 Shift 键后按 Delete 键，此项目则会不经过回收站直接删除。

2. 批量删除

方法一：选中文件，按单个文件的删除方法删除。

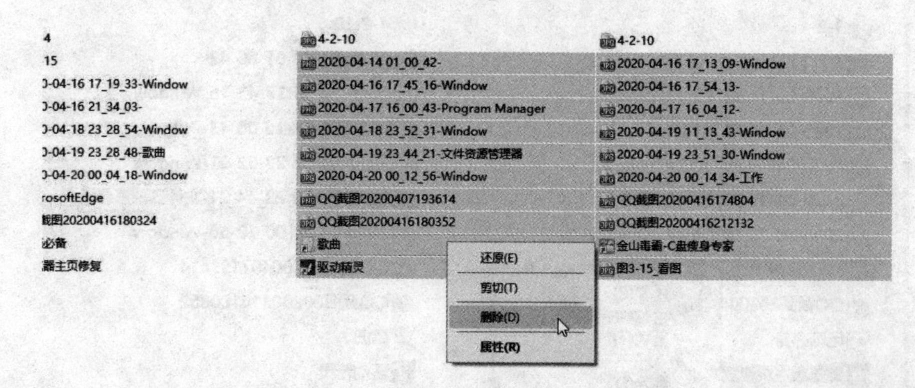

图 5-59 批量删除

方法二：清空回收站

如果需要删除回收站的全部项目，可以使用菜单栏“回收站工具”中的“清空回收站”按钮。

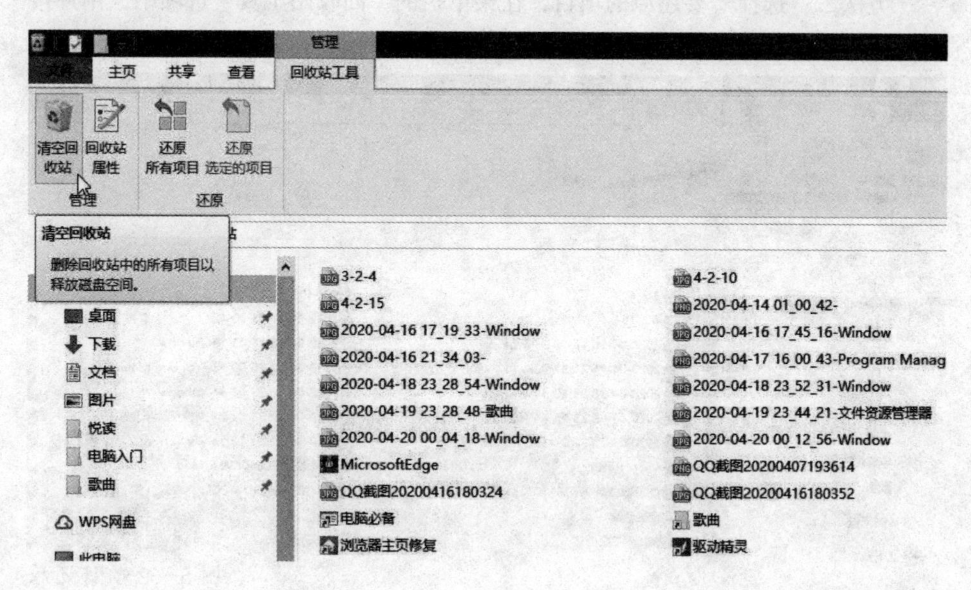

图 5-60 清空回收站

5.5.3 项目还原

已删除的文件临时存放在回收站中，如果需要再次找回，用户可以到回收站中进行“还原”操作。

方法一：单击选中一个或多个文件，右击菜单，单击“还原”。

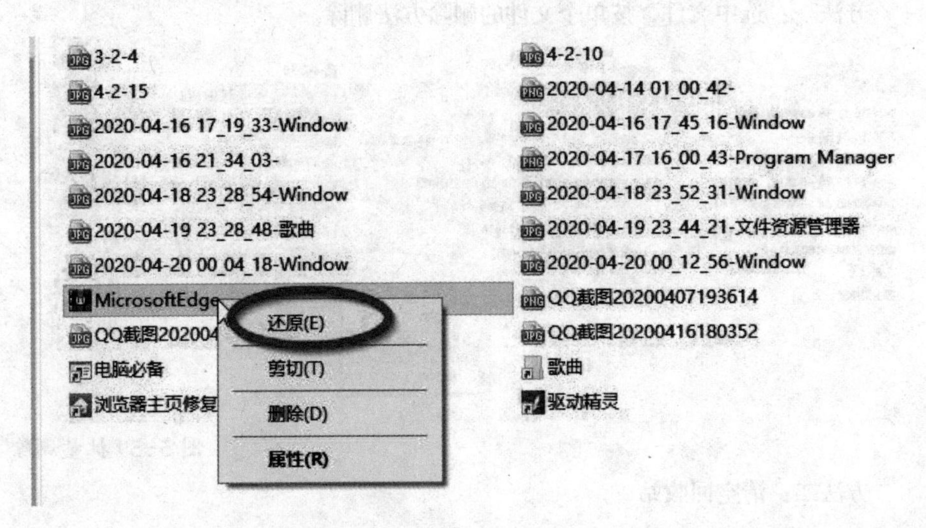

图 5-61 文件还原

方法二：选择需要还原的项目，在菜单栏的“回收站工具”选项中，用户按需要选择“还原所有项目”“还原选定的项目”按钮操作还原。

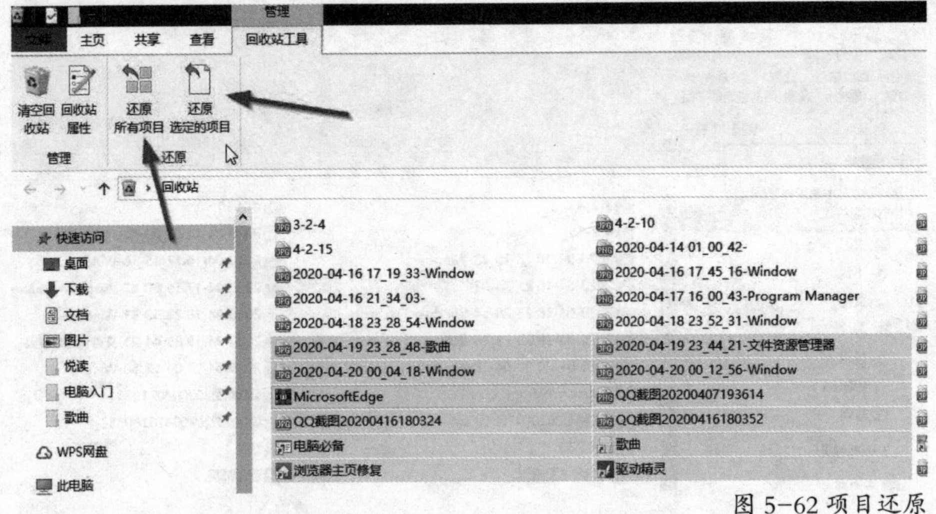

图 5-62 项目还原

第六章

方便好用的附件小工具

自开发以来，Windows操作系统就自带了很多实用、方便的小程序，如记事本、画图、计算器等。这些小程序保证用户在不下载安装其他程序的基础上就可以完成简单的基础性操作。单击“开始”按钮，打开菜单，在程序窗口中找到“Windows附件”，单击打开下拉菜单，就可以找到系统自带的小程序。

6.1 记事本

记事本，是便捷、快速记录文本信息的小程序。用户可以用它记录一些路径、草稿、事件、信息等不需要排版的文本，它像一个便利贴，省去很多烦琐的格式，可以让用户更快速地获取和记录信息。

6.1.1 记事本程序界面

记事本程序窗口结构简单，由标题栏、菜单栏、文本窗口和状态栏组成。程序窗口操作与 Windows 窗口操作相同，可以进行最大化、最小化、还原等操作。

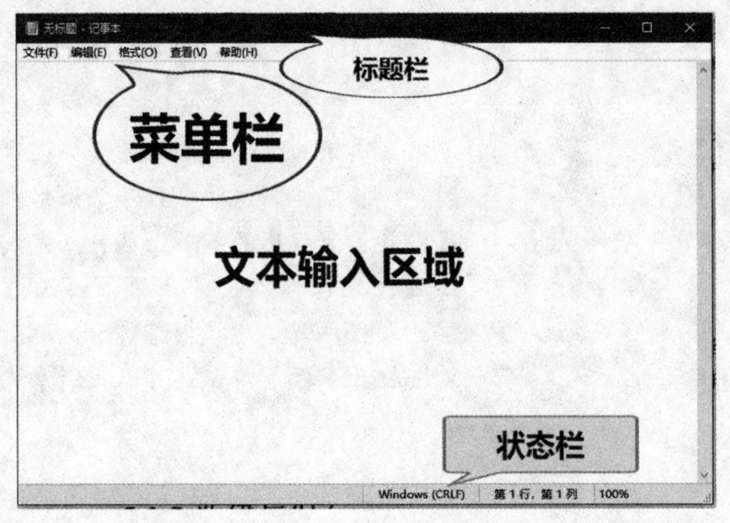

图 6-1 记事本

6.1.2 新建与保存

记事本程序启动后，就新建了一个空白页。如果用户需要再次新建，可以单击“文件”菜单，选择“新建”选项，再建立一个新文档。也可使用快捷组合键“Ctrl+N”。

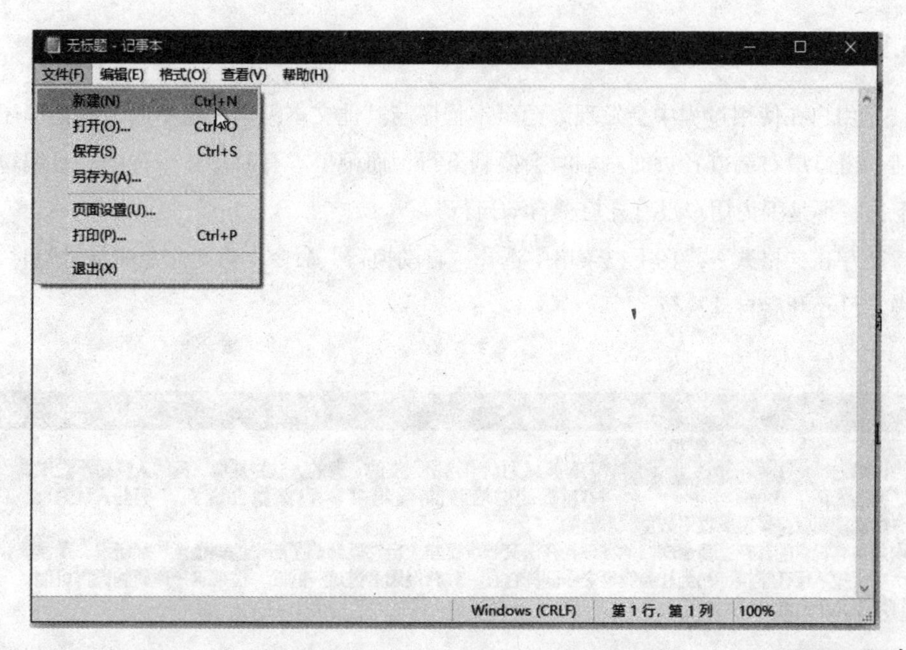

图 6-2 新建

编辑完成后，用户单击“文件”，打开下拉菜单，再单击保存。也可使用快捷组合键“Ctrl+S”。记事本的存储扩展名为“.txt”。

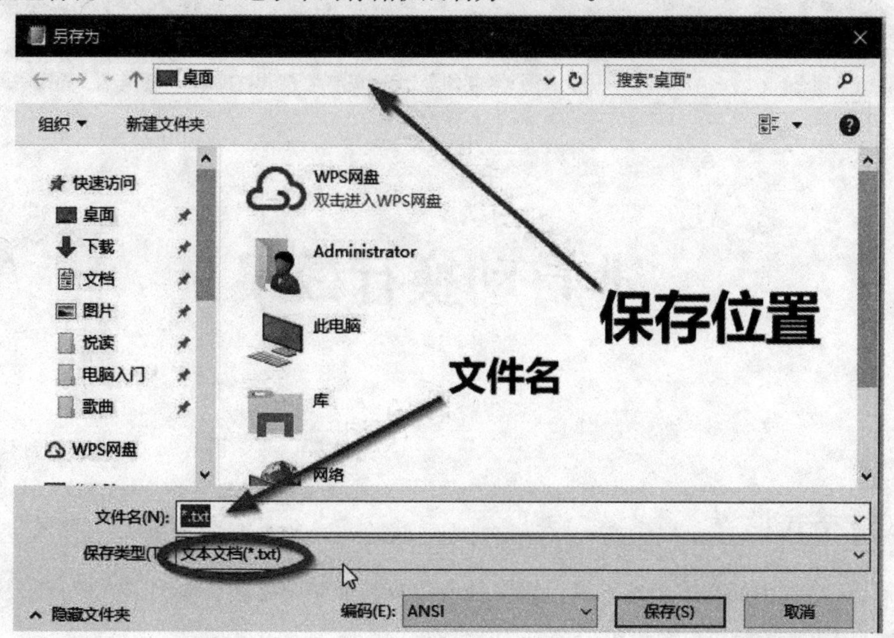

图 6-3 保存对话框

6.1.3 自动换行

用户在使用过程中会发现，记事本程序与其他文本编辑程序不同，其他程序到了窗口最右端或者页面右端时会换到下行，而记事本有时却在一行中一直编辑下去，那是因为用户没有开启“自动换行”。

单击“格式”，在下拉菜单中选择“自动换行”命令，当此命令前有对勾时，表示已经开启自动换行。

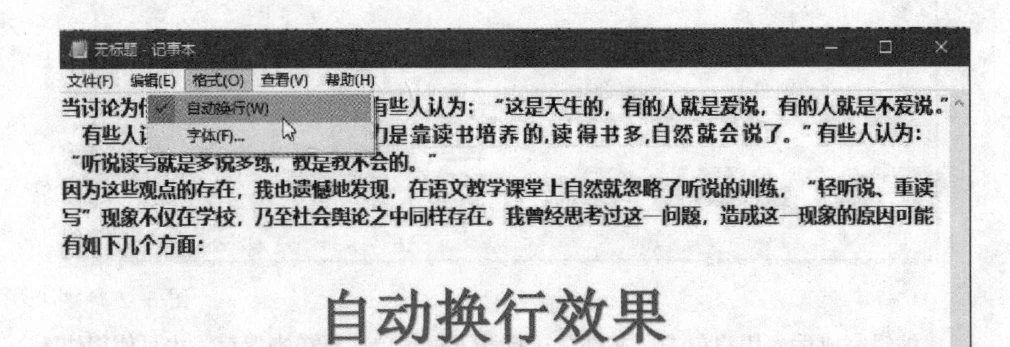

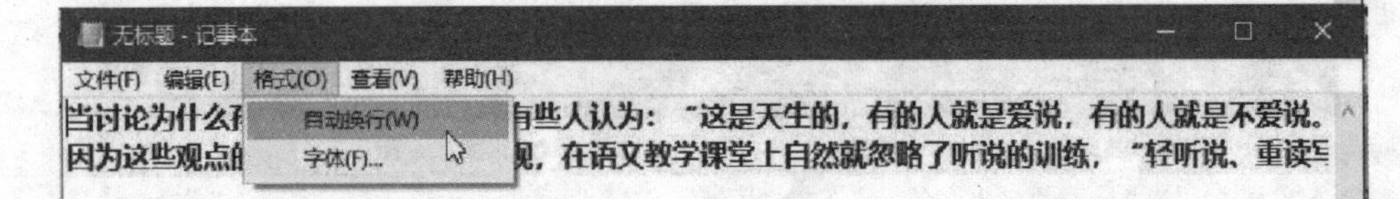

图 6-4 自动换行对比

6.1.4 格式设置

记事本中的文本虽然不能设置多种段落及其他复杂格式，但为了方便打印及满足用户视觉效果，是可以设置字体格式的。

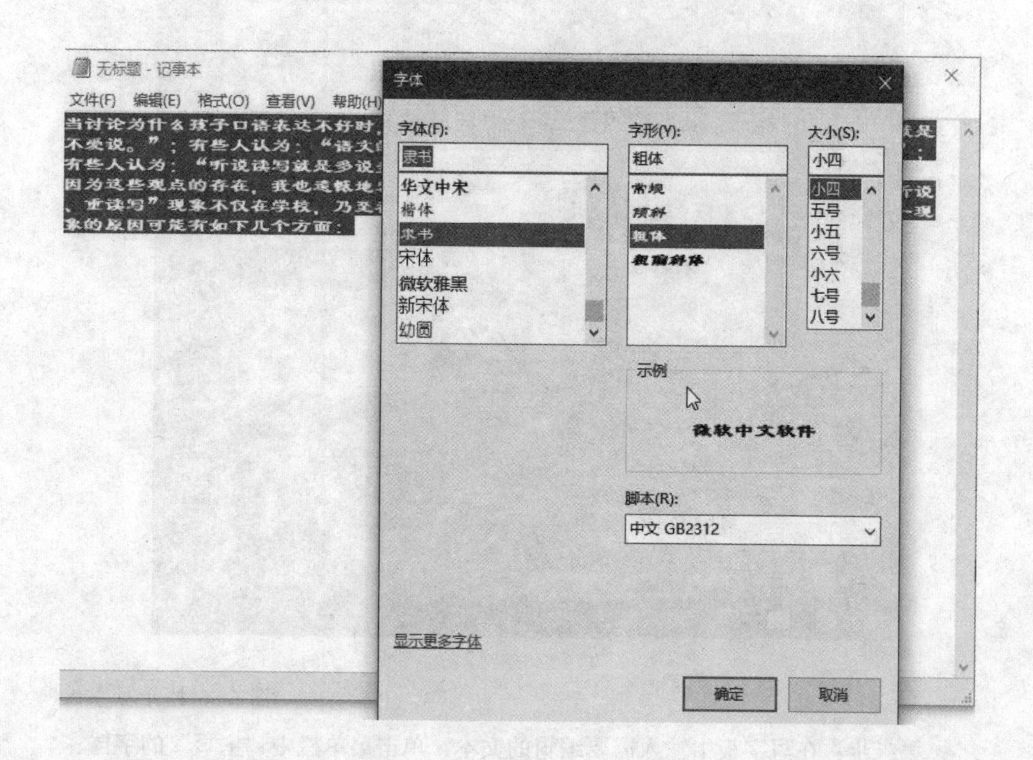

图 6–5 字体设置

＊小贴士：

去格式：记事本文件的存储扩展名为“.txt”，它是一种无格式文本的保存类型。有时，用户需要从网页中下载一些文本，却发现文本中带着链接，这时可以将下载文本粘贴到记事本中，然后再从记事本移动到所需文档，此时文本已经去掉任何格式及链接了。

6.2 写字板

写字板是记事本的升级版，是一个简略版的 word。使用写字板，用户可以进行简单的图文排版，实现快速打印。下面主要介绍如何用写字板轻松编辑一篇图文。

第一步：单击“开始”按钮，在程序中打开“附件”，单击打开“写字板”。

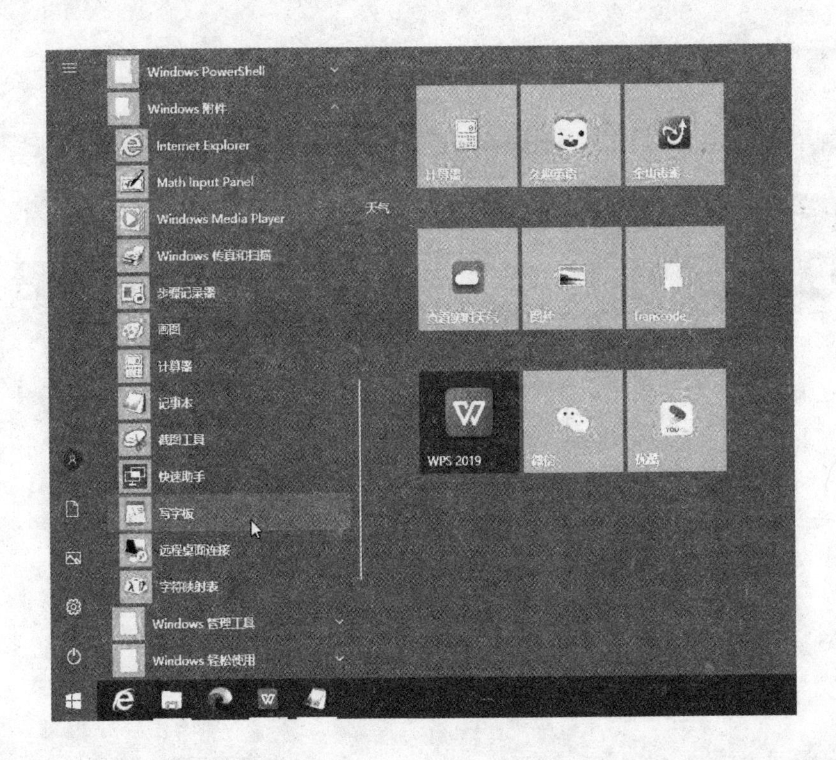

图 6-6 打开写字板

第二步：在写字板中输入需要编辑的文本，单击菜单栏中“主页”的字体、段落编辑选项，插入简单的内容。

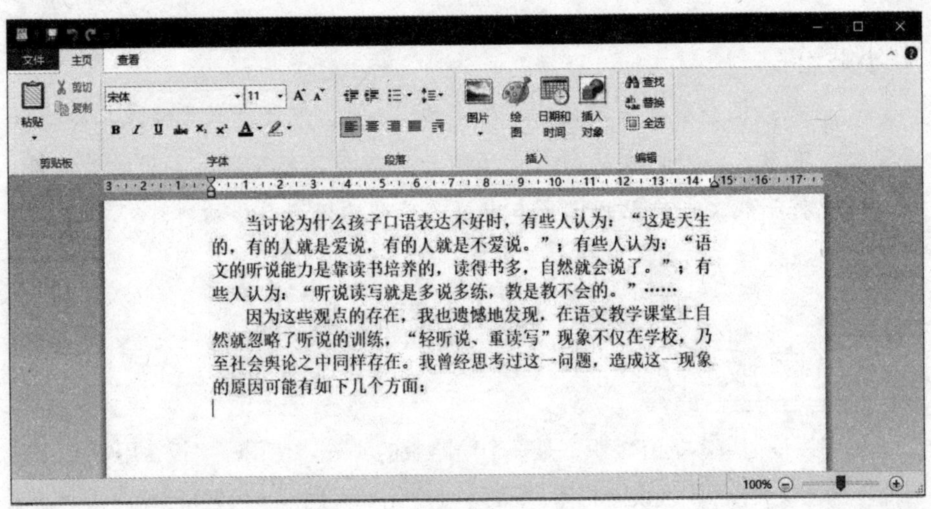

图 6-7 文本编辑

第三步：单击“主页”，在插入选项卡中单击插入图片、日期等。

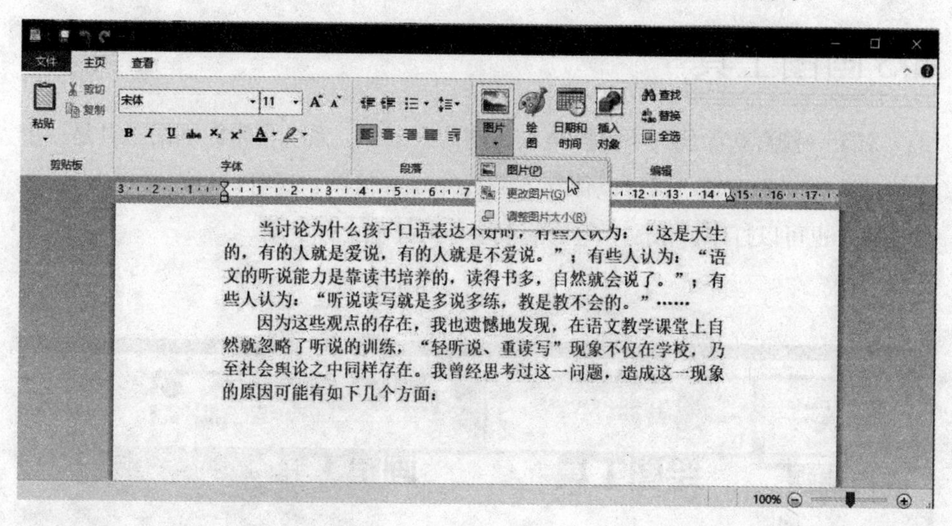

图 6–8 插入图片

第四步：单击“文件”保存。

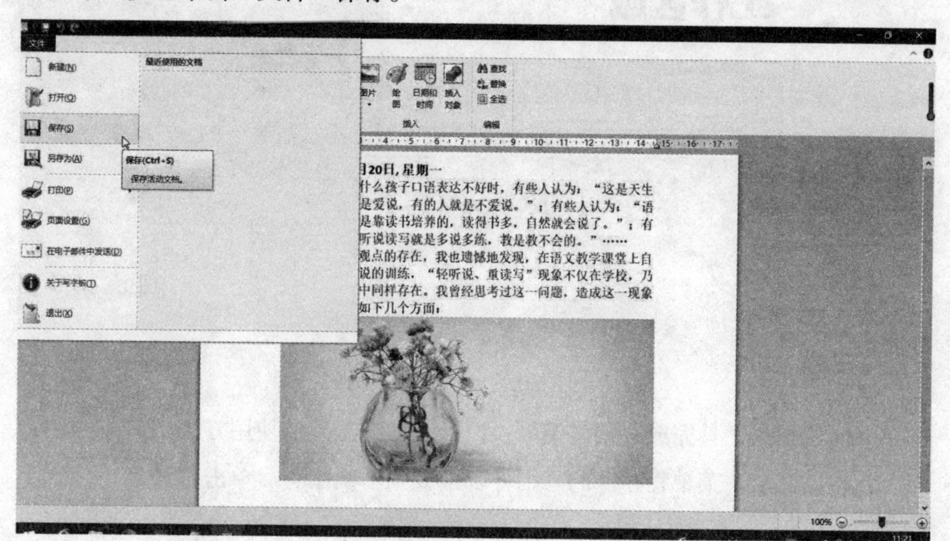

图 6–9 保存

6.3 画图工具

对于一些喜欢涂鸦又不熟悉电脑作图的人来说，系统自带的画图工具是一个不错的选择。此工具不仅可以保存不失真的 bmp 位图，还可以将图保存为 jpg 图片格式，也可以打印、修改。里面的很多小工具也十分实用。

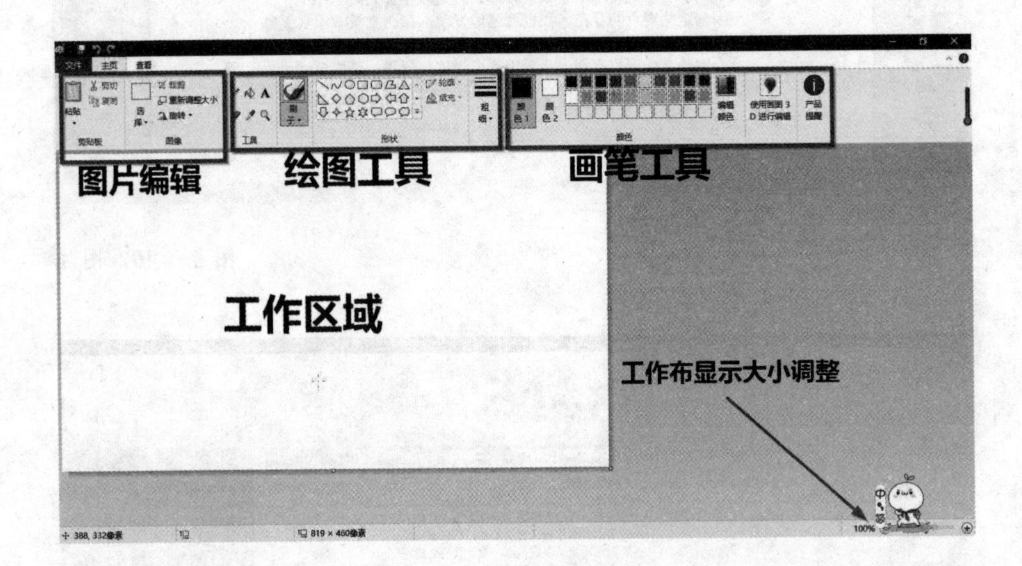

图 6-10 画图

6.3.1 绘图

下面用画图工具完成一幅简笔画，以了解画图工具的使用方法。

1. 在“开始”菜单程序区的“附件”中找到“画图”，单击打开。

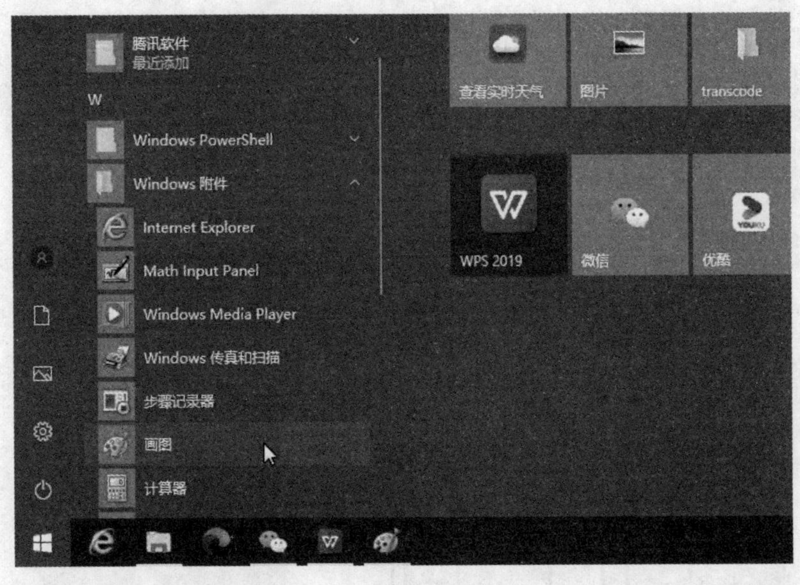

图 6-11“打开”画图

2. 准备一个方形画布画图。单击菜单“主页”，在图片编辑工具中找到“重新调整大小”命令，弹出“调整大小和扭曲”对话框，去掉“保持纵横比”的复选，调整“像素”为 800×800。

画布大小调整，也可通过拖动画布四周的方向块进行。

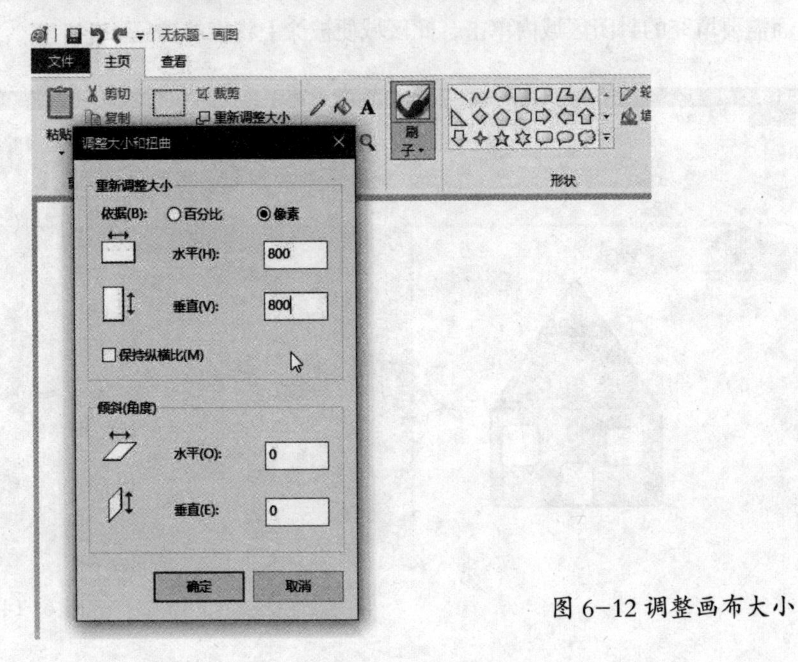

图 6-12 调整画布大小

3. 绘制简单图形，规则形状可以选择“形状”，其他线条可以用“笔刷”选择合适的画笔完成。

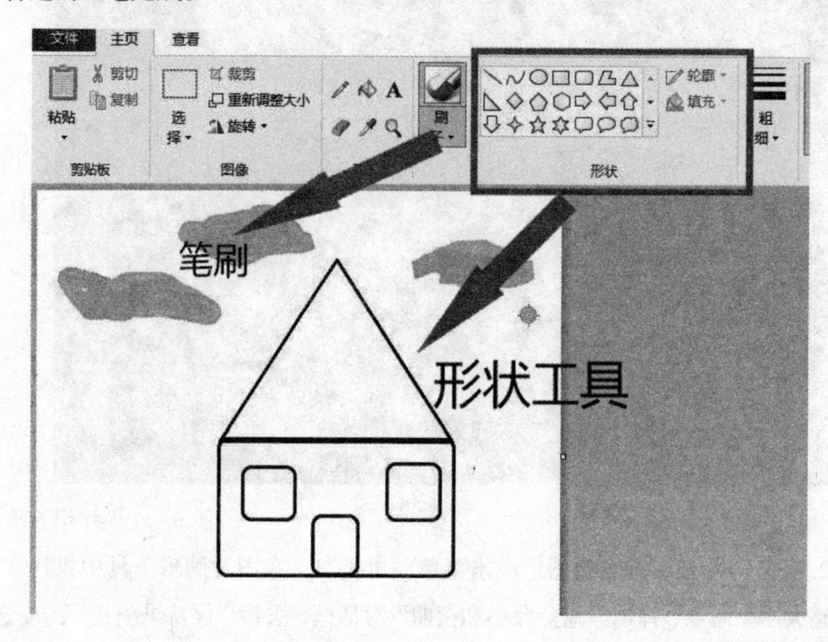

图 6-13 绘制图画

4. 单击“颜料桶”工具后，再单击“色板”选择需要填充的颜色，然后在画面需要填充的封闭区域内单击，此区域便被涂上相应的颜色。

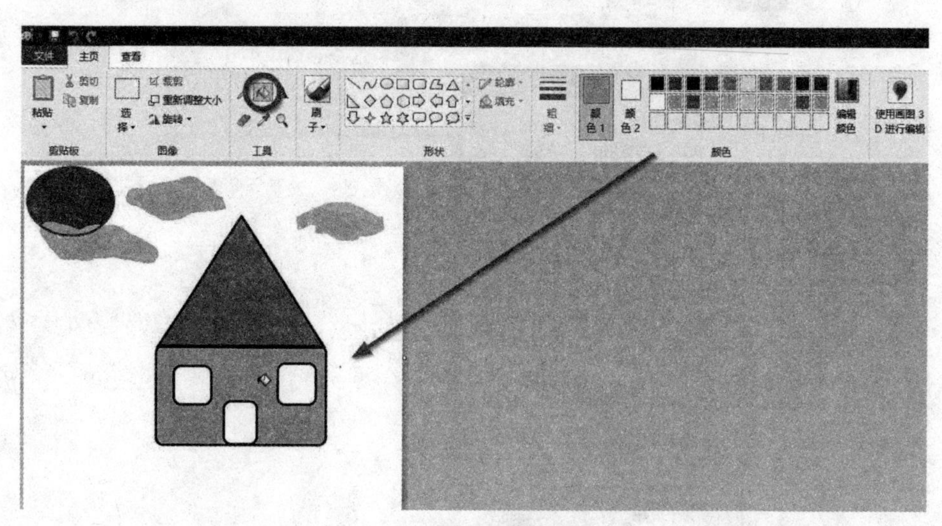

图 6-14 填充工具

5. 如果画图过程中有需要擦除的地方，可以单击“橡皮擦”，然后选择合适的“粗细”调整橡皮大小，按住鼠标左键，在画布需要擦掉的地方涂抹。

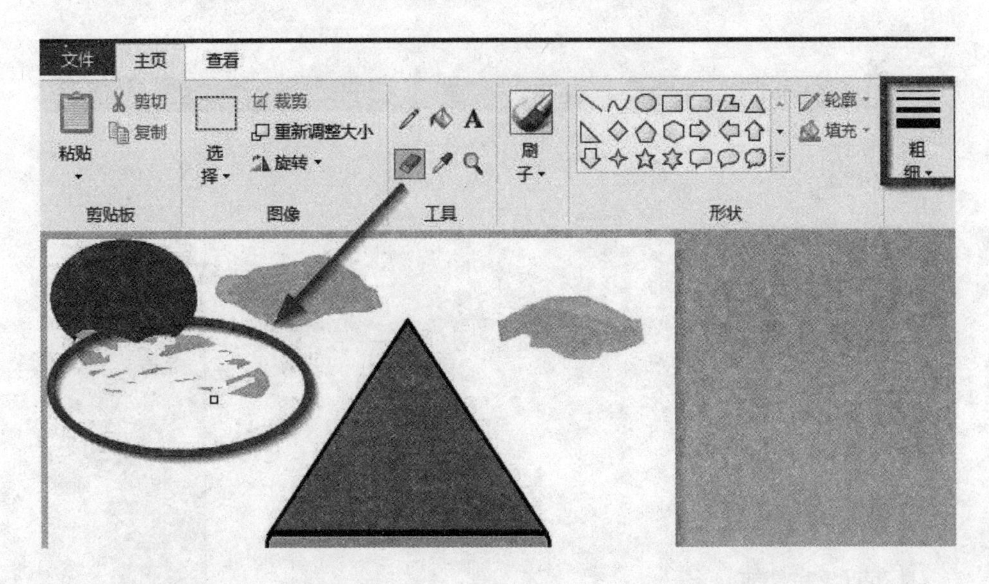

图 6-15 橡皮工具

6. 单击“A”输入文本，同时跳出文本菜单，调整文本颜色、大小、透明度等。

图 6-16 文本输入

7. 在菜单栏单击文件，跳出菜单，选择保存命令，在保存对话窗口中填写保存地址及文件名等，单击保存。

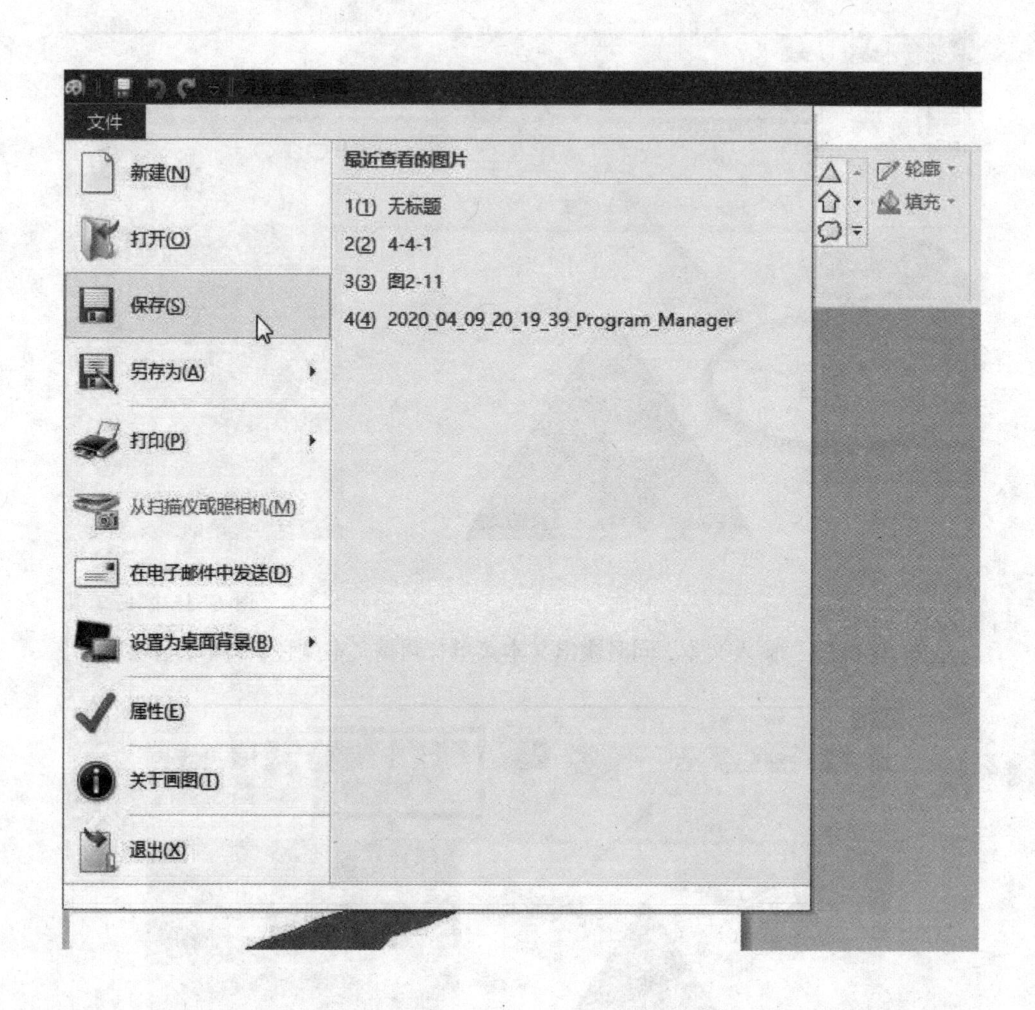

图 6-17 保存

6.3.2 图像处理

画图工具可以满足简单的画图需要。Windows 10 还新增了 3D 绘画功能，使绘图变得更加丰富、有趣。画图工具除了能绘制简单的图形外，还可对图片进行简单编辑，如裁剪、重新调整图片大小、旋转等。

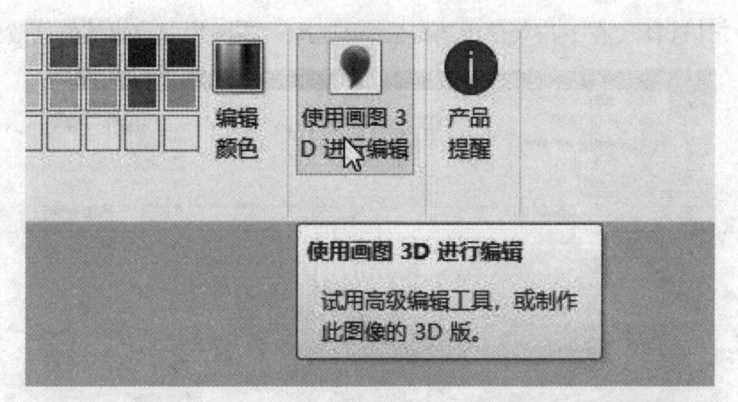

图 6-18 画图 3D

1. 打开图片，单击菜单栏中的“文件”选项，单击“打开”，找到需要编辑的图片。

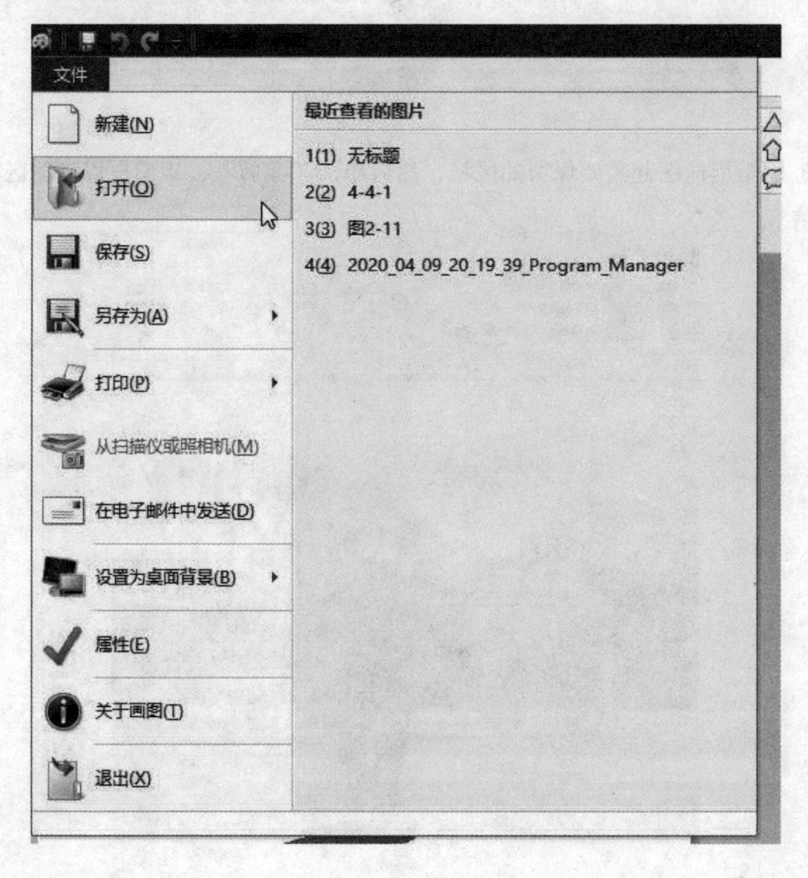

图 6-19 打开

2. 单击“选择”，在下拉菜单中选择“矩形选择”，在图片上拉出需要修改的矩形。

图 6-20 选择

3. 用矩形框圈起需要保留的区域，然后单击“裁剪”，矩形框以外的区域就被修剪下来。

图 6-21 裁剪

4. 最终保留人像部分，单击“文件”，选择“保存”，将修后的图片保存到磁盘中。

图 6-22 最终效果

6.4 计算器

Windows 系统自带一个多功能的计算器，满足用户需求，不仅可以进行简单的计算、换算，还可以对历史记录、相关数据等进行管理。

6.4.1 常用计算器类型

对于电脑中的计算器，普通用户可能不怎么常用，但它提供了多种类型的计算器，可以满足很多用户的计算所需。

1. 标准计算器

此计算器是我们生活中最常见的，实现加减乘除的基本四则运算和乘方、开方等。

2. 科学计算器

此款计算器又称函数计算器，用户可以计算很多数学函数问题，如乘方、开方、指数、对数、三角函数等。

3. 日期计算器

此款计算器可以用来计算时间差，比如用户输入某个点的事件日期，计算器就会算出现在距已经发生的事或将来发生事件的时间。

4. 程序员计算器

此款计算器每个数的下方会给出对应的二进制数，也可设置成 8 进制或 16 进制等，并对字节长度进行限制，实现各种位运算。

6.4.2 计算器的使用

生活中，我们用到最多的是标准计算器和日期计算器。下面就这两种计算器的基本操作进行讲解。

1. 标准计算器

标准计算器与我们常用的计算器用法相同，实现加、减、乘、除四则运算和平方、开方的运算。例如，计算（23+334）×16 的步骤如下。

第一步：打开计算器，按顺序输入数据。

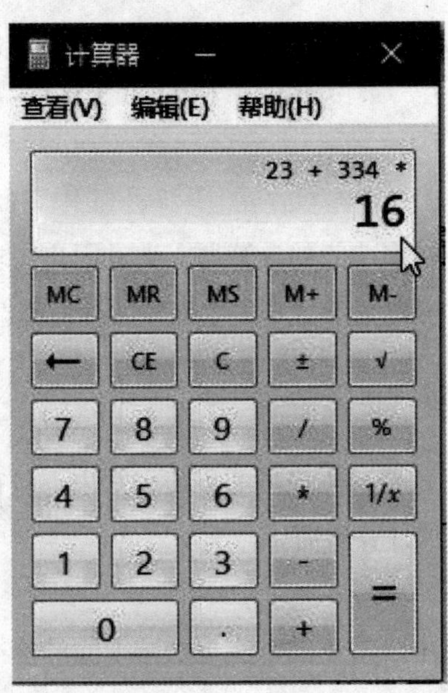

图 6–23 输入数据

第二步：单击“=”，查看得数。

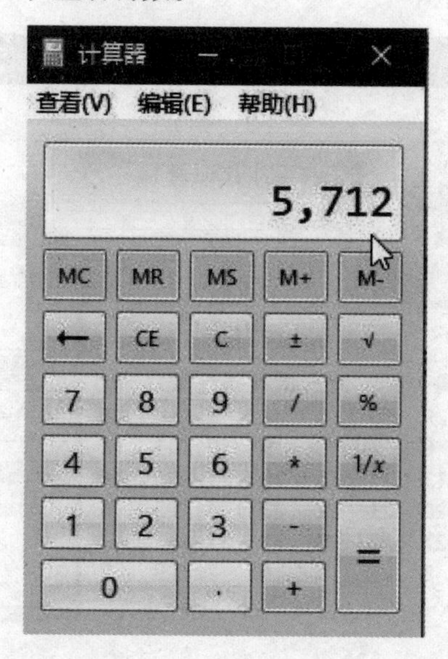

图 6-24 查看得数

2. 日期计算器

日期计算器，通俗地说就是计算时间差的。比如，今年的高考时间为“2020年7月7日”，那今天距离高考还有多久呢？我们可以用此款计算器来计算。

第一步：打开计算器，在“查看”菜单中单击“日期计算”，切换计算器。

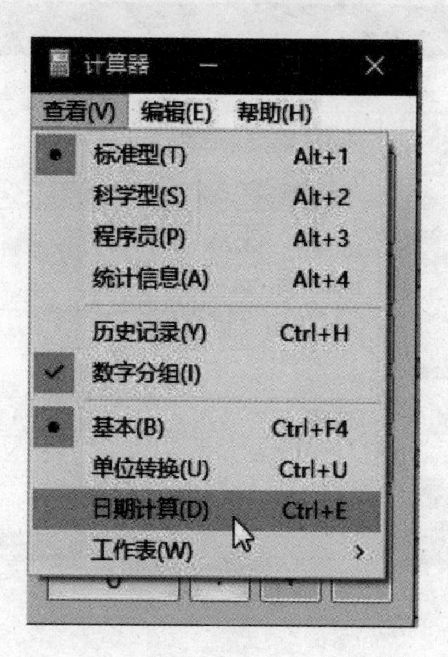

图 6-25 切换计算器

第二步：输入需要计算的日期，单击“计算”。

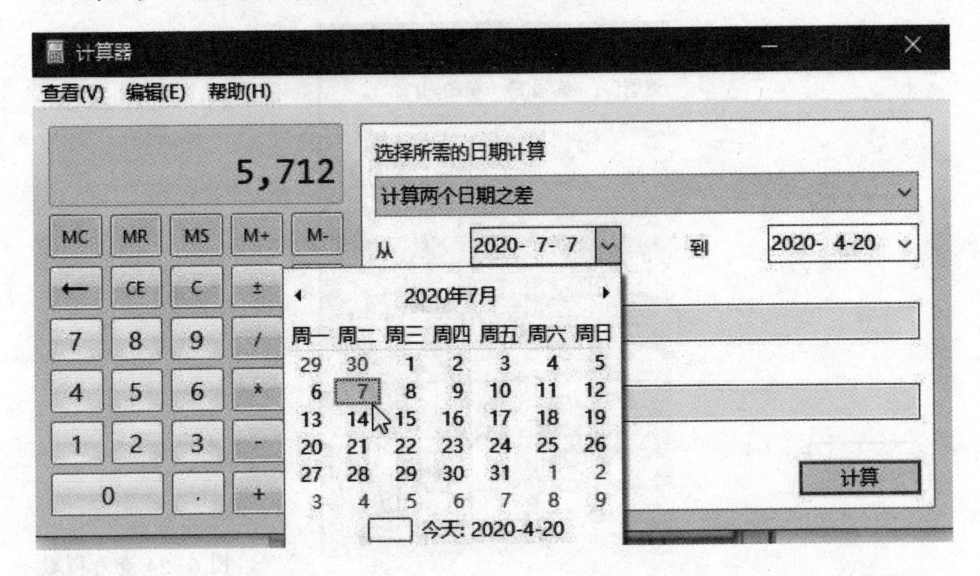

图 6-26 输入日期

第三步：查看结果。

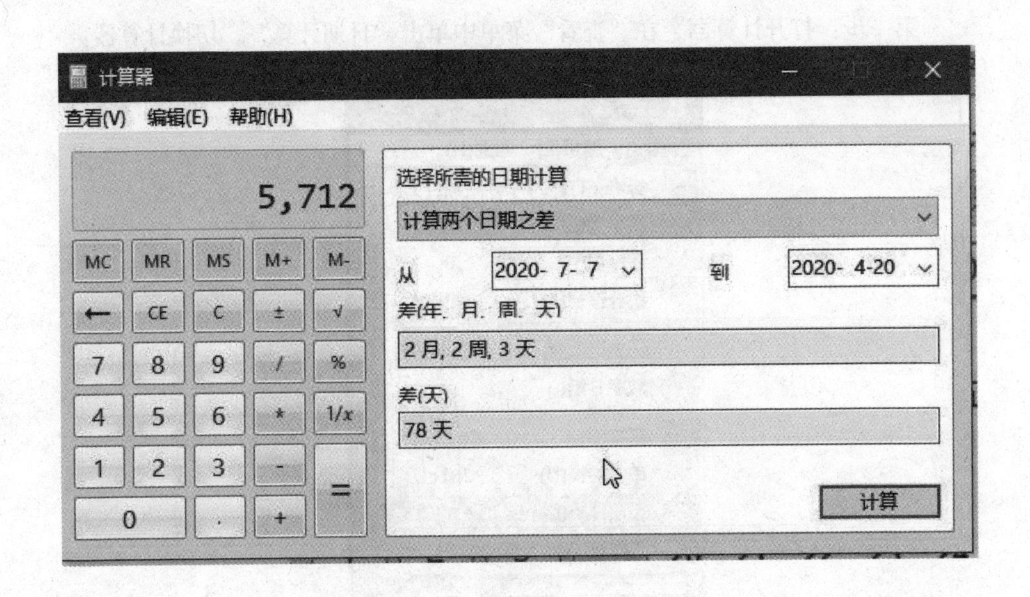

图 6-27 查看结果

6.5 截图工具

使用电脑时，用户有时需要对屏幕、程序等进行截图保存或传输。Windows 10 可以在不下载任何截图软件的情况下进行截图下载、保存，还可以对图片进行简单的 P 图处理。

第一步：启动截图工具，在菜单栏中“模式”的下拉菜单选择“矩形截图”，设置截图方式。

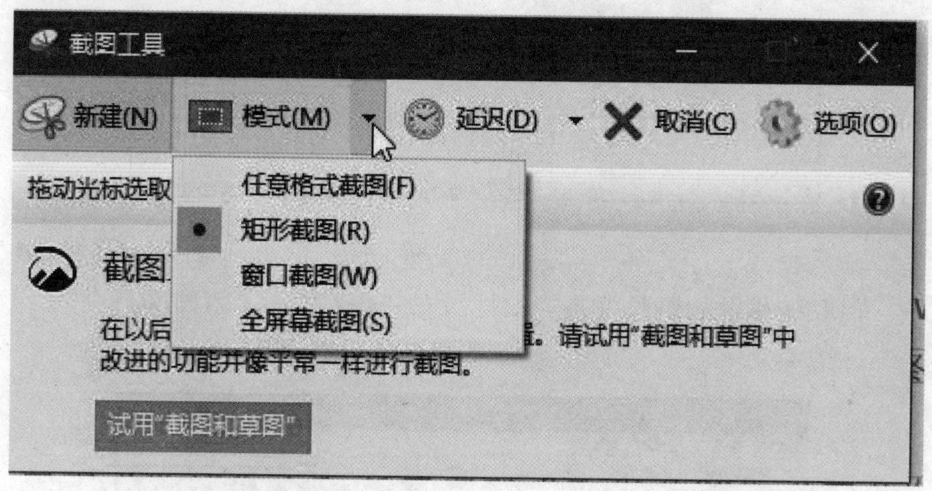

图 6-28 截图模式

第二步：单击“新建”，当鼠标变成“+”时，按住鼠标左键拖拽画出矩形截图区，松手完成操作。

图 6-29 截图

第三步：松手后，截图自动进入截图工具的编辑区，此时可以对图片编辑。

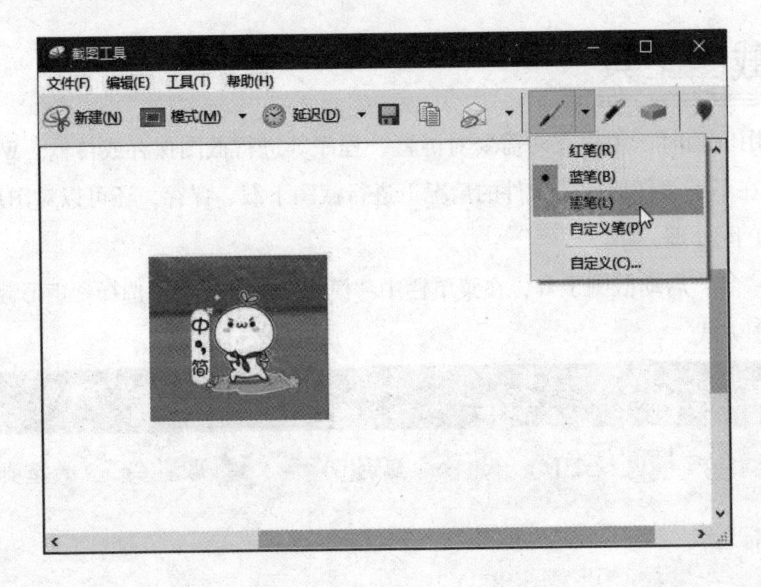

图 6-30 图片编辑

第四步：编辑完成后，单击“文件”中的“另存为”，保存图片。

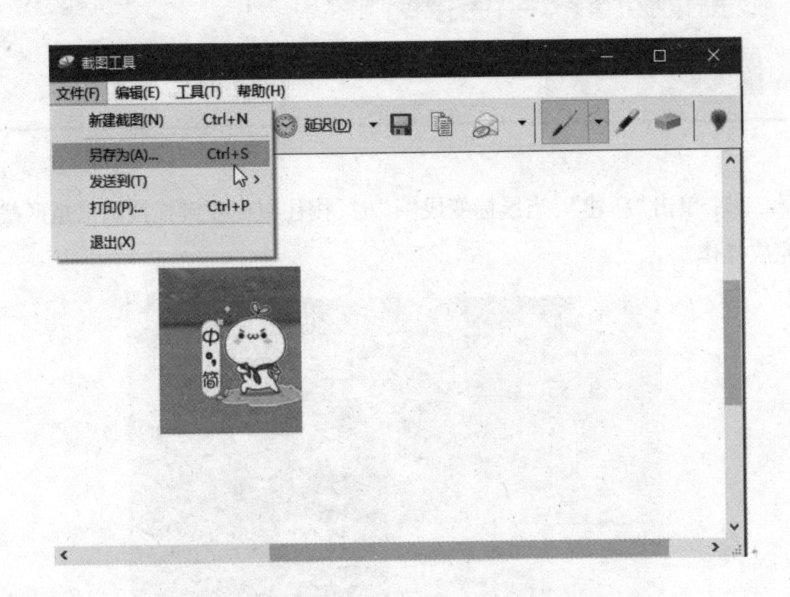

图 6-31 编辑后保存

6.6 实用小工具

除 Windows 附件中提供的很多便捷、实用的小程序外，“Windows 轻松使用”中也人性化地提供了用户使用电脑过程中可能需要的一些小工具。

6.6.1 放大镜

放大镜是 Windows 10 自带的小程序。用户打开“开始”菜单，在程序区的“Windows 轻松使用”中可以找到这个小程序。它可以将限定区域放大，为近视者或老年人带来便利。

1. 启动放大镜

单击“开始”菜单，在程序中找到“Windows 轻松使用”工具，打开二级菜单，找到“放大镜”，单击打开。

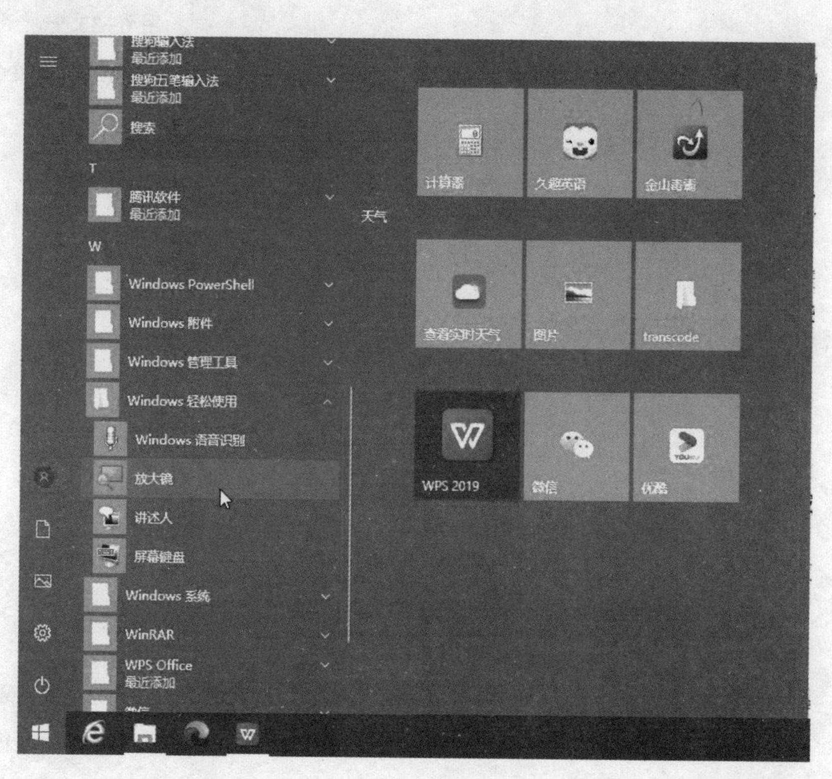

图 6-32 启动放大镜

2. 放大镜的视图类型

放大镜有三种视图，可供用户设置——全屏、镜头和靠前。

（1）全屏：指的是整个屏幕都被放大。

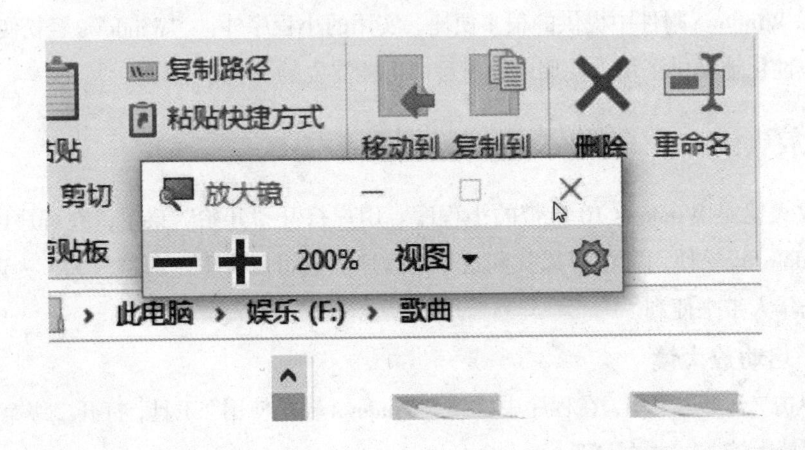

图 6-33 全屏放大

（2）镜头：指的是跟随鼠标区域放大，类似于手持放大镜，其他区域无变化。

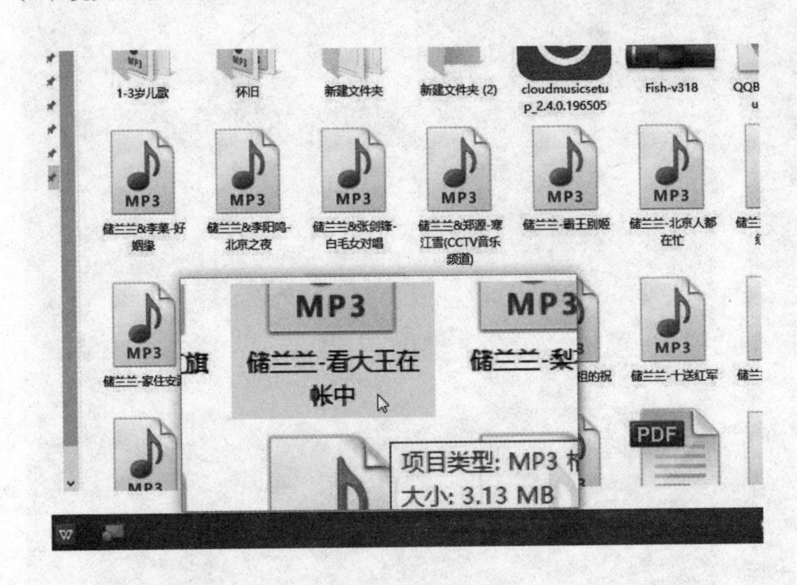

图 6-34 镜头放大

（3）靠前：指的是放大镜重新打开靠前的窗口，只在新窗口放大，原窗口无变化。

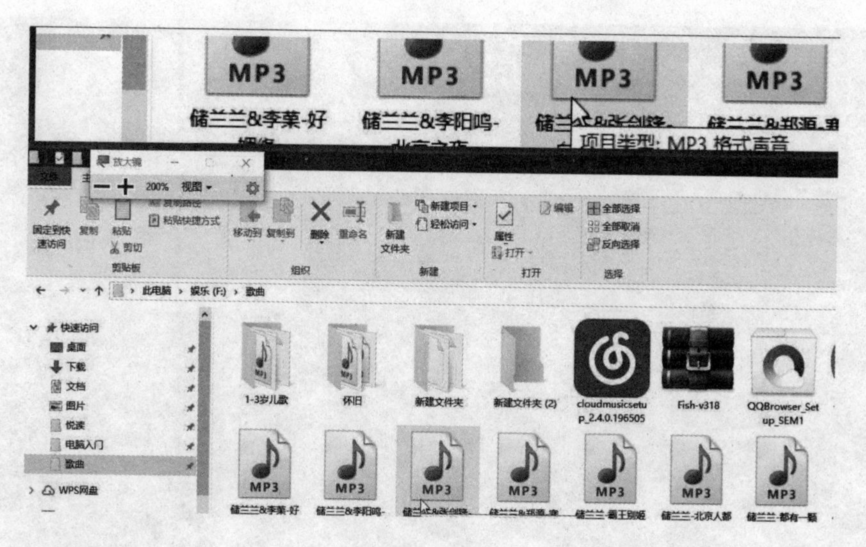

图 6-35 靠前放大

3. 放大比例

对放大比例的调整通过单击“+” “-”按钮完成，默认显示放大 200%。

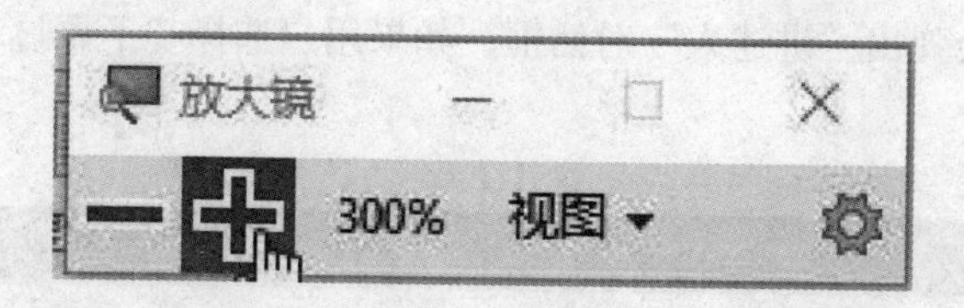

图 6-36 放大比例

6.6.2 讲述人

“讲述人”是一个将文字转换成语音的小程序，适合盲人、视力不佳的人。“讲述人”读的是屏幕内容，如活动窗口内容、菜单、选项、用户输入内容等。“讲述人”跟随用户鼠标进行讲述，类似于点读机。用户可以调整软件、语音速度、音量、音调等。

1. 启动软件

单击“开始”菜单，打开程序区的“Windows 轻松使用”工具，单击二级菜单的“讲述人”启动软件。

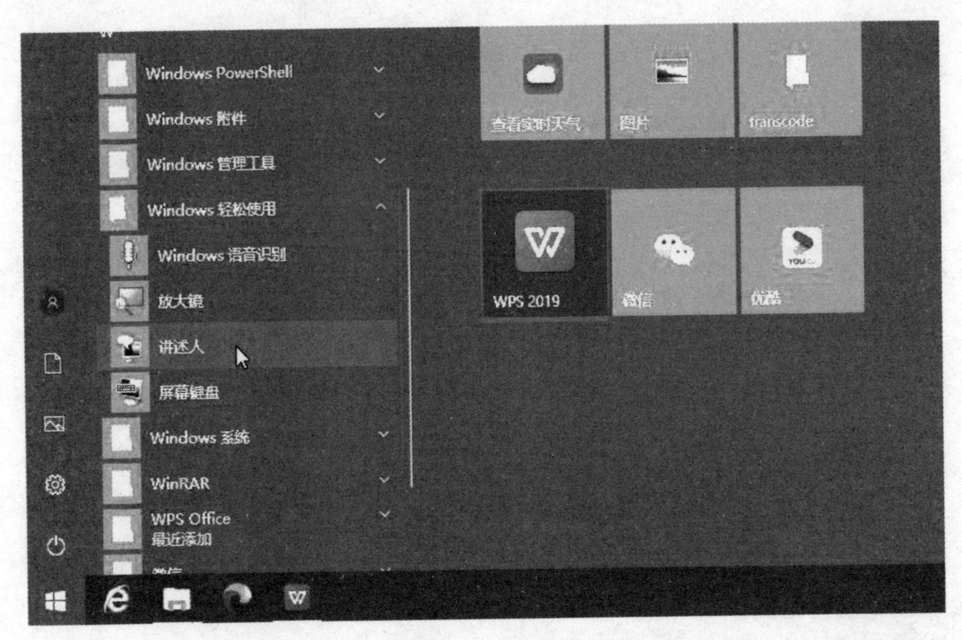

图 6-37 启动讲述人

首次启动会弹出“讲述人”对话框，如果用户选择“不再显示”，下次将不再出现此对话框。

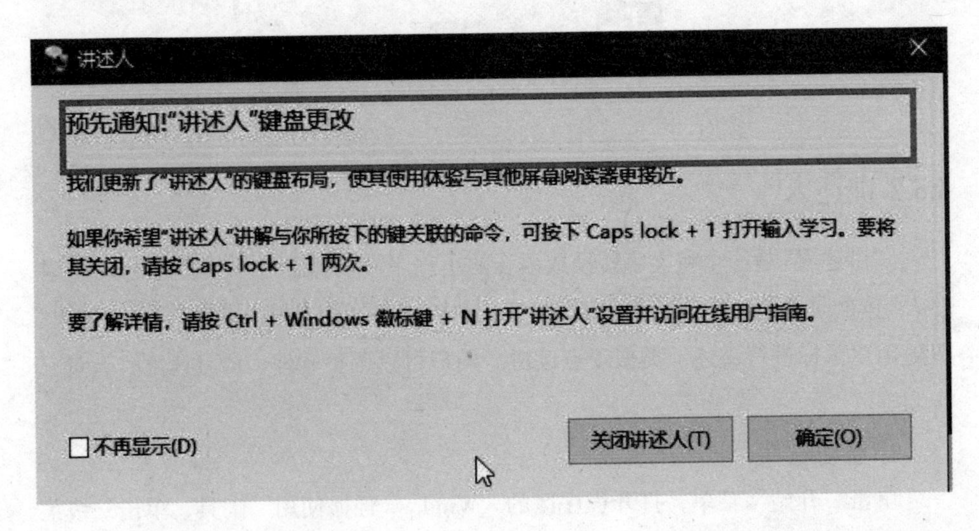

图 6-38 讲述人对话框

软件启动后，屏幕会出现“讲述人”选择框，读取要讲述的音频，“讲述人”开始阅读框内的内容。

图 6-39 “讲述人”读取框

2. “讲述人”设置

用户通过设置窗口对“讲述人”的语音进行设置，也可由此窗口单击“退出”，退出“讲述人”。

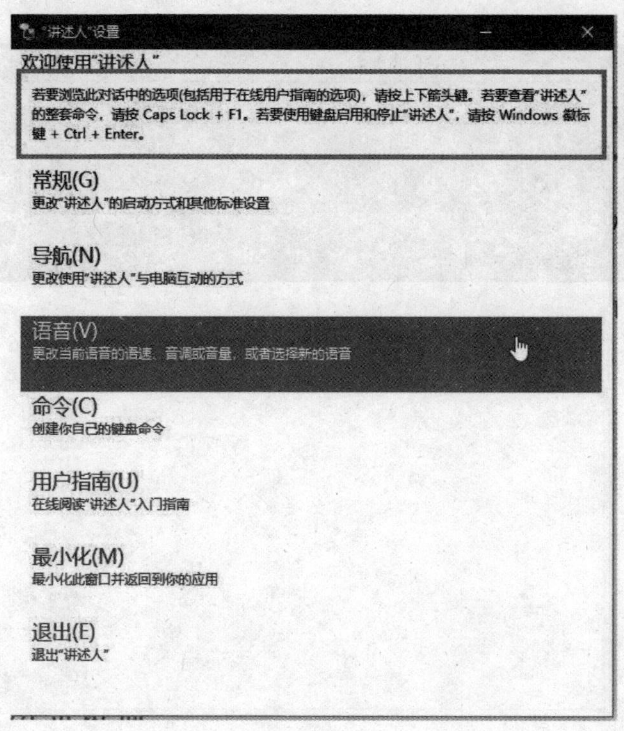

图 6-40 “讲述人”设置

6.6.3 语音识别

Windows 10 自带语音识别功能，用户可以通过此功能给电脑发出指令，在不用鼠标、键盘的情况下进行简单操作。

图 6-41 语音识别

6.6.4 屏幕键盘

屏幕键盘指的是屏幕上显示的软键盘。当用户键盘失灵时可以用 Windows 自带的屏幕键盘输入，用户单击“开始”菜单打开程序区域，在“Windows 轻松使用”工具中单击“屏幕键盘”，打开屏幕上的软键盘。用户可以通过鼠标单击键盘，代替手指按键实现文本输入。

图 6-42 屏幕键盘

第七章

管理与应用电脑中的软件

电脑的操作系统给用户提供了操作平台。这个操作平台可以运行各式各样的软件，不同的软件有着不同的作用，如提供娱乐休闲的视频播放器、音乐播放器等，提供安全防护的管家、杀毒软件等，提供社交需求的通信、视频软件等。这些软件渗透到各个领域，有不同的作用。本章主要介绍电脑中常用软件的管理与应用。

7.1 熟悉常用软件

软件按用途分为视频、音乐、游戏、办公、社交、安全防护等几大类。根据用户需求，他们常用的软件集中体现在上述几类。

7.1.1 视频类

视频类软件可以为用户提供电视直播、在线直播、网络点播等服务，还可以完成简单的视频剪辑等动作。最常见的视频播放软件有优酷、爱奇艺、暴风影音等，视频剪辑软件有格式工厂、会声会影等。

1. 视频播放类

视频播放类软件大多由菜单栏、视频库、导航栏、播放区域、详情介绍等组成。下面以优酷为例介绍视频播放类软件的组成。

图 7-1 优酷播放页

2. 视频剪辑类

视频剪辑类软件有多种，有的是对整个视频的剪辑，有的是对单镜头的更改。不同的软件，功能和操作各有不同，但大部分的视频剪辑类软件以编辑视频为主。

图 7-2 格式工厂

7.1.2 音乐类

音乐类软件主要涉及音乐的播放和处理，如酷狗音乐、QQ 音乐等。现在，很多公司开发了音乐录制功能，如酷我 K 歌等，用户可以像歌手一样快速录制歌曲。

1. 酷狗音乐

酷狗音乐播放器是国内最大也最专业的 P2P（点对点）音乐共享软件，里面有海量歌曲。用户可以下载到电脑、手机、车载等用户端，较为方便、快捷。而且，它在后期开发时，还加入了直播、即时通信和文件传输等功能。

图 7-3 酷狗音乐

2. 酷我 K 歌

这是酷我公司推出的一款 K 歌软件，所有伴奏与 KTV 非常相近，都是歌曲原 MV，种类齐全。

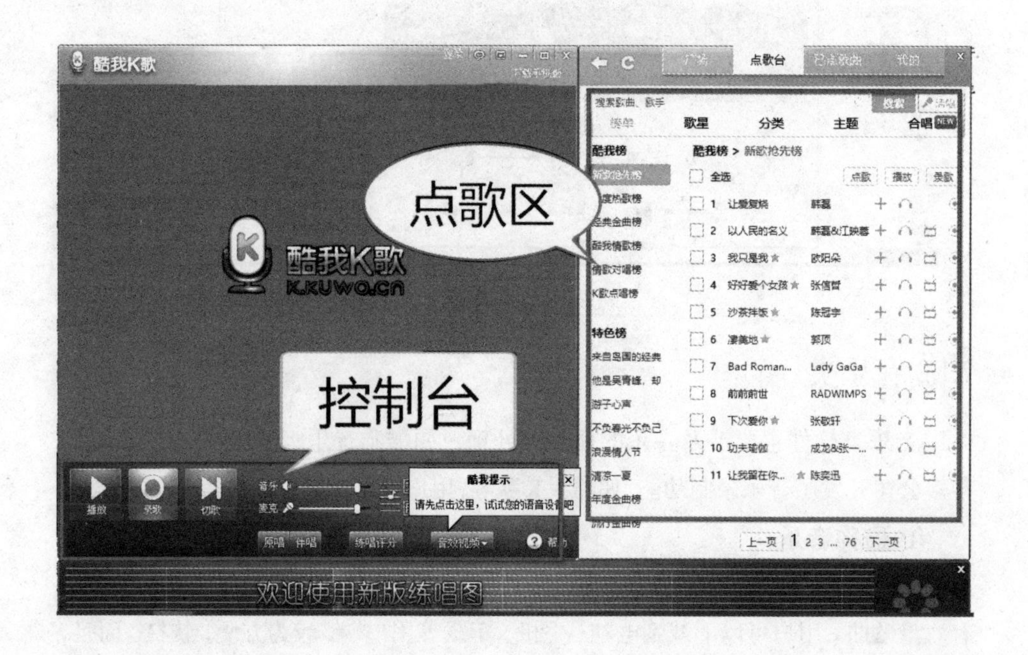

图 7-4 酷我 K 歌

7.1.3 办公类

办公软件几乎是每个电脑的必备，很多电脑出厂时除了安装操作系统外，也会安装一套办公软件。现在，市面上的办公软件主要有两大类：一类为微软公司开发的 office 办公软件，另一类为金山公司开发的 WPS 办公软件。

1. 微软办公软件

即 Microsoft Office，它是由 Microsoft（微软）公司开发的基于 Windows 操作系统的办公软件套装，有 Word、Excel、PowerPoint 等组件。它的功能强大，很多公司将其作为主要办公软件。

图 7-5 Microsoft Office

2.WPS 办公软件

WPS Office 是一款由金山软件股份有限公司自主研发的办公软件套装，有文字、表格、演示等组件。它的内存占用低，运行速度快，体积小巧，而且有强大的插件平台支持，拥有海量在线存储空间及文档模板。

图 7-6 WPS 办公软件

7.1.4 社交类

社交类软件指的是各种具有信息互通功能的软件，常见的是腾讯公司开发的微信、QQ，还有字节跳动公司开发的飞书等。

1. 微信

微信是腾讯公司于 2011 年 1 月 21 日推出的一个为智能终端提供即时通信服务的免费应用程序。在网络支持下，它可以跨通信运营商、跨操作系统平台，通过网络快速发送免费语音短信、视频、图片和文字。一些插件，如“摇一摇”“漂流瓶”“朋友圈”“公众平台”“语音记事本”受到用户欢迎，使用率很高。

图 7-7 微信

2.QQ

QQ 是腾讯 QQ 的简称，是一款即时通信（IM）软件，发布于 1999 年，目前已在 Microsoft Windows、macOS、Android、iOS、Windows Phone、Linux 等多种系统下运行。它支持在线聊天、视频通话、点对点断点续传文件、共享文件、网络硬盘、自定义面板、QQ 邮箱等多种功能。

图 7-8 QQ

3. 飞书

飞书是字节跳动于 2016 年自研的新一代一站式协作平台，它可以保证多人高效协作办公，有着即时沟通、日历、云文档、云盘和工作台等功能，全方位提高企业办公效率。

图 7-9 飞书

7.1.5 安全防护类

电脑使用过程中，黑屏、死机、中毒等是常见的电脑问题，给用户造成各种麻烦。因此，做好防护措施是电脑装机后的必要动作。一些防护类的软件就是电脑的一道防火墙、一面防护盾，最常用且可以免费使用的防护类软件有金山毒霸、360 安全卫士、腾讯电脑管家等。

1. 金山毒霸

金山毒霸是中国的反病毒软件，发布于 1999 年，它是国内少有的拥有自研核心技术、自研杀毒引擎的杀毒软件。现在，其用户量很大，很多电脑在金山毒霸的保护下运行。

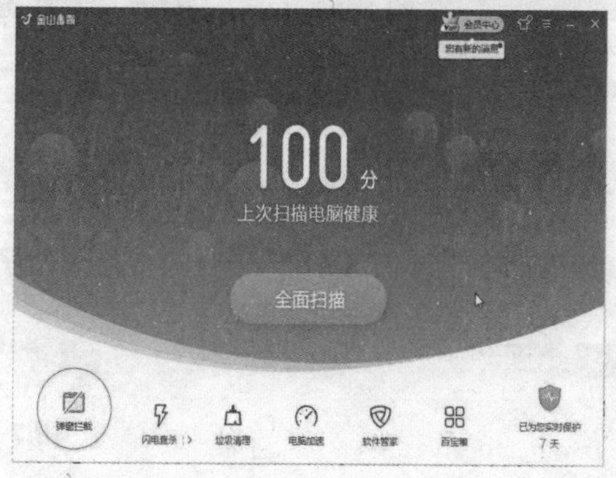

图 7-10 金山毒霸

2.360 安全卫士

360 安全卫士是一款安全软件，可以对电脑进行安全扫描，联网云查杀恶意软件，进行软件安装实时检测，其查杀能力也很强。

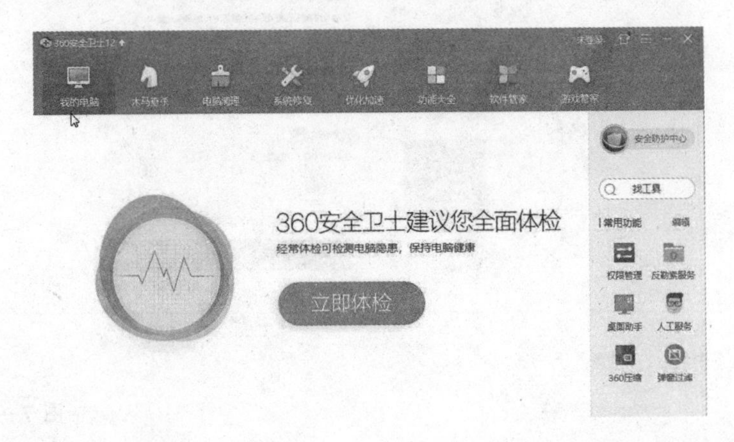

图 7-11 360 安全卫士

3. 腾讯电脑管家

腾讯电脑管家是腾讯公司推出的免费安全软件，可以云查杀木马，加速系统，修复漏洞，实时防护，功能十分强大，还具有电脑诊所、健康小助手、桌面整理、文档保护等功能。目前，在防止网络钓鱼欺诈及盗号打击，安全防护及病毒查杀方面，它的能力已达到国际一流水平。

图 7-12 腾讯电脑管家

7.2 如何获取软件

要在电脑安装一套软件时，第一步就是获取此软件的安装程序。安装程序的获取渠道很多，一般有安装光盘、网站下载、第三方平台下载三种。

7.2.1 网站下载

网站下载指的是从网页搜索该软件直接下载。一般情况下，为了保护电脑隐私及安全，用户尽量从官方网站下载，避免下载过程中软件携带病毒，或者带些强制安装程序等。官方网站，就是常说的官网，它是开发该产品的公司或者个人建立的最具权威、公信力的网站，也是产品唯一指定的网站。

下面以“优酷视频”的下载为例，介绍软件下载过程。

第一步：网页搜索“优酷”，打开官网。

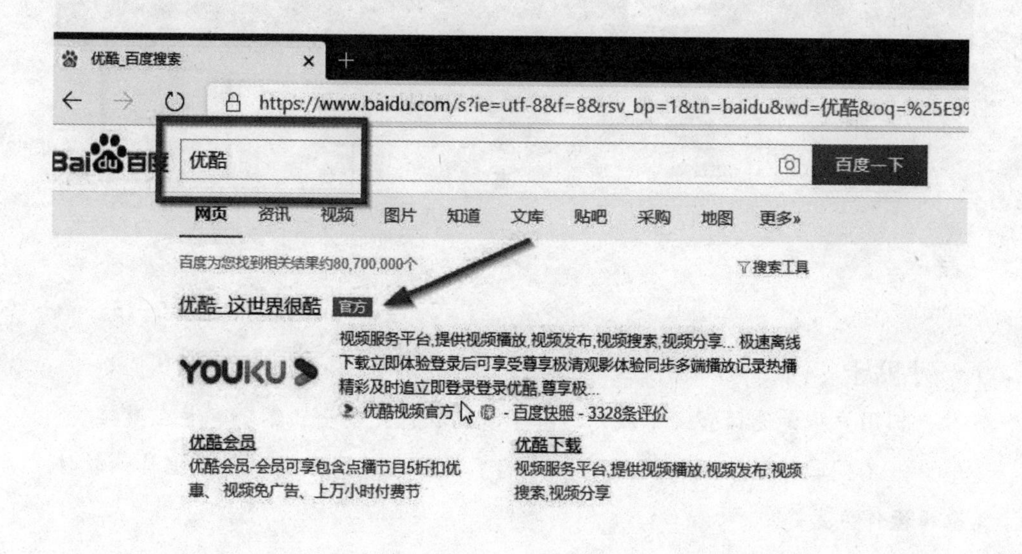

图 7-13 搜索“优酷”

第二步：在官网找到“客户端”，单击打开。

图 7-14 客户端

第三步：在客户端页找到“电脑版”或者“PC 端”等，单击下载。

图 7-15 下载

＊ 小贴士：

1. 用户尽量选择官网下载，这样下载的软件更安全，不会有潜在链接。

2. 不同软件的官网，提供的客户端下载位置不同，用户要根据具体软件选择操作方式。

7.2.2 第三方平台下载

第三方平台下载，指的是某些安全防护软件具有推荐软件下载并提供官网链接的能力，直接下载所需的软件，不用过多考虑电脑安全问题。下面以第三方平台“金山管家”为例，介绍“爱奇艺”安装程序的下载。

第一步：单击“金山毒霸”主页，选择“软件管家”，单击进入“软件管家”主页。

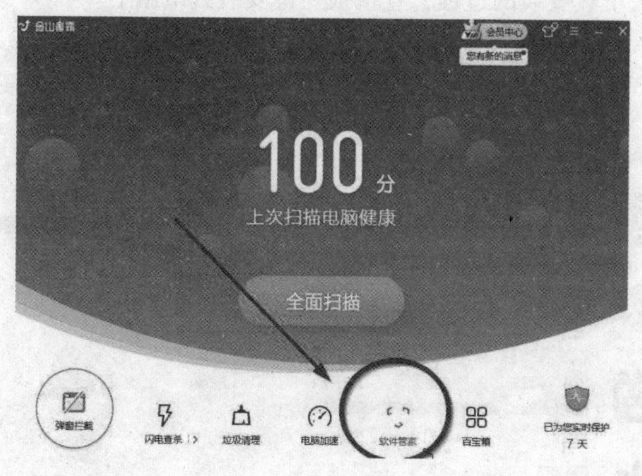

图 7-16 金山毒霸主页

第二步：单击软件管家的“全部”选项卡，打开右侧区域，在最上面的菜单栏中找到需要下载的软件类型为“视频”，单击进入“视频”下载页。

图 7-17 搜索视频

第三步：第三方平台的下载与安装一般是同步进行的，所以单击“一键安装”后，软件将省去下载安装的过程，直接被一键安装到电脑上。

图 7-18 一键安装

7.2.3 安装光盘

现在，常用的软件安装程序一般会采用以上两种方式下载，但有些情况下，我们仍可用安装光盘安装。比如，新购买电脑所带的 office 安装盘，里面包括 office 的安装程序及激活码。再如，打印机和扫描仪自带的随机光盘等，里面含有该机器的驱动程序。还有一些杀毒软件等，也可在市面上找到安装光盘。

安装光盘的安装程序最简单，一般有自动处理系统，只需将光盘放入光驱就可以自动完成安装。

7.3 安装与升级软件

7.3.1 程序的安装

安装程序下载完成后，就要进入安装过程。一般情况下，对于网站下载的EXE安装程序，用户只需找到“.exe”文件后双击，就可以自动进行安装。第三方平台更简单，无须下载，直接安装（过程参考上一节）。下面以“酷狗音乐”的安装为例，详解安装过程。

第一步：打开原程序下载位置，双击打开安装，或者右击选择“安装”。

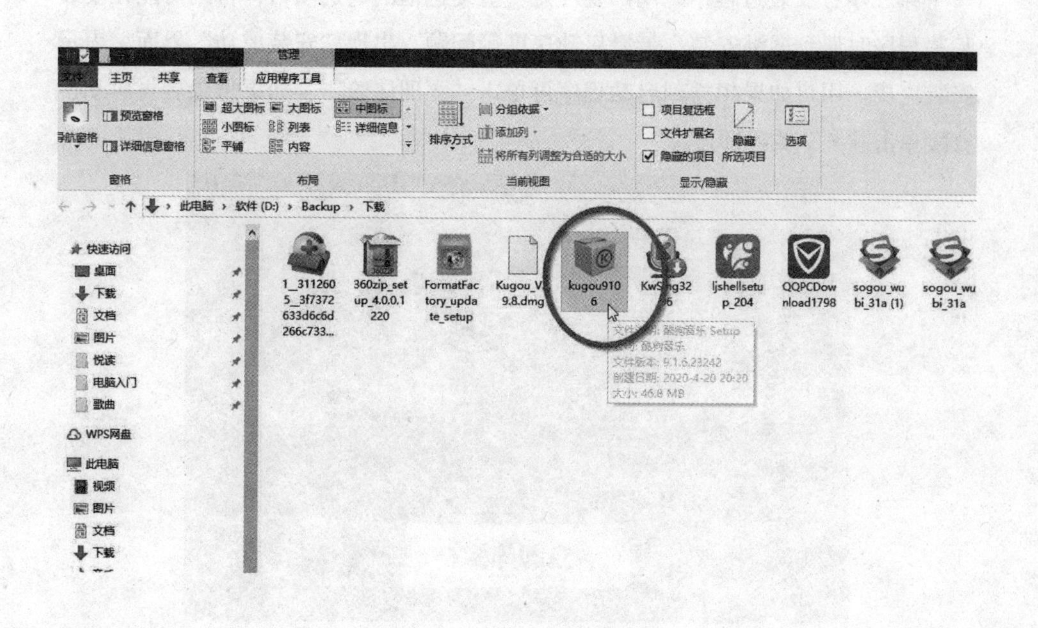

图 7-19 原程序

第二步：在安装页单击“自定义安装”，可以更改软件安装目录，避免装入系统磁盘，占用太多空间。设置完成后，单击安装，进入安装过程界面。

图 7-20 更改目录

第三步：安装过程中，用户要注意一些复选框的勾选项目，否则可能在安装某些程序时遇到捆绑安装、带慢启动速度等问题。出现“安装成功”界面，表示安装完成。用户如果想立刻启动程序可单击“立即体验”，如果想以后再启动，直接单击“×”关闭即可。

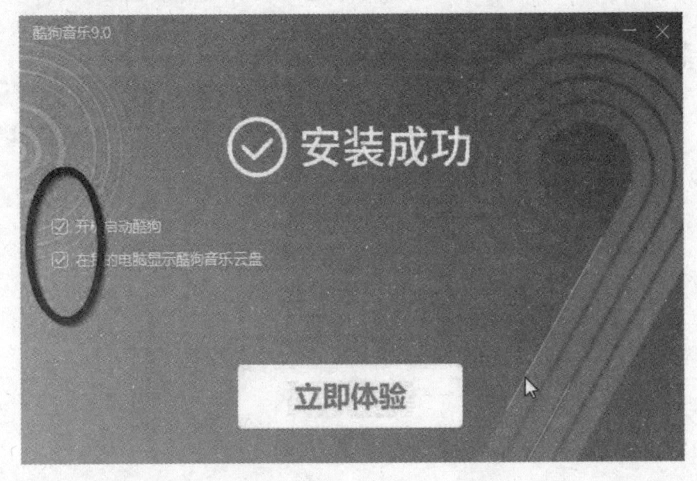

图 7-21 安装完成

7.3.2 软件升级

软件下载并安装完成后，软件公司仍做着对软件的维护、BUG 修复等工作，再加上科技发展，用户已经下载的安装软件也需要定期升级。特别是一些防护安全类软件，病毒库一直在更新，软件必须随之更新。

1. 软件自动检测

有些软件需要升级时，在打开它的第一时间会自动提示，此时用户直接按其要求进行软件升级即可。

2. 第三方平台升级

有时，我们也可打开第三方平台来检测软件是否需要升级。比如打开“软件管家”，在左侧导航中选择“升级”，会发现右侧工作区域列出需要升级的软件。此时，用户如果只需要个别软件的升级，可直接单击软件后方“升级”；如果需要将全部推荐软件升级，可以勾选所有，单击“一键升级”。

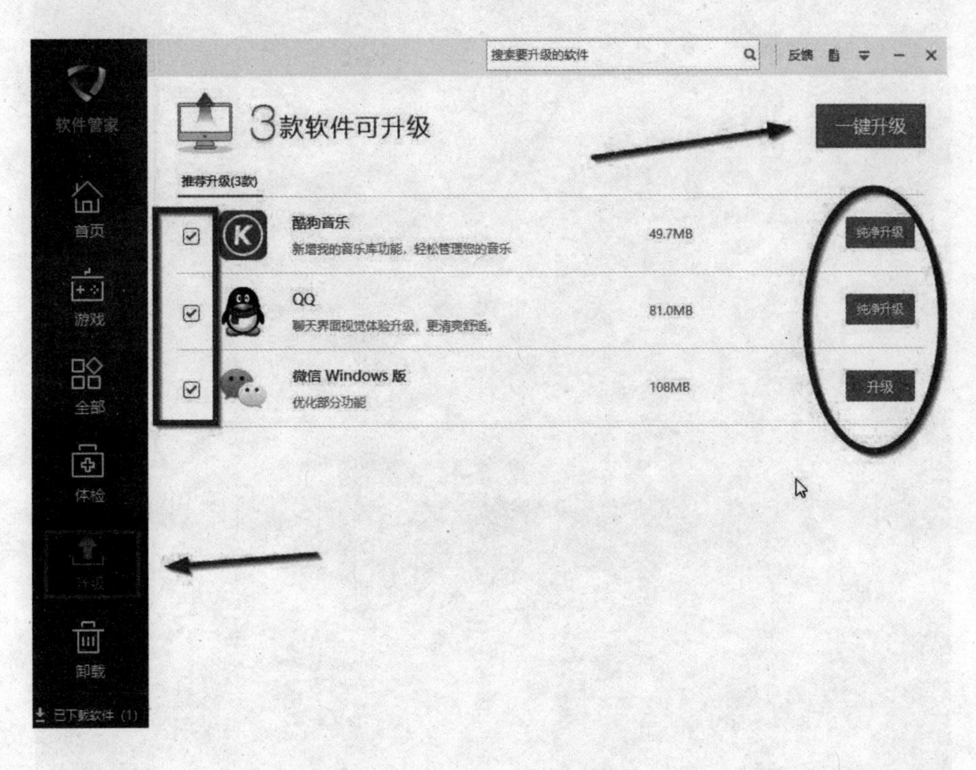

图 7-22 软件升级

7.4 卸载软件

电脑中下载安装的软件不是固定在电脑中不可更改的。如果用户已下载的软件长期不用，或者找到同类别更好的软件后就可以将原软件删除，这种操作叫“卸载”。软件卸载的路径很多，在此以最常用的为例详解卸载软件方法。

7.4.1 “开始”菜单卸载

第一步：单击“开始”按钮打开菜单，在程序区找到需要卸载的程序后右击。

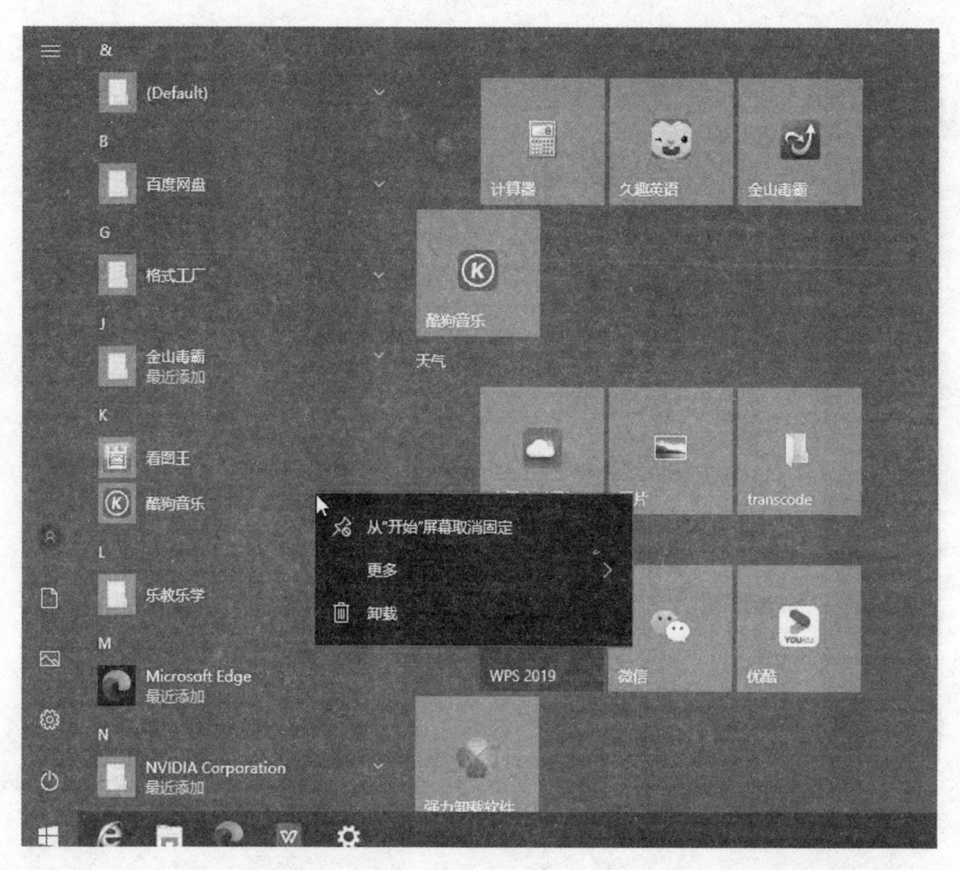

图 7-23 菜单卸载

第二步：单击菜单中的“卸载”，进入程序和功能窗口，找到需要卸载的程序单击选择，再单击程序上方的“卸载 / 更改”按钮，打开卸载对话框。

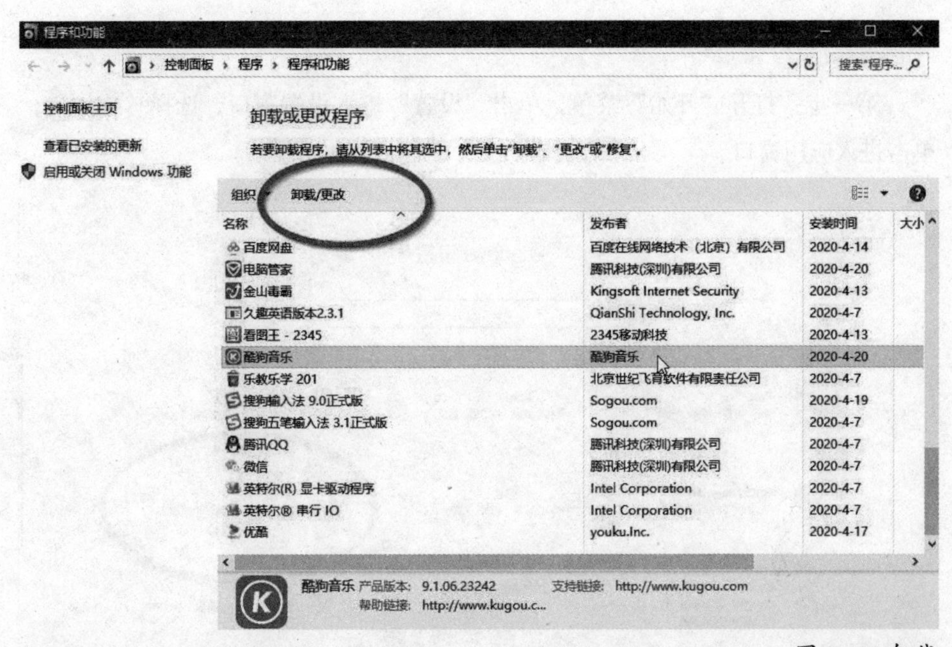

图 7-24 卸载

第三步：卸载对话框为程序自带。各种程序卸载的对话框不尽相同，此时只需按操作步骤逐步完成即可。

图 7-25 卸载对话框

7.4.2 程序和功能窗口卸载

第一步：打开“开始”菜单，单击“设置”进入设置窗口，选择“应用”，单击进入应用窗口。

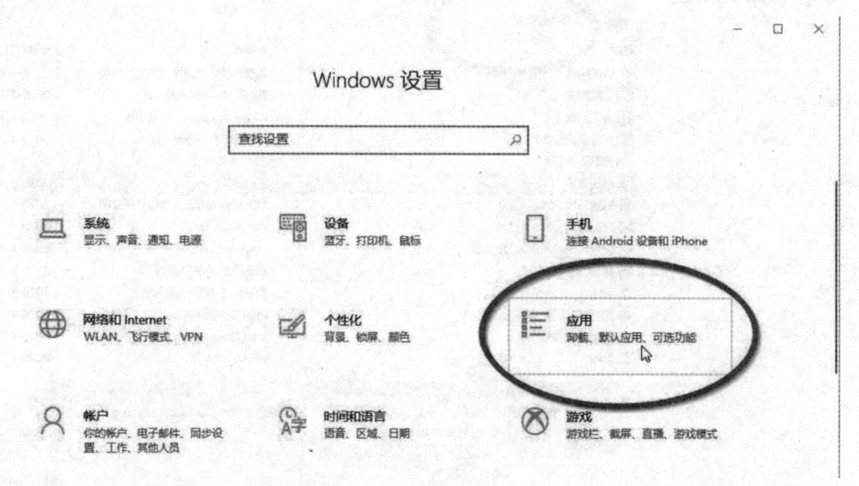

图 7-26 设置窗口

第二步：在应用窗口中单击“应用和功能”选项卡，在右侧窗口向下滑动滚动条，找到需要卸载的程序。

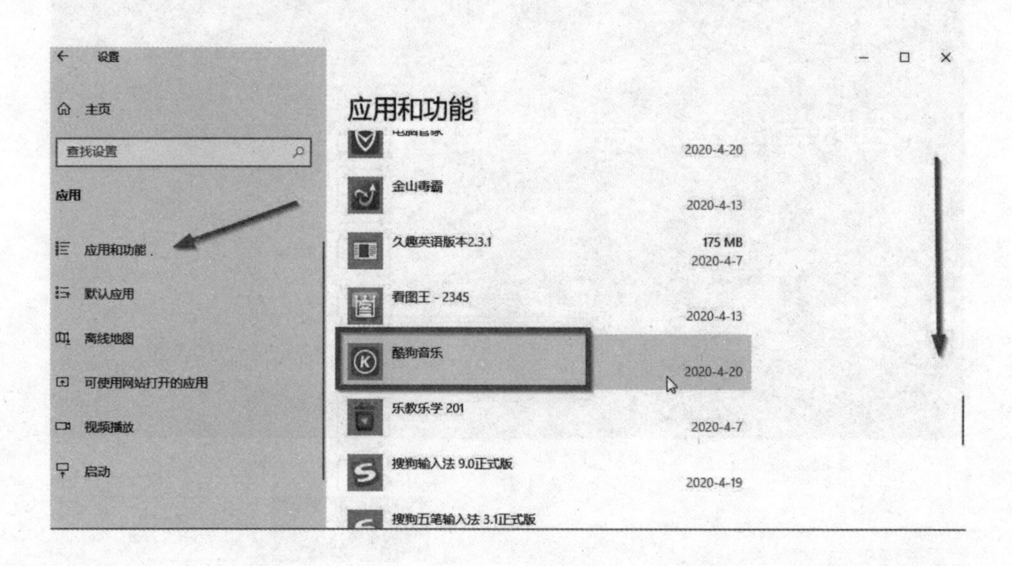

图 7-27 应用和功能

第三步：单击需要卸载的程序图标，如酷狗音乐，在弹出“卸载”按钮处单击，进入卸载对话框，按对话框提示逐步完成即可。

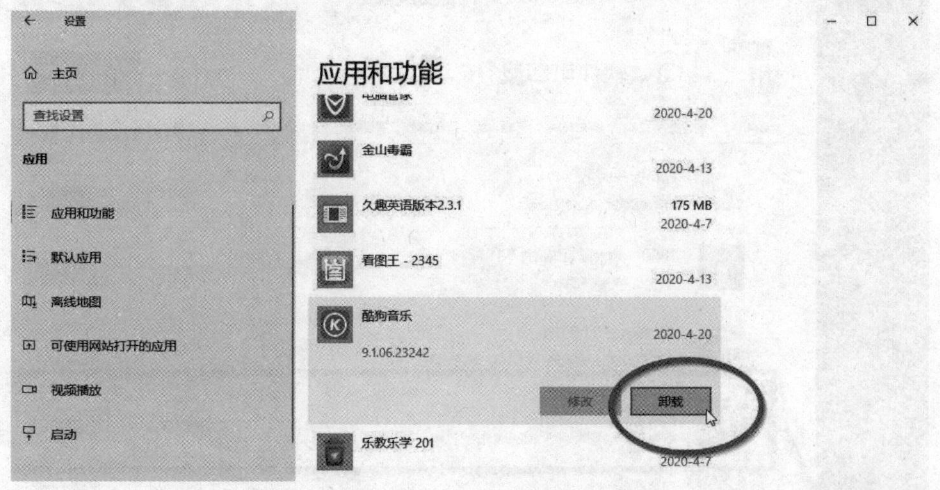

图 7-28 单击卸载

7.4.3 第三方平台卸载

用户选择的第三方平台各有不同，本节以“软件管家”这一第三方平台介绍具体操作。用户在实际操作中运行其他平台，也可参考本节内容。

第一步：打开“金山毒霸”，单击进入“软件管家”。

图 7-29 金山毒霸

第二步：在软件管家中单击左侧“卸载”命令，打开右侧卸载窗口，找到需要卸载的软件后，单击软件后方的“卸载”按钮，即可进入卸载对话框。如果需要同时卸载多个程序，可以勾选软件前的复选框，再单击“一键卸载”。

图 7-30 卸载

第八章

开启神秘的网络大门

用电脑上网是每个电脑用户最基本的操作，或看新闻、追剧，或查资料、下载文件，或网上购物、玩游戏等，无论怎样的操作都离不开网络。本章与大家一起开启神秘的网络大门，为上网做好准备。

8.1 网络的连接

网络不是单一的存在，它的名称为 Internet，即因特网，是全球资源的总汇，是人类最伟大的发明之一，使你足不出户就可浏览世界见闻。一台电脑想要接入网络，是由网络服务供应商提供设备和连接服务的。现在，我国的网络服务供应商有移动、联通、电信等，用户只需去网点办理入网手续即可。不过，用户有必要了解一些网络设备及其作用，便于使用中对一些小故障进行自我鉴定与解除。

1. 调制解调器

就是人们常说的“猫”，处于外网与内网连接处，用于拨号上网。

2. 路由器

它是入户网的分支接口，用来分享网络，实现多台电脑同时上网。现在，路由器大约分为两类——有线与无线。有线路由器需要一根网线，将路由器和电脑连接起来才能上网；无线路由器只需分享 Wi-Fi 账号即可上网。

3. 光调制解调器（简称光猫）

现在，很多地方已经将原拨号上网的调制解调器换成光猫，因为宽带早已不需要电话线的帮助，升级为光纤，速度提高很多。而且，一个光猫集成调制解调器、语音分离器（电话和网络分线盒）、路由器的全部功能。

8.2 开启网络之门的钥匙——浏览器

浏览器是我们上网的钥匙。如果想要浏览网页，查找资料，第一个动作就是先启动“浏览器”。在 Windows 10 之前，系统默认的浏览器为 Internet Explorer 浏览器，也就是常说的 IE 浏览器。Windows10 系统不仅自带 IE 浏览器，还预装了 IE 浏览器的升级版 Microsoft Edge 浏览器，提高了浏览速度和安全性。

除系统自带的浏览器外，很多用户使用过程中会根据个人喜好选择其他公司开发的浏览器。目前，使用率较高的有 360 浏览器、猎豹浏览器、2345 浏览器等。

8.2.1 浏览器的启动

浏览器的启动方法与文件的打开方法基本相同，现以“Microsoft Edge浏览器”为例介绍浏览器的启动方法。

方法一：双击桌面图标启动浏览器。

图 8-1 双击启动

方法二：右击桌面图标，单击“打开”启动。

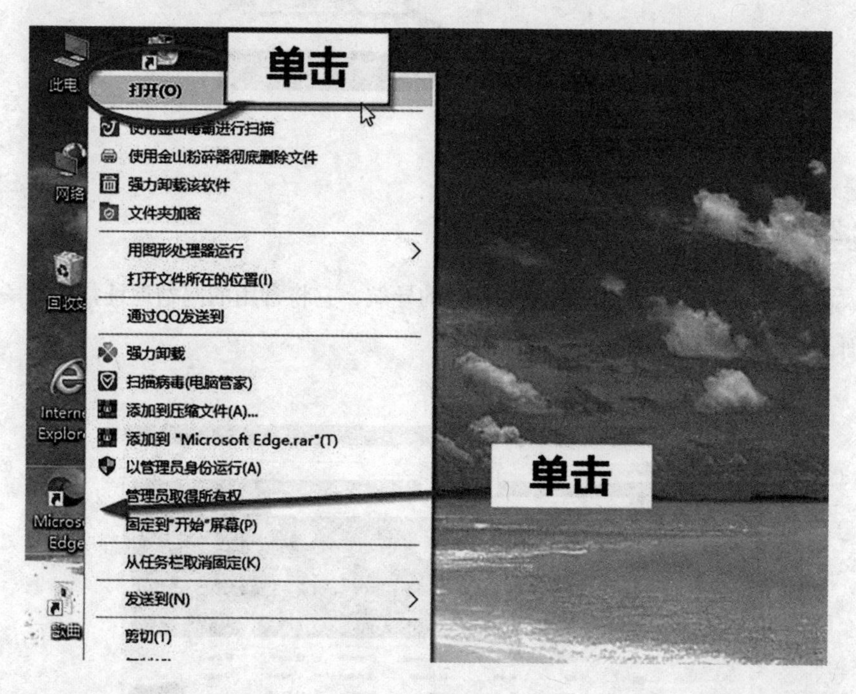

图 8-2 右击启动

方法三：在“开始”菜单栏中单击程序启动。

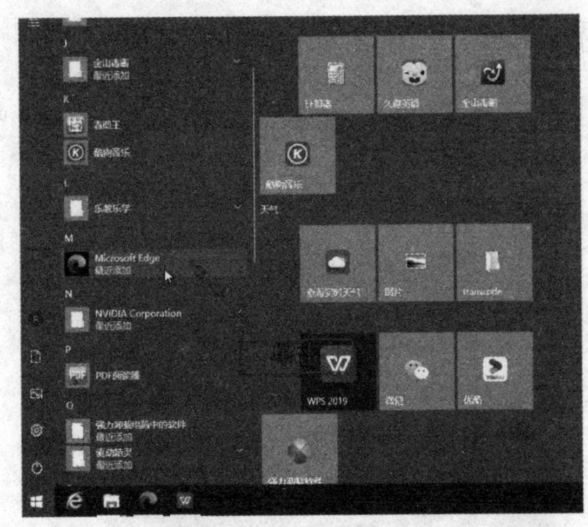

图 8-3 “开始”菜单启动

方法四：单击任务栏的快捷按钮来启动。

图 8-4 任务栏启动

8.2.2 浏览器主页——导航页

浏览器的主页是各种网站网络入口的导航，它将常用的网站地址集中在一个页面，大大提高了上网的速度。

1. 主页区域与链接

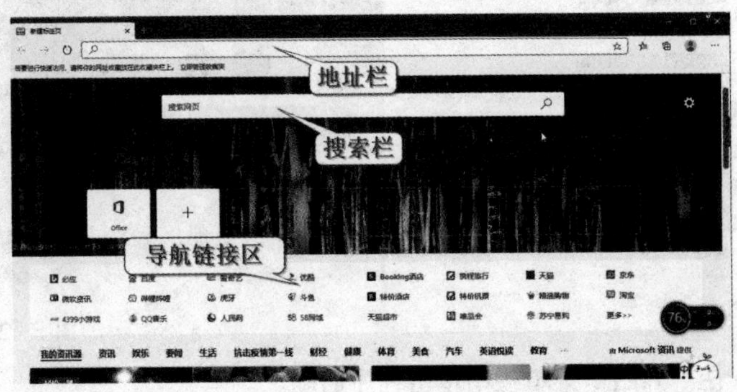

图 8-5 浏览器主页

2. 自定义主页

有些用户不习惯于导航页，或者喜欢将某个搜索引擎、网站作为主页。下面以将“百度”作为主页为例介绍“自定义主页”的操作过程。

第一步：启动浏览器后，单击“…”标志，打开“菜单”，单击“设置”命令，进入设置窗口。

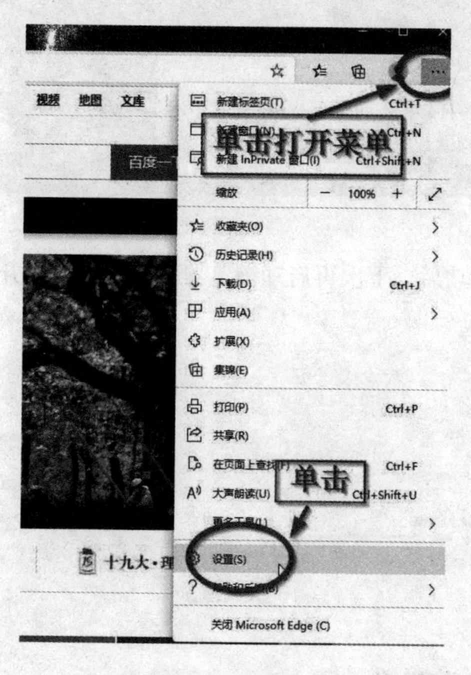

图 8-6 浏览器菜单

第二步：在“设置”窗口中单击左侧导航中的“启动时”，右侧出现启动时设置窗口，单击单选“打开一个或多个特定页面”。

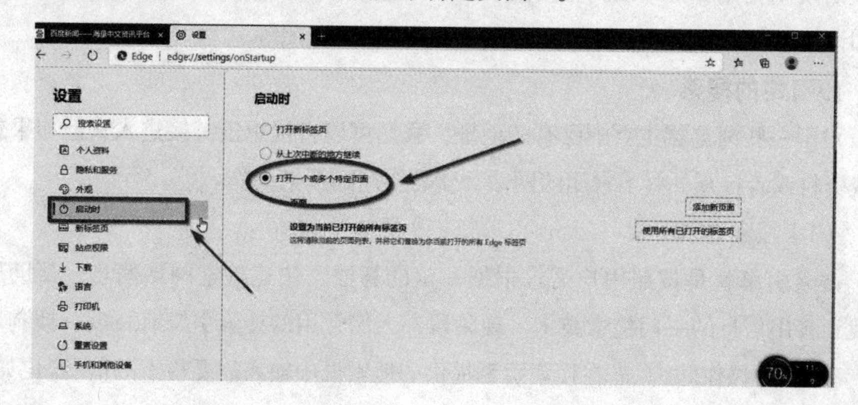

图 8-7 设置窗口

第三步：单击“添加新页面”按钮，弹出“添加新页面”对话框，在此框内输入“www.baidu.com”，单击“添加”。

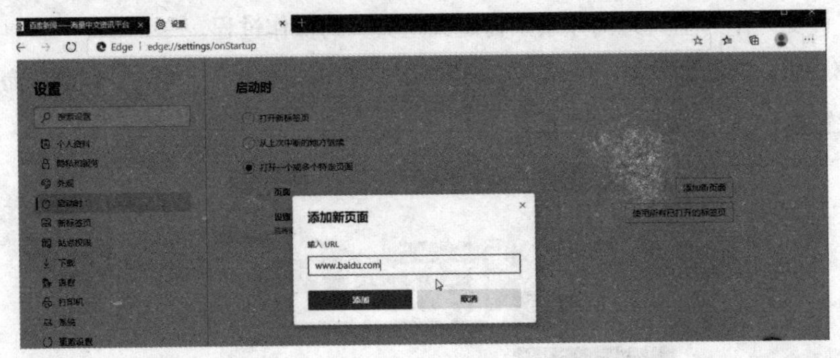

图 8-8 添加新页面

第四步：添加成功后，下次再启动浏览器时，第一个打开的便是“百度”搜索引擎。

图 8-9 添加新页面 2

8.2.3 浏览器的基本操作

启动浏览器后就可以浏览网页了。如果想要自由浏览，还要学习一些基本操作知识，如网站的搜索、多网页、网页及浏览器的关闭等。

1. 网站的搜索

对于一些浏览器主页中已有的地址，我们可以直接单击链接进入，但如果想查找资料或者打开一些不常用的网站，就需要用到搜索动作。

（1）搜索引擎搜索

搜索引擎就是按照用户需求根据一定的算法，快速检索网站信息，帮助用户找到有用信息的一门检索技术。现阶段，人们常用的搜索引擎有百度、搜狗、360、有道等。操作时，只需在搜索引擎提供的搜索框中输入需要检索的信息。比如，搜索“李白”，只需在搜索框中输入“李白”，然后单击搜索，关于李白的内容就会出现在网页上。

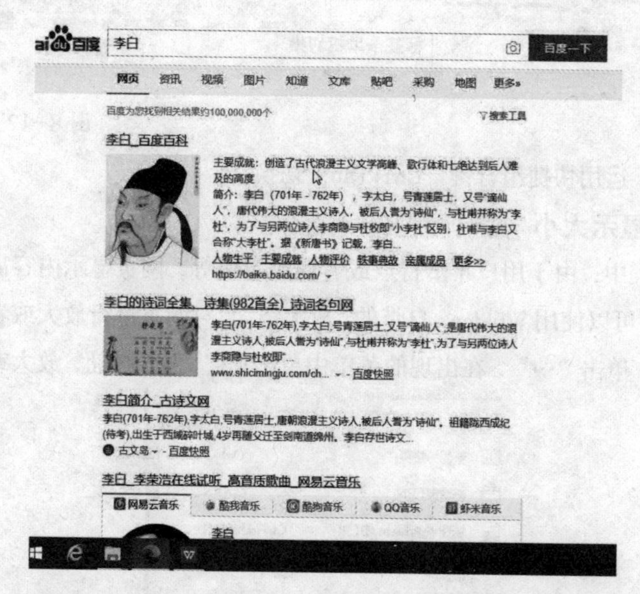

图 8-10 搜索“李白”

（2）网址搜索

网址即网站地址，如果用户已知某个网站地址，需要打开该网站时，就可以在地址栏上输入网址，单击回车键跳转到该地址所在的网站。如已知新浪网址为“www.sina.com.cn”，就可以用输入网址的方法打开该网站。

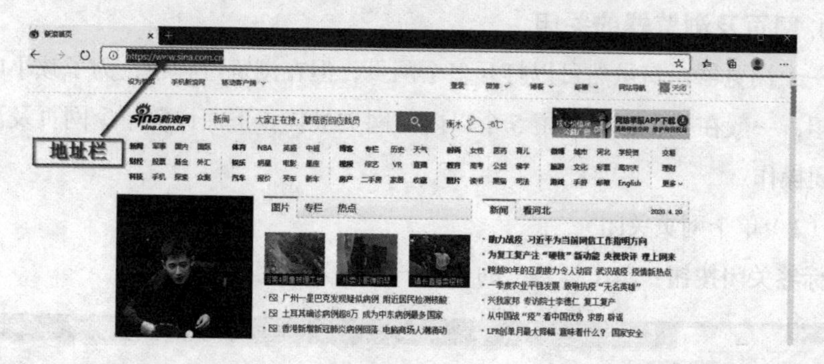

图 8-11 地址栏搜索

2. 多网页切换

浏览器的一个窗口可以打开多个网页，但显示的只有当前一个。如果我们想再次浏览之前看过的网页，或者转换到所需的网页，就需要用到网页切换。

方法一：单击“标签卡”切换。

图 8-12 标签卡切换

方法二：运用快捷组合键“Ctrl+Tab”切换。

3. 网页显示大小

浏览过程中，由于用户年龄特点或者使用习惯等，网页显示内容需要进行大、小变化，此时可以使用 Windows 自带的“放大镜”，对网页进行放大或者缩小操作。

方法一：单击“…”，在出现的菜单中单击“+”“-”按钮，放大或缩小网页。

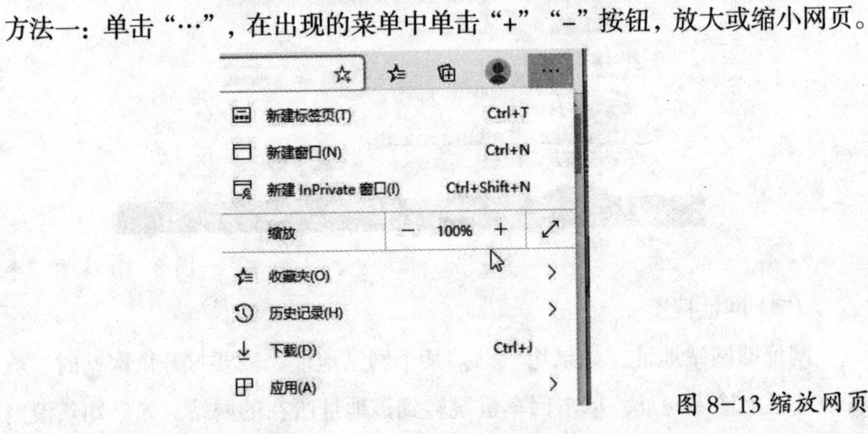

图 8-13 缩放网页

方法二：运用快捷组合键“Ctrl+ 加号键”放大网页，“Ctrl+ 减号键”缩小网页。

4. 网页及浏览器的关闭

一个浏览器窗口虽然可以打开多个网页，但在浏览过程中，为了减小电脑运行负担，一般在一个窗口保留 5 个以内的网页最佳。下面详解单个网页及浏览器的关闭操作。

（1）单个网页关闭

标签关闭按钮：单击标签上的“×”，将关闭此标签网页。

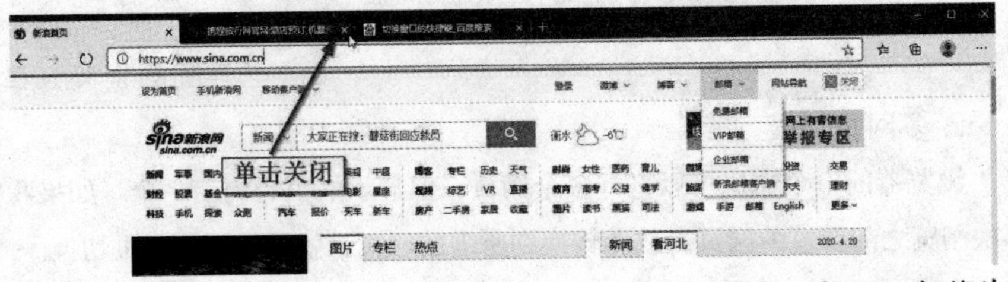

图 8-14 标签关闭

标签右击：在某个标签上右击，在弹出的菜单中选择“关闭标签页”，则此页关闭。

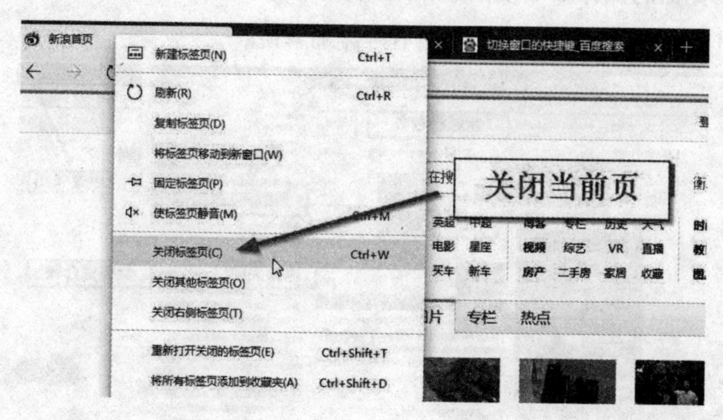

图 8-15 右击关闭

（2）多个网页关闭

关闭右侧网页：在某个标签上右击，在弹出的菜单中单击“关闭右侧标签页”，此标签右侧的所有标签页将都被关闭。

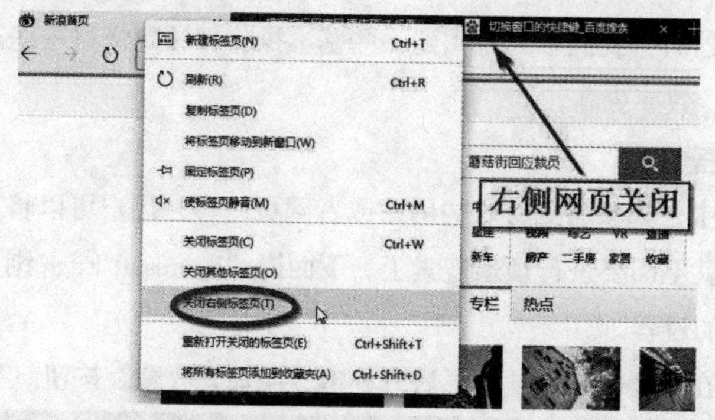

图 8-16 右侧网页关闭

关闭其他网页：在某个标签上右击，在弹出的菜单中选择“关闭其他标签页”，则除此标签页外，其他页面都被关闭。

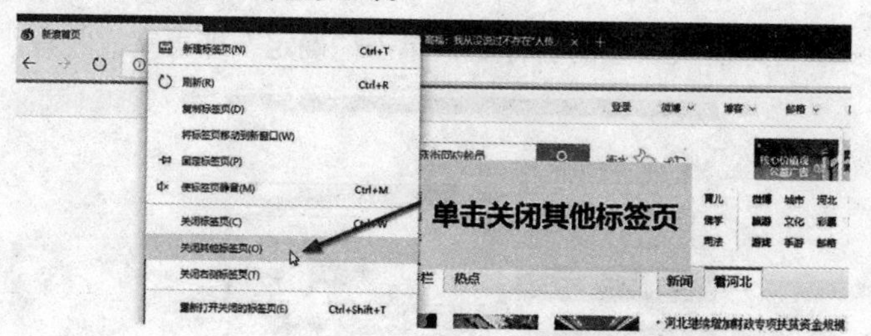

图 8-17 关闭其他标签页

(3) 浏览器关闭

关闭浏览器的操作命令发出后，无论有多少网页，都将一次性关闭。浏览器的关闭与窗口的关闭大致相同，此处不再详细解说。

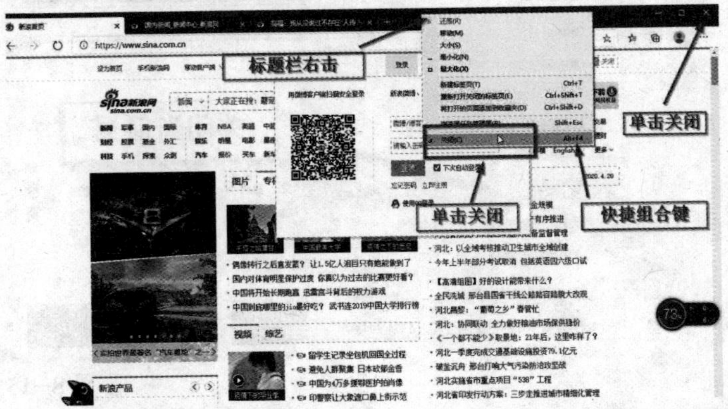

图 8-18 关闭浏览器

8.2.4 浏览器的高级操作

使用浏览器时，我们不只是用到一些基本操作，还要懂得一些高级操作，使浏览更加顺畅，效率更高。

1. 添加收藏

上网过程中，如果遇到喜欢的网站或者网页内容，用户可以将其收藏起来，下次再打开时就不需要进行烦琐搜索了。下面以“Microsoft Edge 浏览器”为例，详解添加收藏的过程。

第一步：在需要收藏的地址栏后方单击“添加到收藏”按钮。

图 8-19 单击收藏

第二步：填写好需要收藏的名称后，单击“确定”即可完成收藏。

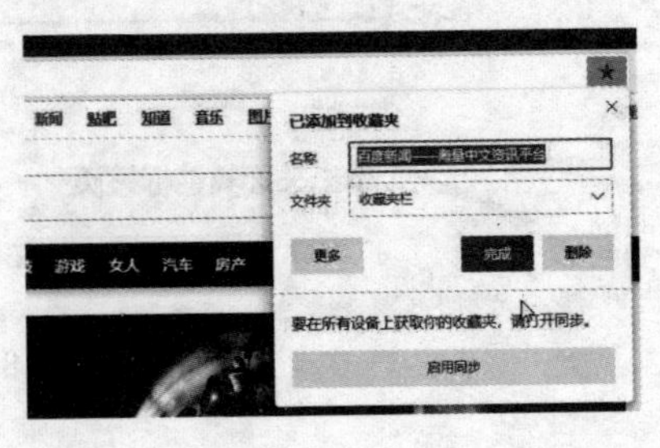

图 8-20 填写名称

如果收藏夹中的网页过多，需要对其整理，否则查找起来会很麻烦。收藏夹在地址栏后方，单击进入收藏夹即可进行整理。

图 8-21 收藏夹

2. 图片文本的保存

浏览网页过程中，如果遇到自己喜欢的图片或文本，很多人想要保存下来。下面分别介绍图片和文本的保存方法。

（1）图片

第一步：右击目标图片，在弹出的菜单中选择“将图像另存为”命令，进入保存窗口。

图 8-22 图片保存

第二步：在“另存为”窗口中选择需要保存的地址，单击保存。

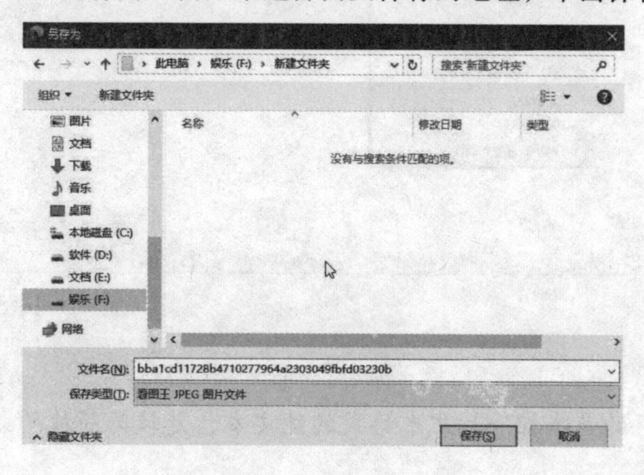

图 8-23 保存

（2）文本

文本是指网页上的文本，一般用“复制粘贴”命令完成，但有的网页不支持“复制”命令，所以用户在实际操作过程中要灵活运用。下面介绍如何将网页文本保存到记事本上。

第一步：在网页需要保存的文本上右击，弹出快捷菜单，选择“复制”命令。

四、有关要求

1.中小学国家课程必须使用本文件所附目录中的教材（特殊教育学校没有新编教材的学科及年级除外，上海市中小学国家课程教学用书按教育部批准的方案执行）。中小学教材使用应保持相对稳定，如确需更换教材版本，应严格按照中小学教材选用有关规定进行。

2.中小学教材中不得夹带任何商业广告或教学辅助资料的链接网址、二维码等信息。

3.各地可根据本地实际和学生需求购买配套数字音像材料。鼓励教材出版单位采取互联网下载的方式免费提供与教材配套的数字音像……“中小学语文示范诵读库”，供各地按需自愿购买……号文件执行。

4.各省级教育行政部门要加强对教材使用情况的……材的地方和学校要严肃处理，责令纠正。

复制(C) Ctrl+C
在 Web 中搜索 "1.中小学国家课程必须使用本文件所附目录中的教材（特殊教育学校没有新..."(S)
打印(P) Ctrl+P
朗读所选内容(U) Ctrl+Shift+U
添加到集锦
检查(N) Ctrl+Shift+I

图 8-24 文本复制

第二步：打开记事本，右击粘贴。

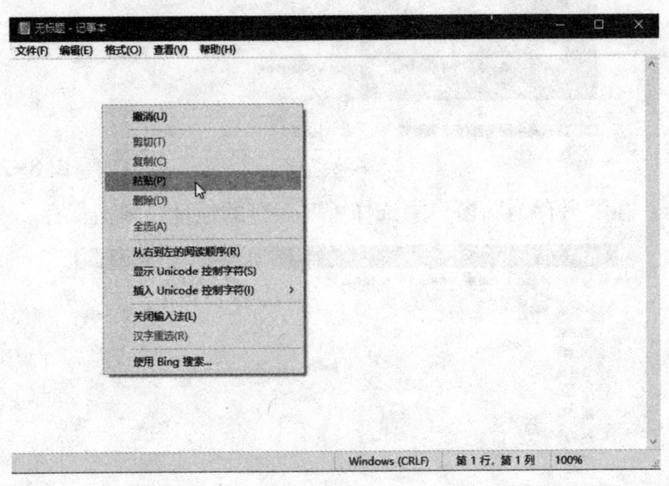

图 8-25 右击粘贴

＊小贴士：

记事本保存的是去掉一切文本格式的纯文本，是较为简捷的文本保存方式。

8.3 组建局域网

无论是家还是单位，有时需要多个电脑同时上网，此时如果将多个电脑和路由器连接到一起，组建一个小的内部局域网，不仅可以实现网络共享，还可以实现内部资料的传输，且速度更快，操作既方便又灵活，具有较高的安全性和实效性。

8.3.1 组建有线局域网

1. 搭建设备选择

组建有线局域网，使用的设备为交换机或者路由器。交换机是电信号的转发设备，局域网交换机只需插入网线就可将多台电脑连接起来，常用于家庭、办公室等小型局域网的组建。如果是大型公司、企业或者小区等想要进行网络连接，用的是以太网交换机。

路由器很常见，每个家庭网线入户的第一个中转点就是路由器。首先，它与交换机的外观差别不大，不过从新接口就可以知道，路由器上的“WAN”口只有一个，“LAN”口一般有 4 个，交换机上有很多“WAN”接口，“LAN”接口也多于路由器。

其次，用交换机上网是通过一根网线，几台电脑分别拨号后使用自己的宽带，互不相关；路由器用的是虚拟拨号，也就是家中几台电子设备同时上网，用的是一个宽带号，上网速度也会相互影响。

总的来说，交换机的工作是网络配送，路由器的工作是入网，不过路由器可以作为交换机使用，将宽带插到 LAN 接口，空置 WAN 接口就可以。一般情况下，用户不需要这样操作。

2. 其他设备

组建有线局域网常用的方法有两种：一种是路由器搭建，另一种为交换机组建，无论哪种方法，不可缺少的就是网线。网线是连接局域网的重要传输媒介。局域网搭建中，最常见的连接线有双绞线、同轴电缆和光缆三种，本节主要讲解现在最常用的双绞线。

双绞线，是一对或者多对线绞在一起，线体为绝缘铜导线。之所以将其绞在一起，是为了减少信号传输中的串扰及电磁干扰。它的价格便宜，安装简单，一直沿用到今天。

水晶头，是网线与接品的连接头，就像电线的插头一样，现在多用 RJ45 型水晶头。水晶头上有个弹片，推进接口后，弹片自动卡住接口的凹槽，如果想要拔出，必须按住弹片才可以。

3. 硬件连接

有了设备和连接线，就可以运用硬件连接组建局域网了。

第一步：通过网线将电脑、路由器连接起来。

第二步：通过网线将路由器与光猫连接起来。

第三步：接通电源，等待灯由闪烁变为常亮状态，说明网路已经接通。

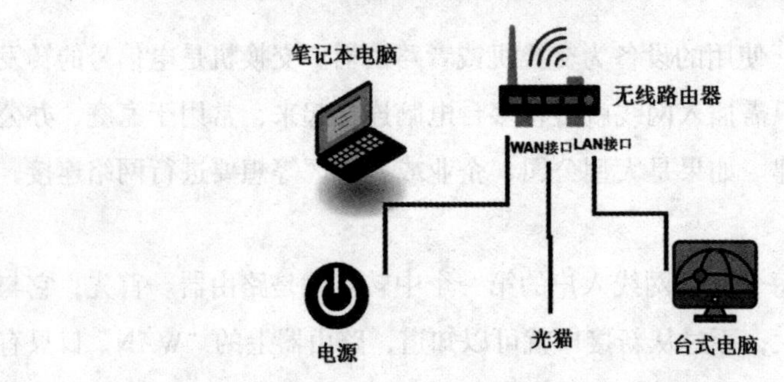

图 8-26 局域网连接

4. 软件设置

硬件连接好后，在浏览器的地址栏中输入“192.168.1.1”（不同设备的设置地址可能不同，用户可在路由器背面、说明书、包装盒等地方找到对应的地址），回车进入路由器管理员页面，初次登录时要设置管理员密码，单击“确定”完成设置。

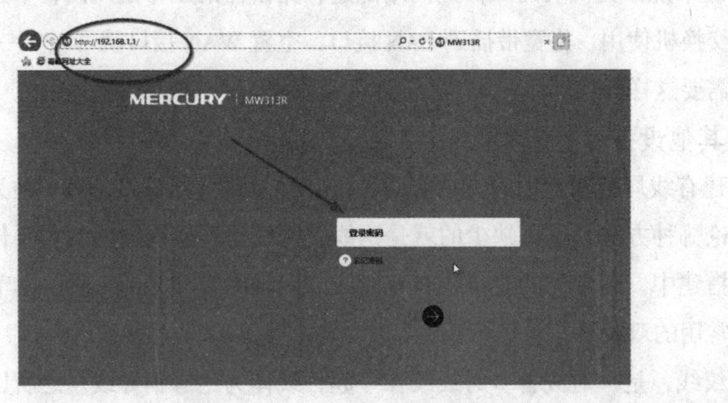

图 8-27 无线路由器设置

8.3.2 管理无线局域网

无线局域网与有线局域网的最大区别就是有无网线的问题。而且，无线局域网需要将路由器改为无线路由器，其余设置与有线局域网相同，可以参考上一节。本节主要详解无线局域网的管理。

无线网就是我们常说的 Wi-Fi。搭建完成后，Wi-Fi 的速度、带宽等都会影响用户的使用。用户组建好局域网后，要时时维护，清理“蹭网”，提高网络安全性能。

1. 修改 Wi-Fi 名称和密码

进入软件管理窗口，单击“无线设置”，打开右侧设置窗口，按图修改 Wi-Fi 名称和密码，单击保存。

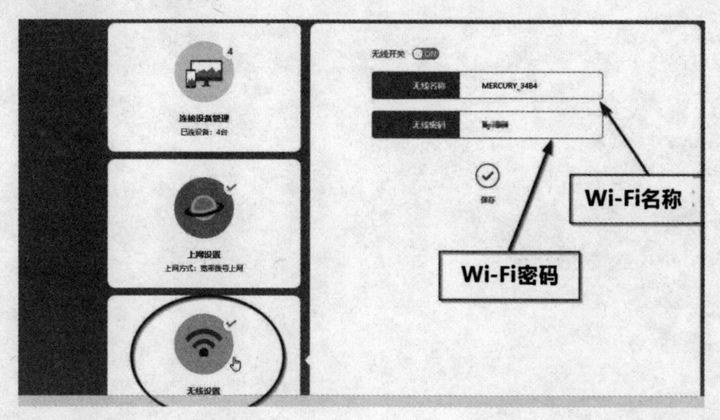

图 8-28 无线设置

2. 关闭路由器的无线广播

有些路由器设有“关闭无线广播”的功能。用户打开“无线设置”页，关闭“无线广播”后，便可从根本上解决别人蹭网的烦恼。

3. 安全使用 Wi-Fi

现代网络技术很发达，无可避免地引起一些不法之徒利用网络犯罪，如用虚假 Wi-Fi 盗取手机内容，或者盗取银行卡、支付宝等账号，甚至在电脑 / 手机中植入病毒。所以，用户使用网络时要注意以下几点。

（1）不在公共网络中网购、付款等，如果必须支付，一定要使用手机流量。

（2）不随意进入网页弹出的不明窗口、链接，如果遇到输入个人信息、银行账号 / 密码等隐私信息的情况要谨慎。

（3）网上支付时，尽量使用安全键盘，不要使用网页之类的软键盘。

第九章

让沟通不再有距离：QQ、微信和电邮

很多用户网上冲浪不是只单纯地查资料、下载文件，也利用网络社交聊天工具与亲朋好友联系，或者与陌生人建立关系，拓展人脉。网络现已成为人们沟通、社交的重要媒介，它普及至今，聊天工具一代代不断升级，QQ、微信、电子邮件等的使用越来越普遍，满足了现代人追求的简单、高效、便捷的需要。本章主要介绍这些社交工具的使用。

9.1 QQ

QQ 第一版发行于 1999 年，在美国聊天软件 ICQ 独占市场的情况下推出，命名为 OICQ，第二年正式更名为 QQ。如今，QQ 除了聊天、视频通话、语音通话这些功能外，还可点对点断点续传文件、传送离线文件、共享文件、储存文件等。

9.1.1 申请 QQ 账号

QQ 下载、安装完成后，首先要做的就是申请 QQ 账号，注册需要手机验证，所以一定要保证手机在身边。

第一步：打开登录界面，单击“注册账号”，进入注册页。

图 9-1 注册账号

第二步：打开注册窗口后，按信息填写要求输入昵称、密码、手机号，并单击“发送短信验证码”按钮，等待手机接收验证码。在规定时间内输入手机中接收到的验证码，单击“立即注册”按钮。

图 9-2 注册页

第三步：跳转到注册成功页面，给出的数字串就是QQ号码，可以手动记录下来，也可以单击号码后链接将号码记录在记事本中。此时，如果立刻登录请单击“立即登录”，不需要登录可以关闭页面。

图 9-3 注册成功

9.1.2 QQ 登录及主界面

第一步：打开“QQ”登录页，输入QQ账号及密码，单击“登录”便可登录软件了。它的下方有两个复选框，如果希望下次登录不再输入密码，可以选择“记住密码”；如果希望电脑开启后自动登录QQ，可以勾选“自动登录”。

图 9-4 登录页

第二步：先用手机登录此QQ，通过“扫一扫”扫码验证登录，也可单击“更换验证方式”，用密保手机发送验证码到指定平台登录。

图 9-5 扫码登录

第三步：打开 QQ 主界面，首先出现的是通讯录好友的推荐，在此页面可以快速添加通讯录中的好友。

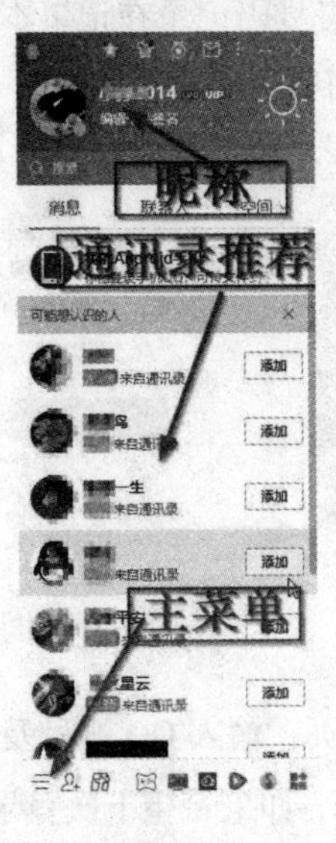

图 9-6 QQ 主界面

9.1.3 添加与删除好友

1. 添加好友

QQ 添加好友的方式，除了初登录时通过“通讯录”添加手机通讯录中的好友外，还可以通过号码、昵称等方式查找添加，具体操作方法如下。

第一步：单击“+”，从弹出的下拉菜单中选择“添加好友”，单击进入。

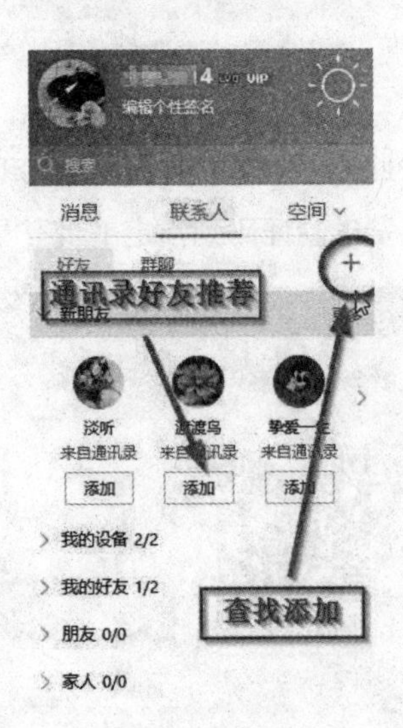

图 9-7 加好友

第二步：加好友的方式很多，通过 QQ 号、昵称等方式可以直接在文本框中输入，然后单击“查找”添加。也可单击“查找”后方按钮查看同乡、同校好友推荐。在此，我们以添加 QQ 号的方式进行下一步添加。

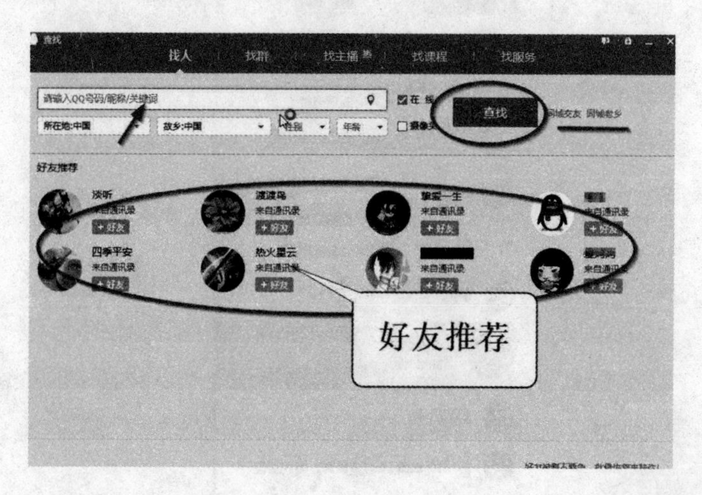

图 9-8 添加好友

第三步：输入需要添加的 QQ 号码，单击“查找”，推荐页面弹出需要添加的人。如果昵称、号码相对应，可以单击“加好友”，将此好友添加到 QQ 中。昵称、关键词等查找方法添加步骤与此相同，用户可以尝试不同方式添加好友。

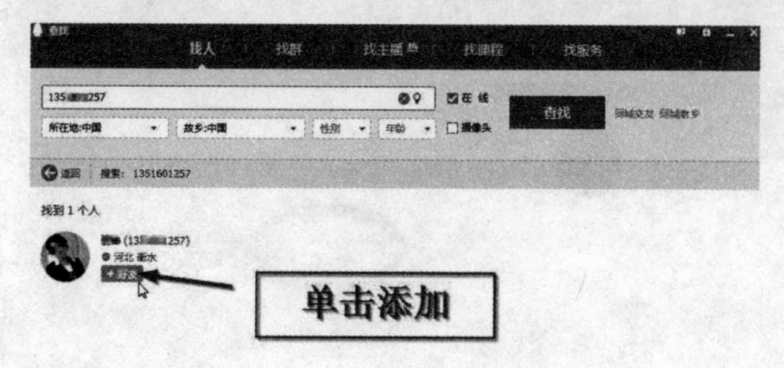

图 9-9 单击“加好友”

2. **删除好友**

第一步：单击选择需要删除的好友，右击弹出快捷菜单，单击“删除好友”，弹出“删除对话框”。

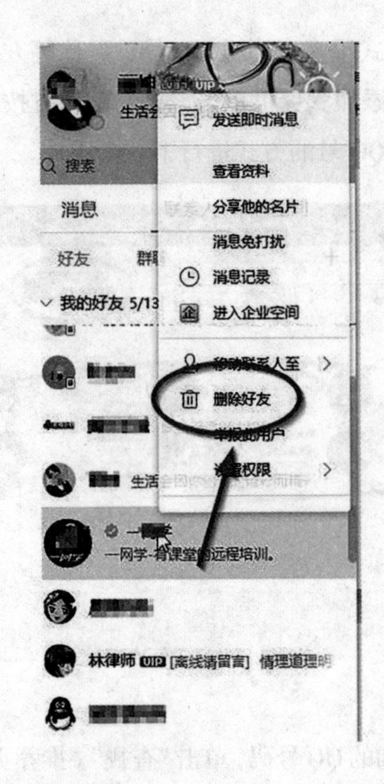

图 9-10 右击删除

第二步：确认对话框中的删除信息，单击“确定”删除好友。

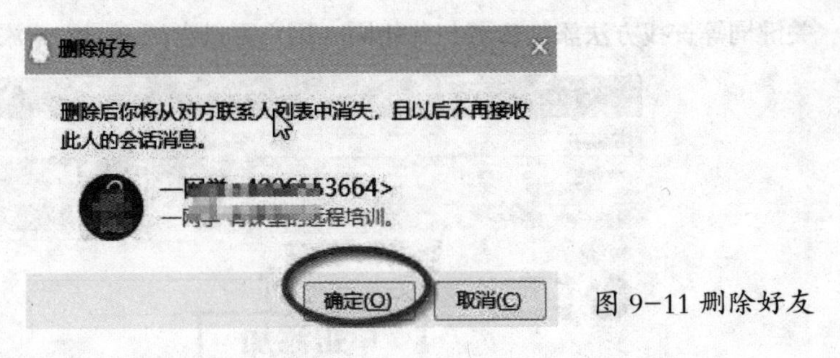

图 9-11 删除好友

9.2 微信

微信是腾讯公司推出的另一款即时聊天工具，可以发送文字、语音、短视频，也可以即时语音、视频通话。同时，微信的即时红包、转账功能也是人们追捧的热点功能。微信最初推出的是手机版，现已有电脑版和网页版，无论哪个版本，功能基本相似。

9.2.1 电脑版登录

1. 初次登录

第一步：初次登录微信电脑版是通过手机微信扫码完成的。双击打开电脑版微信，跳出二维码。

图 9-12 扫描二维码

第二步：单击手机中的“+”，打开快捷菜单，单击“扫一扫”打开扫描界面，对着电脑二维码进行扫描。

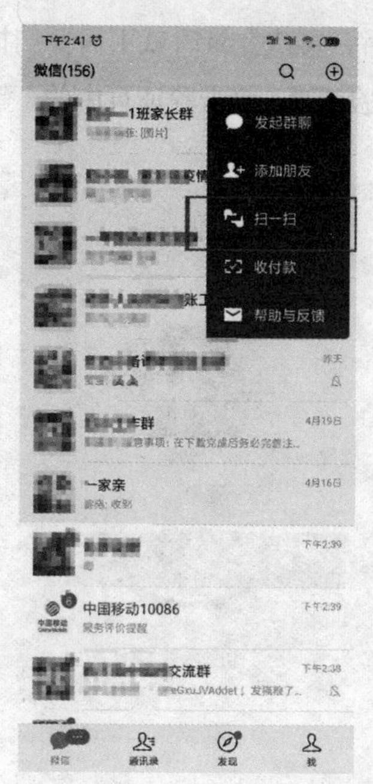

图 9-13 手机扫一扫

第三步：扫描完成后，在手机弹出的验证页单击“登录”，即可登录微信。

图 9-14 手机验证页面

2. 再次登录

电脑版微信初次登录后，再次登录时就不需要扫描二维码了，只需单击“登录”，手机版微信就会跳出验证页，单击验证页中的“登录”即可登录电脑版微信。

图 9-15 再次登录页

9.2.2 微信聊天

电脑版的微信聊天窗口与 QQ 相似，用户可以通过在输入框输入内容与好友聊天。

用户在“内容输入框”中输入聊天内容后，单击“发送”按钮（或按回车键），聊天内容便发送到对方微信中。聊天记录显示在上方聊天内容窗口中。

如果需要切换好友，可在左侧好友列表中滑动滚动条寻找，找到好友后单击，右侧则会切换到与该好友的聊天窗口。

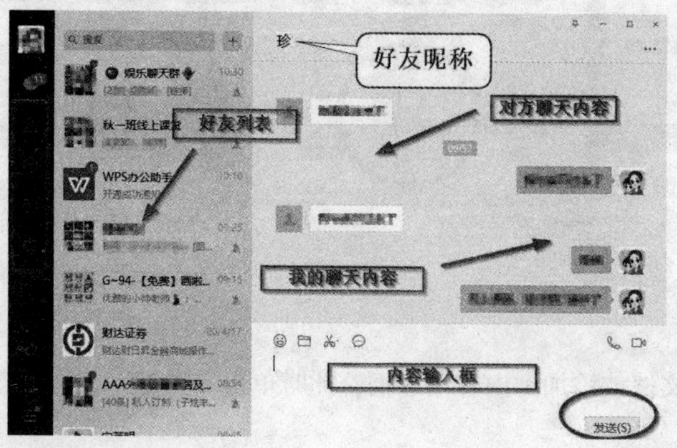

图 9-16 聊天窗口

9.2.3 文件传输

现在，微信也可进行文件传输操作，传输类型有文档、图片、视频等。用户可以通过手机微信与电脑版微信连接，通过“文件传输助手”将手机文件传输到电脑，或者将电脑文件传输到手机。下面以电脑文件传输到手机为例介绍传输操作。

第一步：打开电脑版微信的“文件传输助手”。

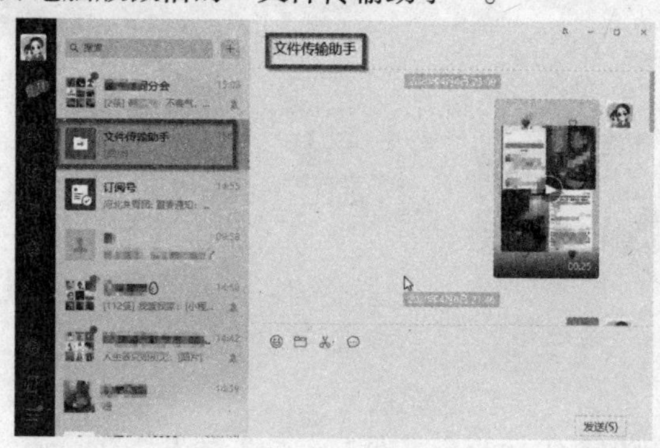

图 9-17 文件传输助手

第二步: 单击文件夹按钮,打开电脑磁盘,找到需要传输的文件后单击"打开"。

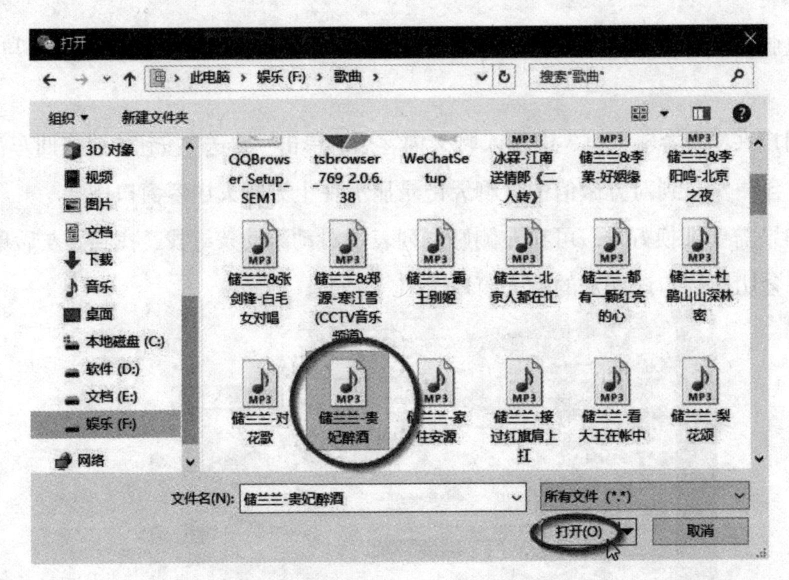

图 9–18 选择文件窗口

第三步：文件被添加到内容输入框，此时单击“发送”，文件即可发送到手机微信中。

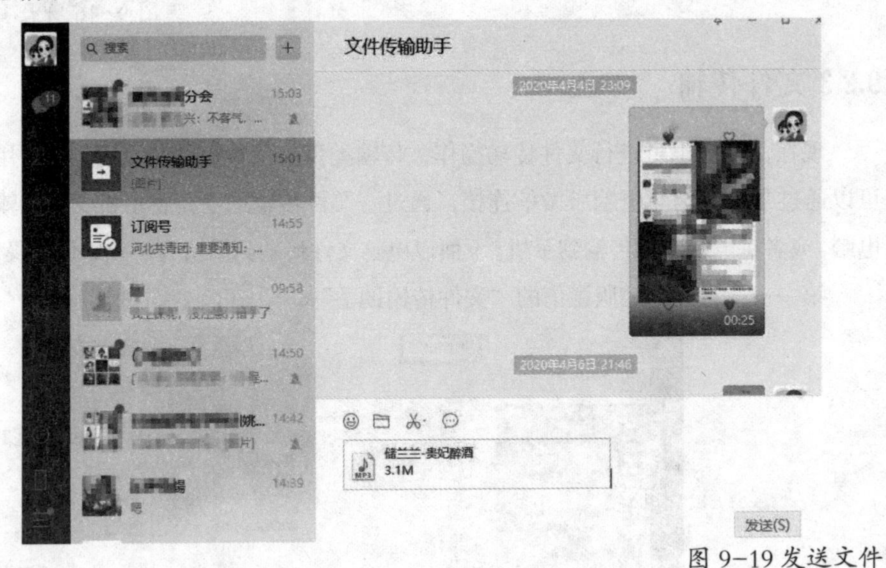

图 9–19 发送文件

* 小贴士：

微信的文件传输有大小限制，视频文件不可大于 25 MB。

9.3 电子邮件

电子邮件，顾名思义是用电子传输的方式传送信件、资料等，可以传输文字、图片、音视频，也可以传送文件。下面具体详解下电子邮件的开通与使用。

9.3.1 开通电子邮箱

现在，常用的电子邮箱有新浪邮箱、126 邮箱、网易邮箱、QQ 邮箱等。无论哪个平台开发的邮箱，功能和使用方法相似。本节以“新浪邮箱”为例介绍电子邮箱的开通方法。

1. 开通邮箱

第一步：打开新浪网主页（或在搜索引擎中搜“新浪邮箱”），单击“邮箱”，打开新浪邮箱页面。

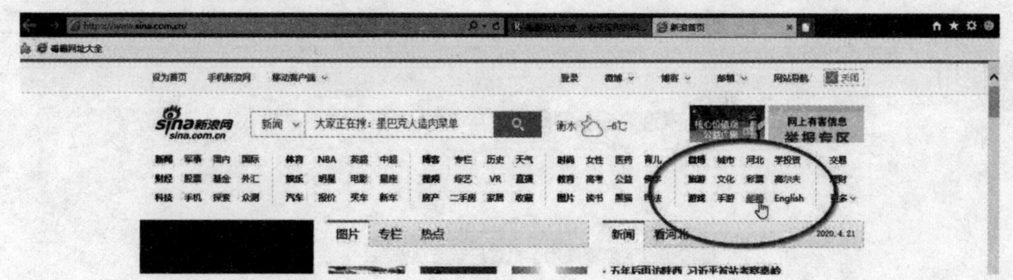

图 9-20 新浪主页

第二步：在新浪邮箱页单击“注册”，进入邮箱注册页。

图 9-21 注册新浪邮箱

第三步：填写注册信息，注意用户名最好输入数字、字符与符号组成的字符串，否则极易因重名而无法注册。

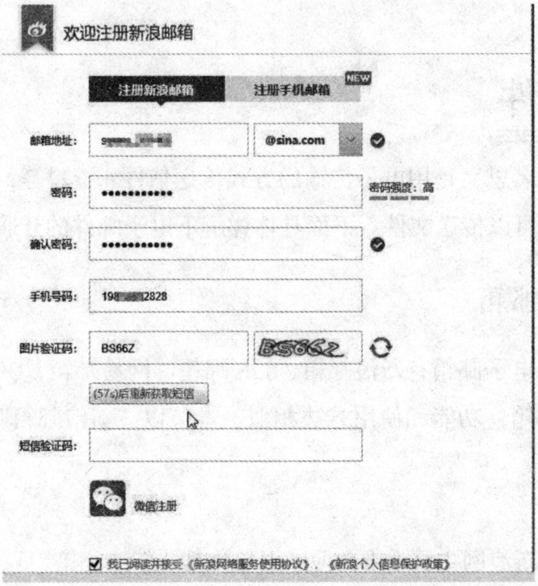

欢迎注册新浪邮箱
注册新浪邮箱
注册手机邮箱
NEW
邮箱地址：
@sina.com
密码：
密码强度：高
确认密码：
手机号码：
图片验证码：
BS66Z
(57s)后重新获取短信
短信验证码：
微信注册
我已阅读并接受《新浪网络服务使用协议》、《新浪个人信息保护政策》

图 9-22 注册页

第四步：单击“注册”进入注册成功页，此时需要进一步激活邮箱，才能正常使用。

欢迎注册新浪邮箱
请按照以下步骤使用手机客户端激活邮箱：
第一步：手机扫码下载客户端并安装
第二步：安装客户端后点击下方按钮激活邮箱
扫码激活邮箱

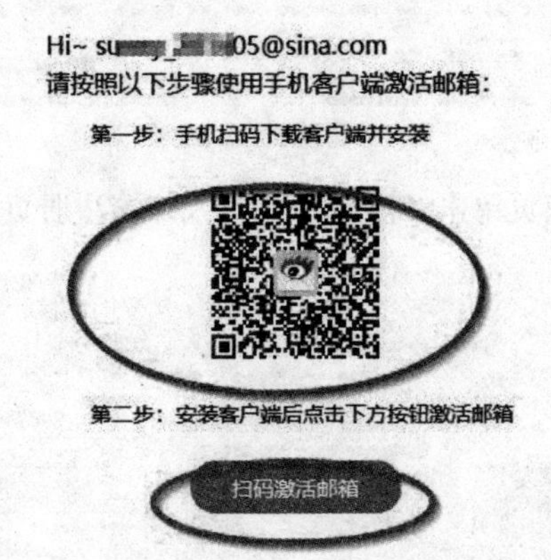

图 9-23 激活邮箱

2. 邮箱激活过程

(1)手机扫描二维码，下载“新浪邮箱”客户端，安装完成后，单击电脑中的“扫码激活邮箱”，跳出二维码后，单击“扫码”标志，扫码登录邮箱。

图 9-24 手机登录页

（2）扫码后跳出需要激活邮箱的账号，用户需要在此输入密码，然后单击“确认激活”。

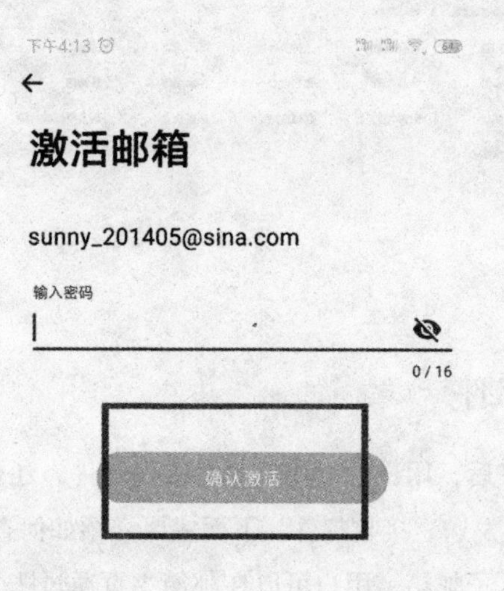

图 9-25 确认激活页

（3）激活成功，此时电脑页面也跳转到邮箱主页。

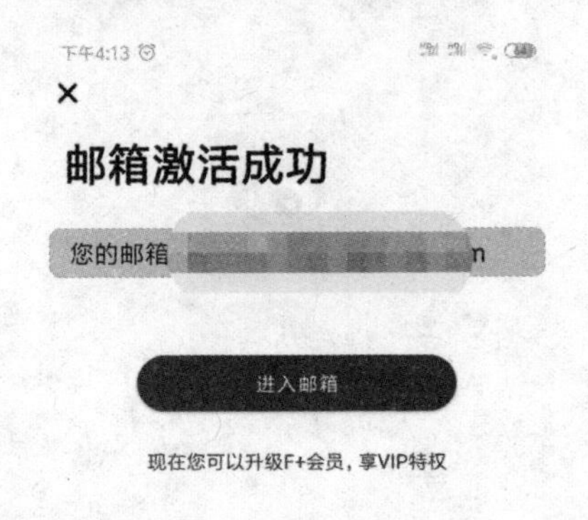

图 9-26 激活成功

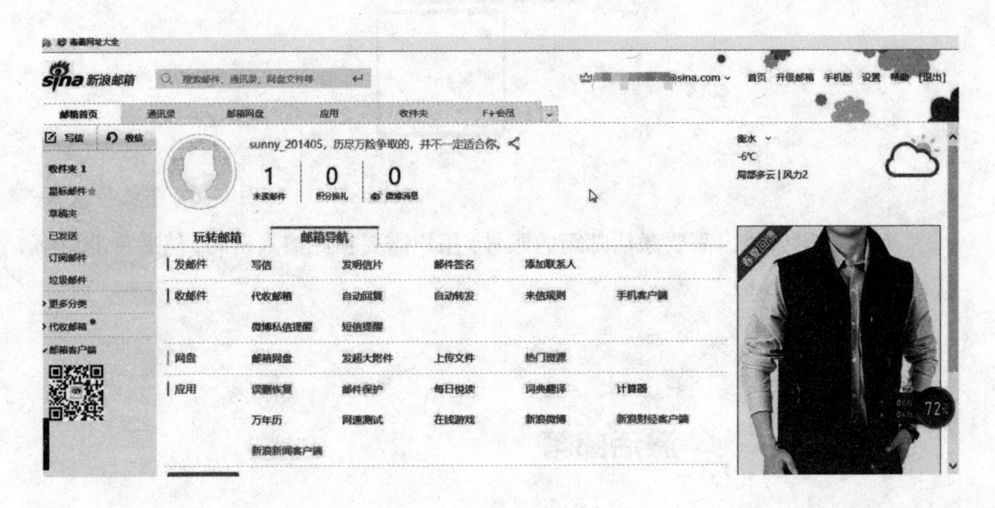

图 9-27 邮箱主页

9.3.2 查看电子邮件

电子邮箱注册好后，用户可以用此邮箱收发邮件，还可以通过左侧导航页操作电子邮箱，查看、发送、接收邮件。下面主要介绍如何查看电子邮件。

第一步：登录电子邮箱，用户可以在邮箱主页通过账号密码登录，也可用手机邮箱、微博、微信扫码登录。

图 9-28 扫码登录

第二步：在电子邮箱主页左侧导航栏中单击“收件夹”，打开“收件夹”页，邮件以列表形式展现在右侧窗口。

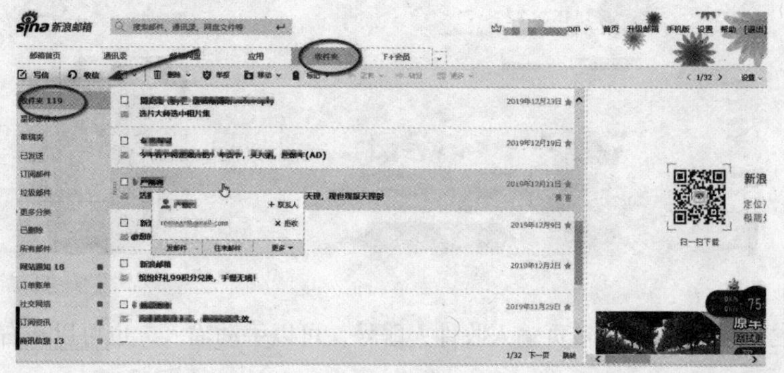

图 9-29 收件夹

第三步：单击需要打开的邮件，在右侧窗口中显示邮件详情。

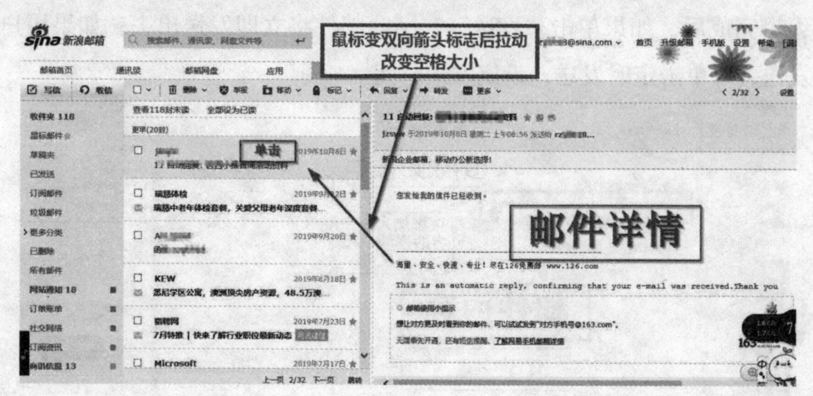

图 9-30 查看邮件详情

用户除了查看收件夹中接收的邮件外，还可查看“已发送”“已删除”等邮件，只需单击左侧导航条即可。

9.3.3 发送电子邮件

电子邮箱与即时通信软件不同，它可以发送即时邮件，也可发送定时邮件。同时，电子邮件只需知道对方邮箱账号，不用加好友，也不用经过任何验证就可以直发信息。下面以“请定时接收电子邮件”为内容，通过“新浪邮箱”向“sunny_2014@sina.com”发送一封邮件。

第一步：打开自己的电子邮箱，在左侧导航栏上方单击“写信”。

图 9-31 新浪邮箱

第二步：在邮件编辑页输入收件人账号，可以手动输入，也可以从右侧联系人中选择。

电子邮件不仅可以发送文本、图片、音视频，也可发送限制大小内的文件。邮件编辑完成后，如果单击“发送”，则此邮件将立即发送出去；如果用户需要定时发送，可单击定时发送，设定发送时间。

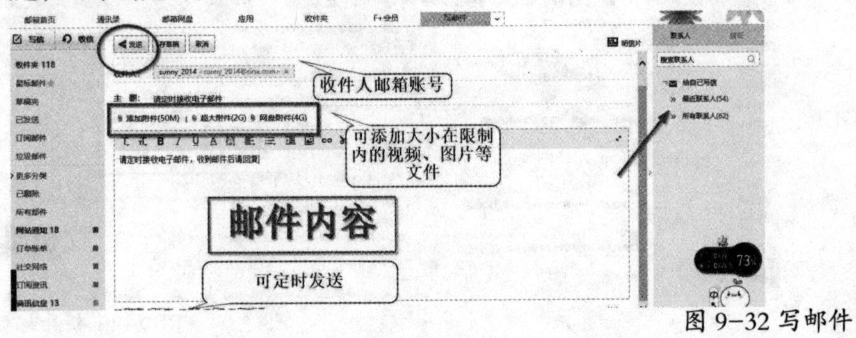

图 9-32 写邮件

图 9-33 定时发送

9.3.4 自动回复设置

很多时候，用户可能因时间或者邮件数量问题无法及时回复邮件，此时可以设置“自动回复”。当收到邮件时，电子邮箱会自动向对方邮箱发送设定内容。

第一步：单击邮箱主页右上角的“设置”，进入邮箱设置页。

图 9-34 设置

第二步：在设置页左侧单击“常规设置”，打开右侧设置窗口，向下滑动滚动条，将“自动回复”设置为启用，用户可以自编回复内容。设置完成后，单击“保存”。

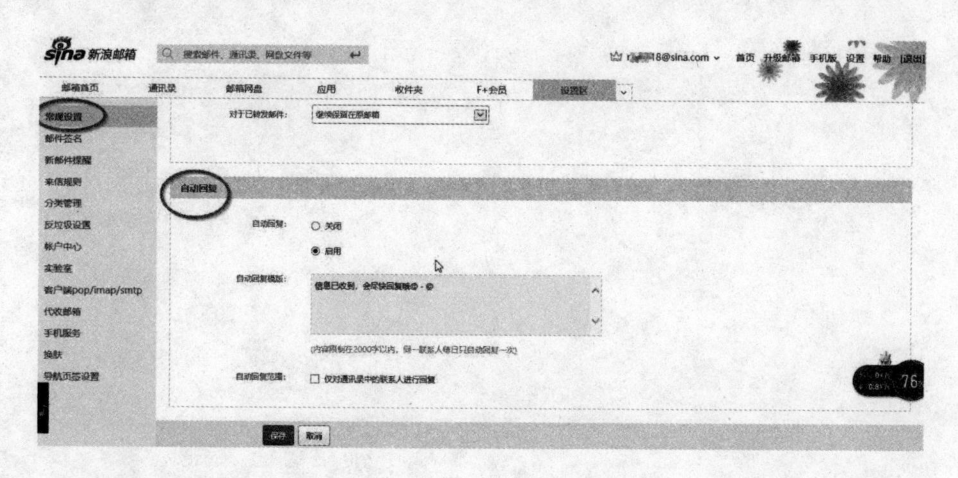

图 9-35 常规设置

第十章

妙趣横生的网络生活

随着网络的普及，无论是运用各种多媒体软件丰富自己的业余生活，还是每天浏览新闻获取资讯，甚至足不出户地网上购物、购买机票……便捷的网络，已经成为人们日常生活不可缺少的部分。

10.1 视听大宴

电脑网络承载的资源是无限的，用户可以在网上的海量资源中寻找自己喜欢的音乐，观看自己喜欢的视频，使自己的生活更加丰富多彩。

10.1.1 网上听音乐

现在，很多网站提供了音乐在线听、下载听的服务，还有一些专门做音乐的网站有客户端，方便用户在线欣赏及下载乐曲。下面分别介绍如何借助网页和客户端寻找自己喜欢的音乐。

1. 网页在线听

打开网页听音乐，对于一些不常听歌的人或寻找某个音乐的人来说，是个不错的选择，只需打开音乐网站，不需要安装软件，便可直接听到喜欢的音乐。下面以“网易云音乐”为例，介绍网页在线听的操作方法。

第一步：在浏览器主页找到“网易云音乐”（在地址栏输入网址也可），单击鼠标，进入音乐网页面。

图 10-1 网易云音乐主页

第二步：单击选择音乐，进入音乐播放页面，单击“播放”，即可选择音乐。

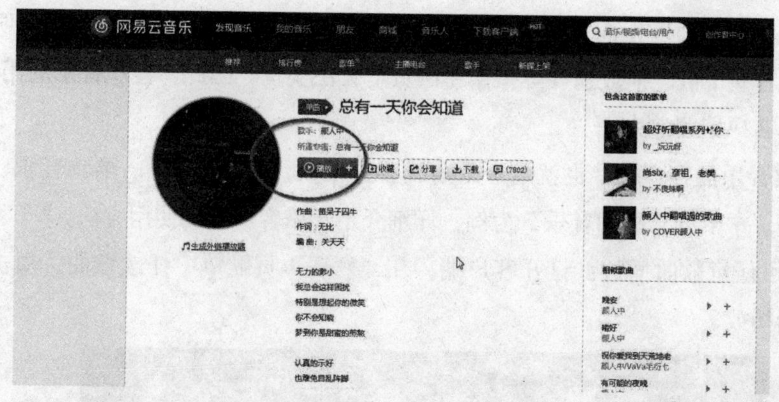

图 10-2 音乐播放页

如果需要搜索自己所需要的音乐，可以在搜索栏中输入歌名，按回车键搜索歌曲。

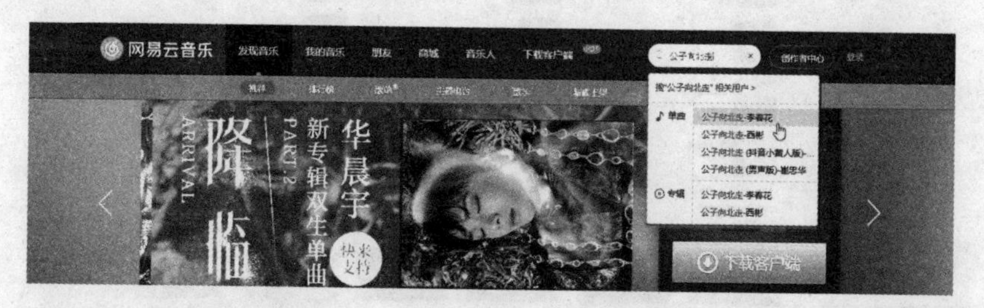

图 10-3 搜索音乐

第三步：音乐播放过程中，再次单击播放按钮暂停，也可从右侧推荐曲目中选择相似歌曲。

图 10-4 音乐播放

2. 客户端听音乐

在网页上在线听音乐虽然不需要下载任何软件，但因为网速，可能播放过程中会出现因下载速度慢而引起的卡顿，打开网页时还有可能因刷新而找不到听过的歌曲，有些下载、播放速度等操作在网页上无法实现。因此，喜欢音乐的用户，还是选择客户端欣赏为好。

播放音乐的客户端，也就是音乐播放器有很多，如 QQ 音乐、酷狗音乐、虾米音乐等。本节以“酷狗音乐”为例，详细介绍音乐客户端的使用方法。

（1）任意歌曲播放：打开客户端，在“发现”页歌单中任选歌曲，单击音乐即开始播放。

图 10-5 单曲选择

（2）搜索歌曲播放：启动客户端，在搜索框中输入歌曲的名字、作者或者歌名关键字，按回车键或单击放大镜标识，搜索相关歌曲。

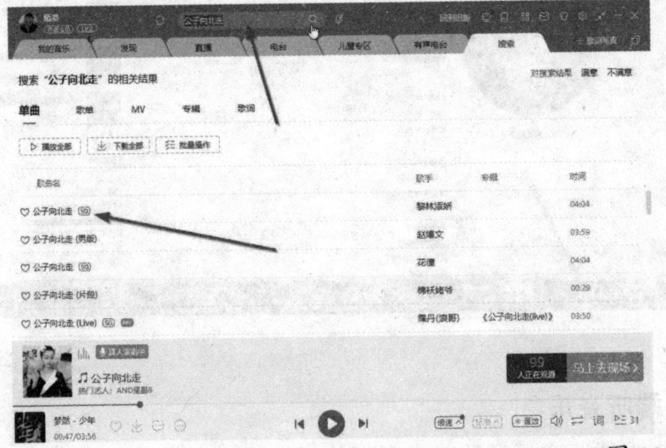

图 10-6 搜索歌曲

（3）收藏音乐：如果遇到喜欢或者需要的音乐时，可以将音乐收藏起来，执行“添加到列表”命令，方便下次打开。

方法一：右击歌名链接，弹出快捷菜单，单击“添加到”，弹出二级菜单，单击“我喜欢”，即可添加收藏。

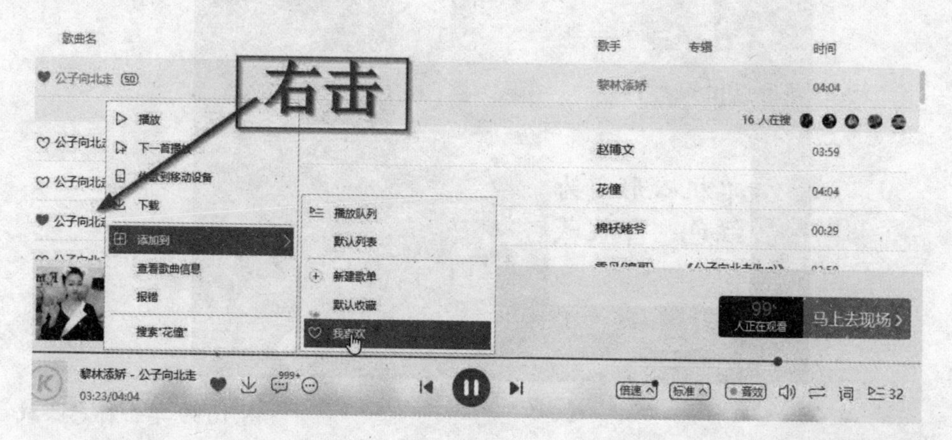

图 10-7 右击链接收藏

方法二：鼠标指向歌曲最右端，单击如图 10-8 所示小图标，弹出快捷菜单，选择“添加到”，跳出二级菜单，选择“我喜欢”，即可收藏。

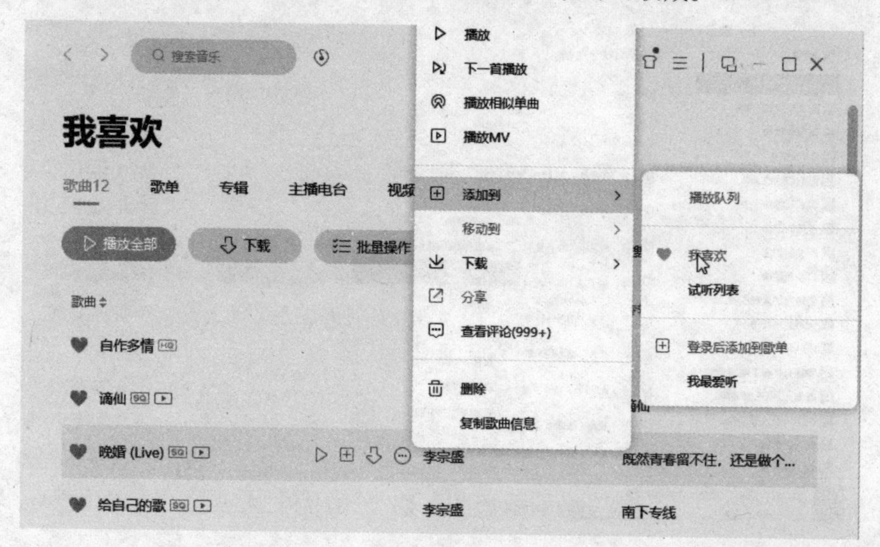

图 10-8 单击收藏

方法三：单击歌曲播放图标，打开歌曲播放页面，此时单击心形标志，即可收藏。

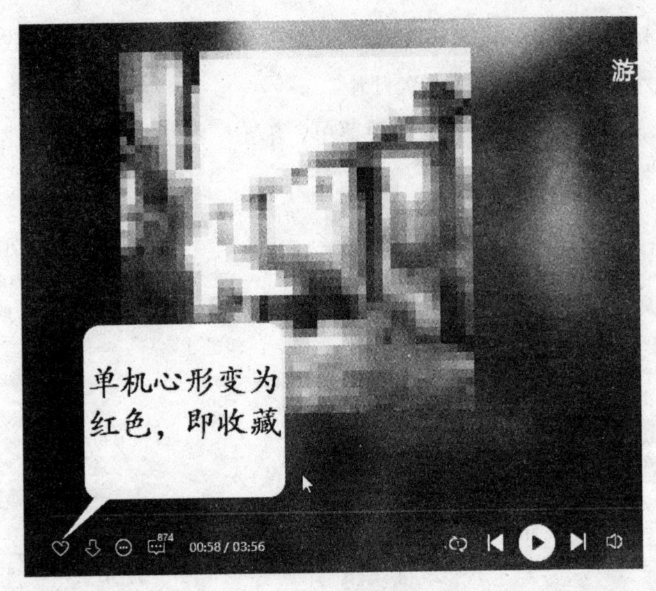

图 10-9 单击标志收藏

（4）下载音乐：有时候，用户需要将音乐下载保存，方便下次欣赏或者有其他用途。此时，用户可以使用“下载”命令，将音乐下载下来，以备不时之需。

方法一：右击歌名，弹出快捷菜单，选择“下载”，即可将音乐下载下来。

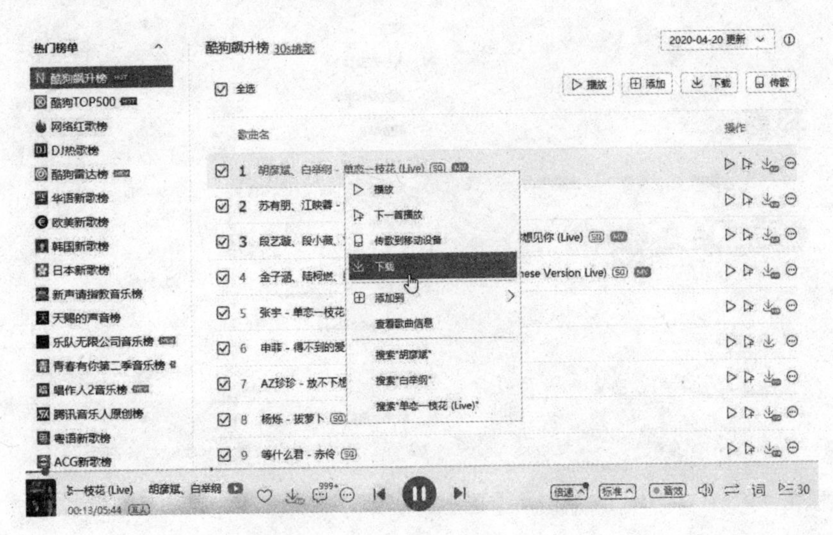

图 10-10 链接下载

方法二：在音乐条最右端，单击向下箭头下载。注意：不是所有音乐都支持下载，有些音乐需要付费或者 VIP 用户才可以下载，下载时会有标识。

歌曲名	操作
1 胡彦斌、白举纲 - 单恋一枝花 (Live) SQ MV	
2 苏有朋、江映蓉 - 绿色 (Live) SQ MV	
3 段艺璇、段小薇、刘雨昕、七穆、孙美楠 - 想见你想见你想见你 (Live) SQ MV	

图 10-11 图标下载

10.1.2 在线刷视频

在这个科技发展极快的世界，很多人渐渐把书放下，开始抱着电脑、手机等刷视频。而且，现在的很多视频已经开发了电脑（PC）、手机和电视等很多版本，不仅业务覆盖范围广，还有海量视频库存，存在合制、自制、直播等多种内容形态。

1. 网页视频播放

普通用户使用“优酷”客户端，更多的是搜剧、看电影等。在网页上看剧、看电影可能直接受网络的影响，出现卡顿，如果要长时间看电视剧或者电影，还是选择客户端观看为好。

第一步：打开“优酷”网站首页，搜索自己想看的视频，按回车键确定打开。

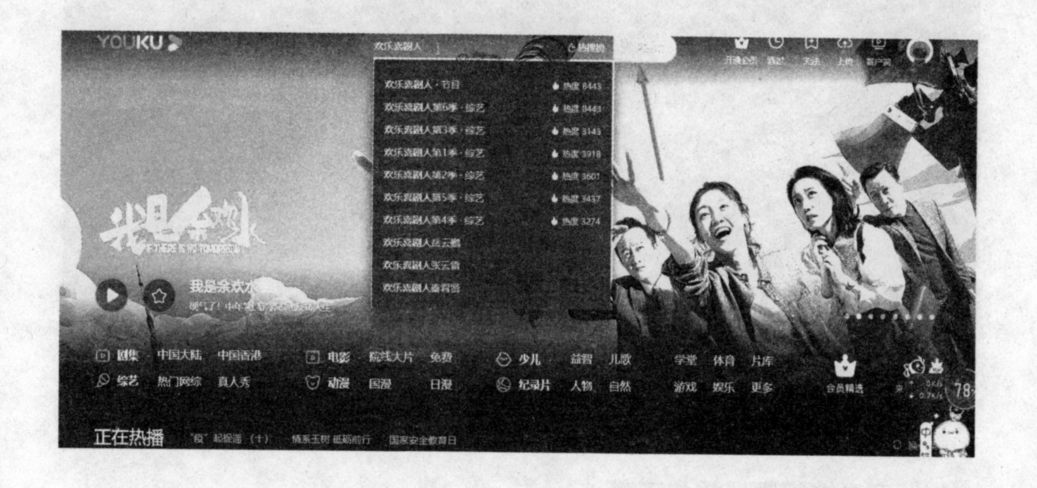

图 10-12 搜索视频

第二步：搜索后跳转到此视频的选集及相关视频页，单击打开全部选集，选择自己喜欢的视频。

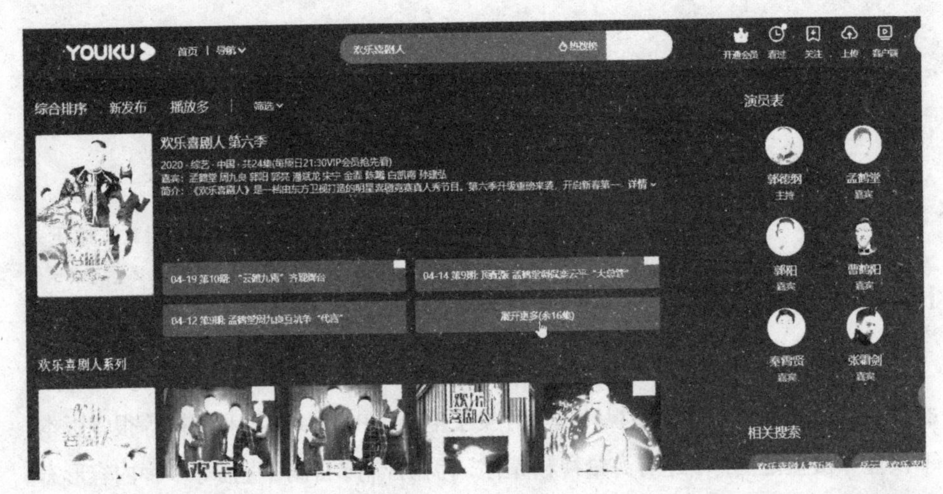

图 10-13 搜索结果页

第三步：单击选集打开视频，用户也可通过“选集”进行视频切换，或者在右侧导航页切换其他视频。

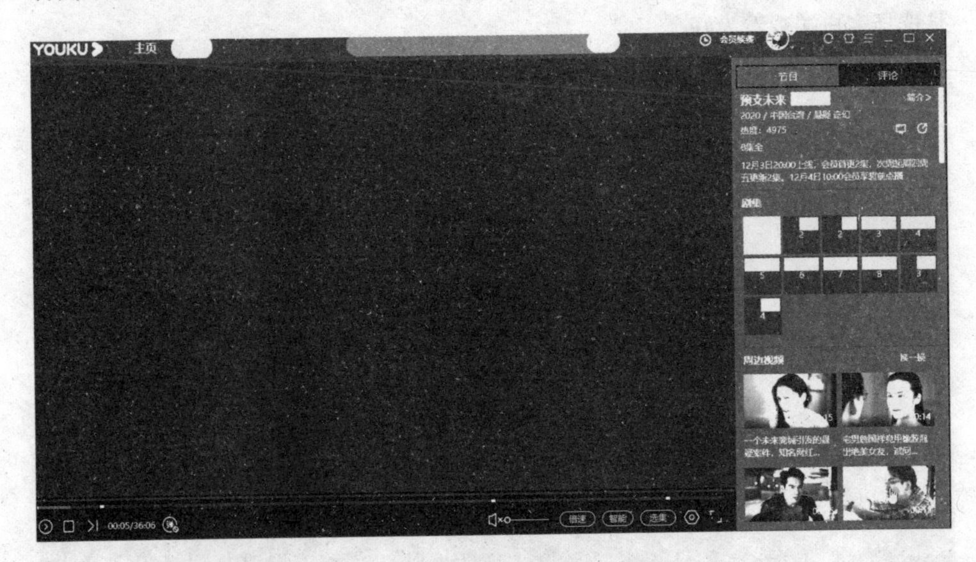

图 10-14 视频播放

2. 客户端视频播放与下载

市面上有很多视频播放器客户端，如爱奇艺、优酷、风行、搜狐、乐视等。它们各有特点，功能也各有不同。如何播放视频不再赘述，本节以“优酷”为例详细解说视频播放与下载的具体操作方法。

第一步：打开优酷视频客户端，搜索“百家姓”，单击“搜全网”，即可出现结果列表。

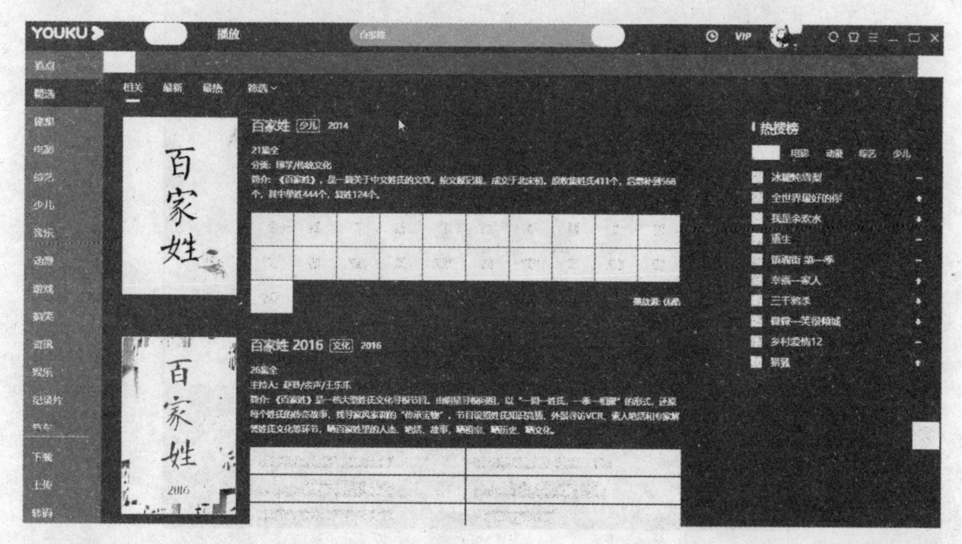

图 10-15 搜索视频

第二步：选择剧集，单击打开播放。

图 10-16 播放窗口

第三步：鼠标指向播放窗口，窗口右上角会弹出几个小图标，找到“下载”图标后单击，之后弹出下载窗口。

02 百家姓
下载
杜阮蓝闵
席季麻强
杜阮蓝闵

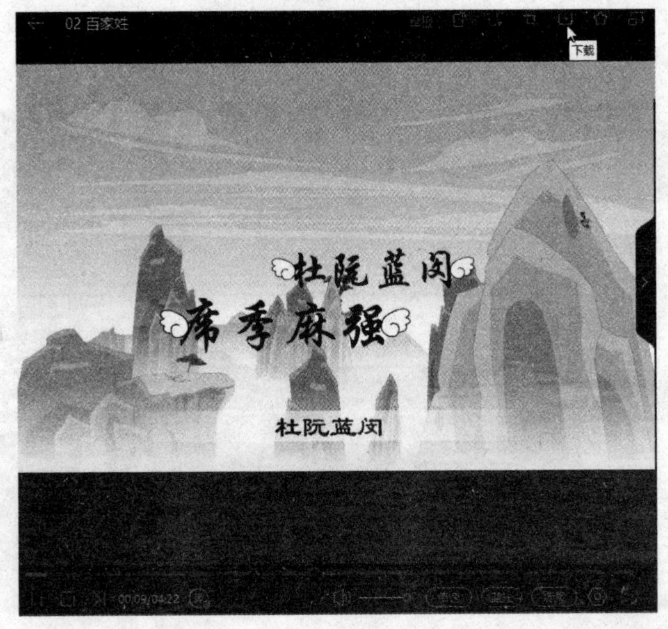

图 10-17 下载

第四步：如果是单个视频，直接单击“保存”，即可下载当前视频。如果需要下载成组视频，可以选择全部视频后再单击“保存”。

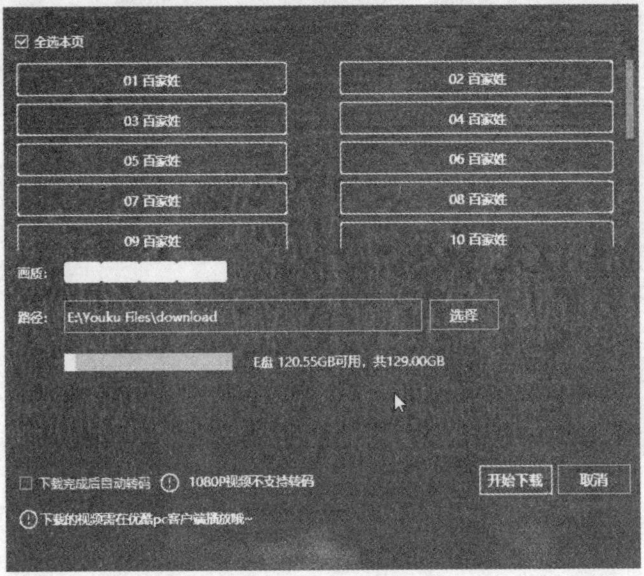
全选本页
01 百家姓
02 百家姓
03 百家姓
04 百家姓
05 百家姓
06 百家姓
07 百家姓
08 百家姓
09 百家姓
10 百家姓
画质:
路径:
E:\Youku Files\download
选择
E盘 120.55GB可用，共129.00GB
下载完成后自动转码
1080P视频不支持转码
开始下载
取消
下载的视频需在优酷pc客户端播放哦~

图 10-18 成组下载

＊小贴士：

视频播放器下载的格式都是本播放器播放类型文件，如果用户需要用其他播放器打开，需要进行转码。“优酷”在下载时即可提供转码，其他视频也可通过“格式工厂”等转码软件进行转码。

10.2 游戏世界

工作之余，玩一些游戏是对生活的调剂，适度的游戏体验可以缓解疲劳，放松心情，只是要自制，不能过度沉迷。

10.2.1 网页游戏

网页游戏指的是在不下载游戏软件的情况下，直接在网页上玩的游戏。用户可以通过搜索引擎搜索，也可通过浏览器主页的链接进入。对网页游戏而言，主要分为两类：一类是网页小游戏，另一类是大型网页游戏。

1. 网页小游戏

现在，很多游戏网站做起小游戏，比较受欢迎且用户较多的有 4399 小游戏、233 小游戏、7K7K 小游戏等。本节以 7K7K 网站为例，具体介绍网页小游戏的操作。

第一步：运用搜索引擎搜索或者地址栏直接进入的方法打开网页。

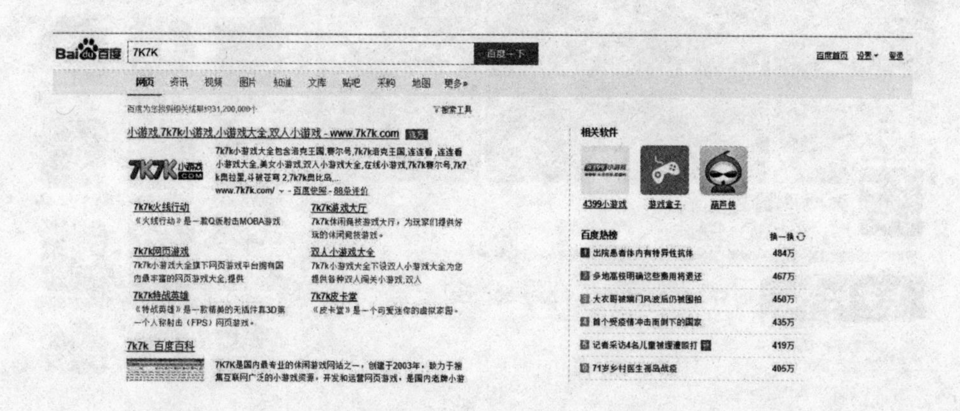

图 10-19 搜索页

第二步：浏览游戏列表，单击打开小游戏。

图 10-20 单击打开游戏

第三步：单击“开始游戏”。

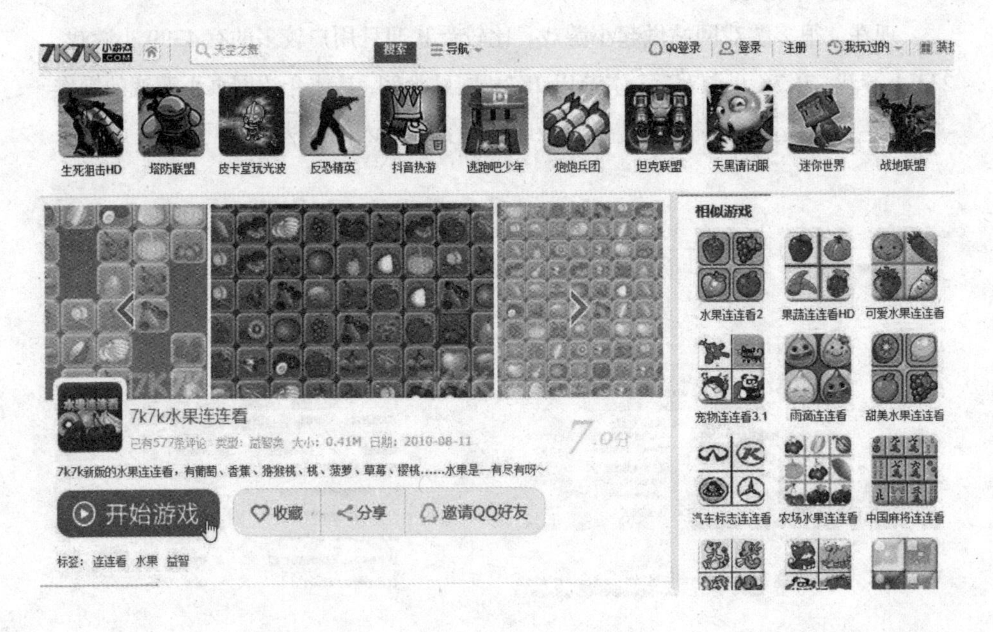

图 10-21 开始游戏

第四步：等待游戏加载，完成后单击“开始”，就可以开始玩游戏了。

图 10-22 游戏页面

2. 网页大型游戏

有些电脑用户还对制作精良、画面优美的大型网游感兴趣，如现在比较流行的热血江湖、斗罗大陆等。

第一步：网页搜索“神魔传说”，找到官网，单击打开。

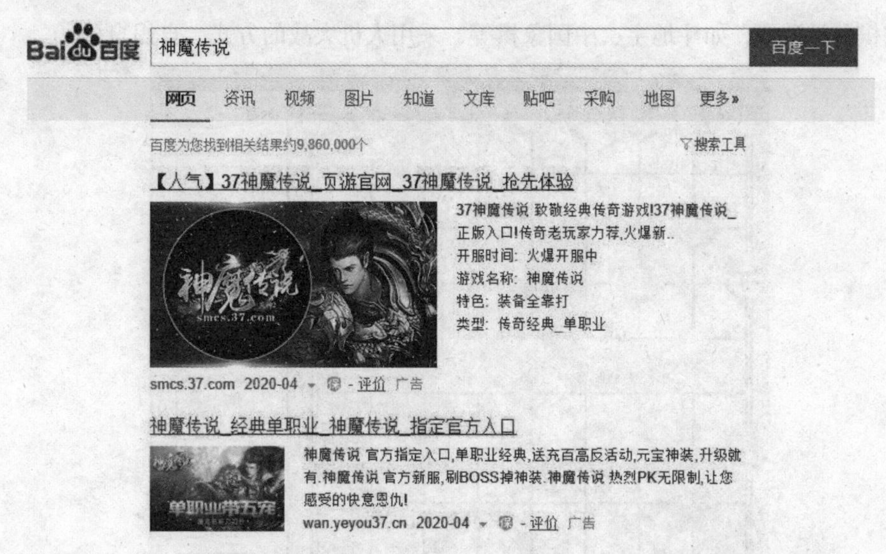

图 10-23 网页搜索

第二步：进入官网，单击“开始游戏”，即可进入游戏。

图 10-24 开始游戏

温馨提示：网络游戏纷杂，本节所讲内容只以此为例讲解流程，不做游戏推荐。

10.2.2 客户端游戏

客户端游戏是将游戏程序下载到电脑上，打开程序即可运行，一般分为单机游戏和联网游戏。

1. 单机游戏

即下载之后哪怕在不联网的状态下也可以玩的游戏。比如，用户常常下载一些棋盘类游戏，如斗地主、中国象棋等，采用人机大战的方式，自娱自乐。

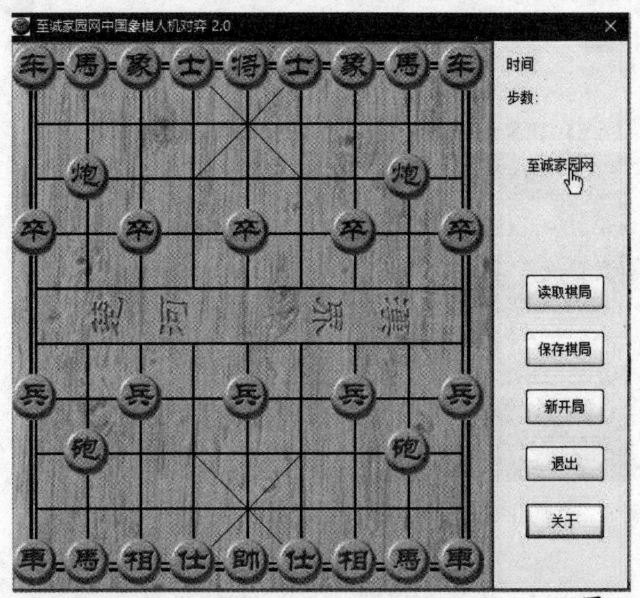

图 10-25 单机游戏

2. 联网游戏

联网游戏有单独程序运行的游戏，属于大型网络终端类，如金装传奇、反恐精英、红月传说等；有些游戏依托某个平台，QQ 游戏就有很多联网游戏，如欢乐斗地主、LOL 等。

图 10-26 联网游戏

10.3 生活服务

网络不仅为人们的工作提供便利，更能为生活提供便利。用户可以网上购物、网上订票，规划出游路线，还可以缴纳各种生活费用，足不出户，生活也可无忧。

10.3.1 网上购物服务

网上购物，是指用户通过电脑、手机等联网设备，到购物网站挑选心仪的物品，然后电子付款，最后通过快递收到已购物品。现在，网上购物平台很多，如淘宝网、京东商城、唯品会等。无论哪个平台，基本的购物流程是一样的。

1. 购物前的准备

注册电子商城账号，好比就是拥有了此商城的门卡，它是网购的前提。下面以“淘宝网”为例，详解注册流程。

第一步：打开淘宝网首页，单击“免费注册”，注册淘宝账号。

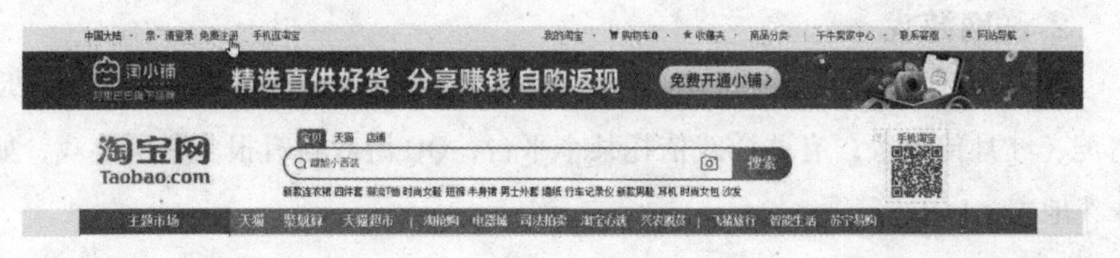

图 10-27 淘宝主页

第二步：认真阅读注册协议，单击“同意协议”，进入注册流程。

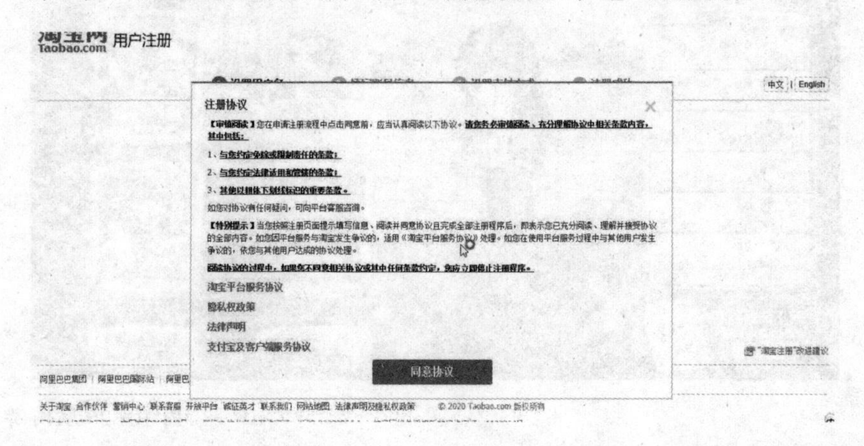

图 10-28 注册协议

第三步：按提示逐步完成注册。

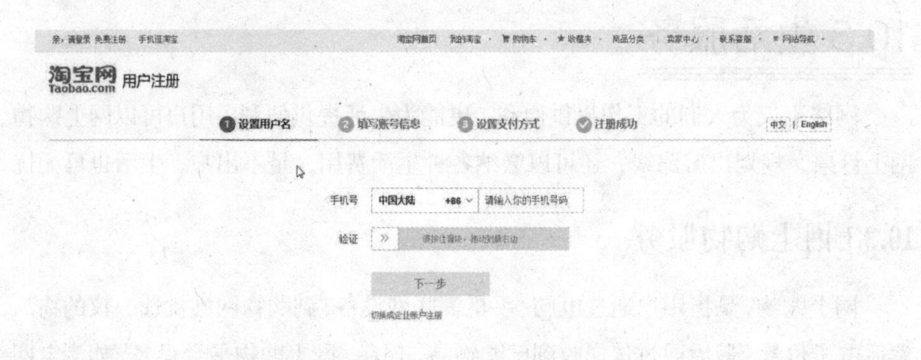

图 10-29 注册流程

2. 选购商品

进入电子商城，有了支付端，就可以放心选购商品了。下面以“淘宝网”为例详解如何购买商品。

第一步：在搜索栏查找所需商品，或者从左侧商品分类中分类查找。

图 10-30 搜索商品

第二步：在商品列表中寻找合适的商品，可以多浏览几家比较，就如逛商场一样，打开商品的详情页，货比三家。

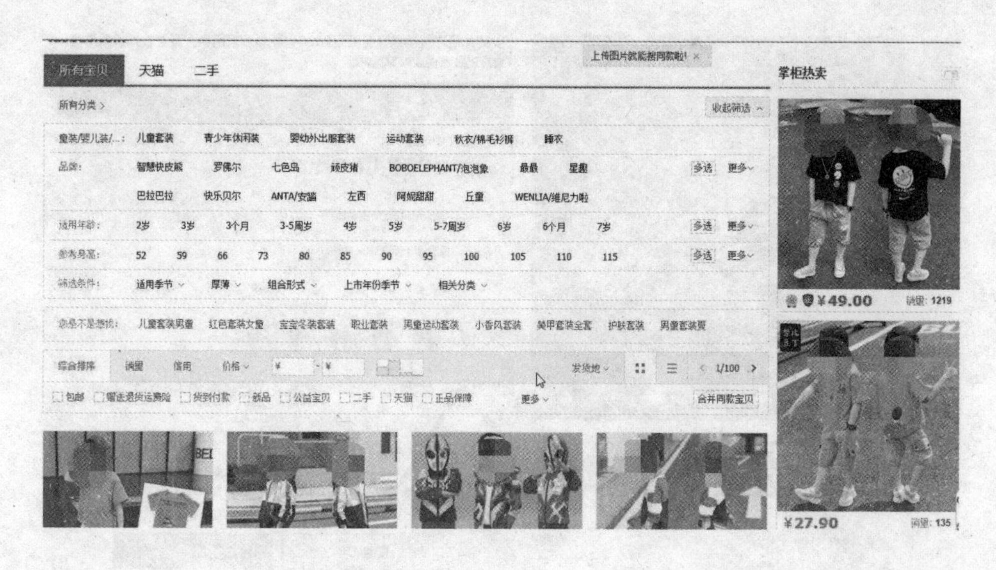

图 10-31 分类精确查找

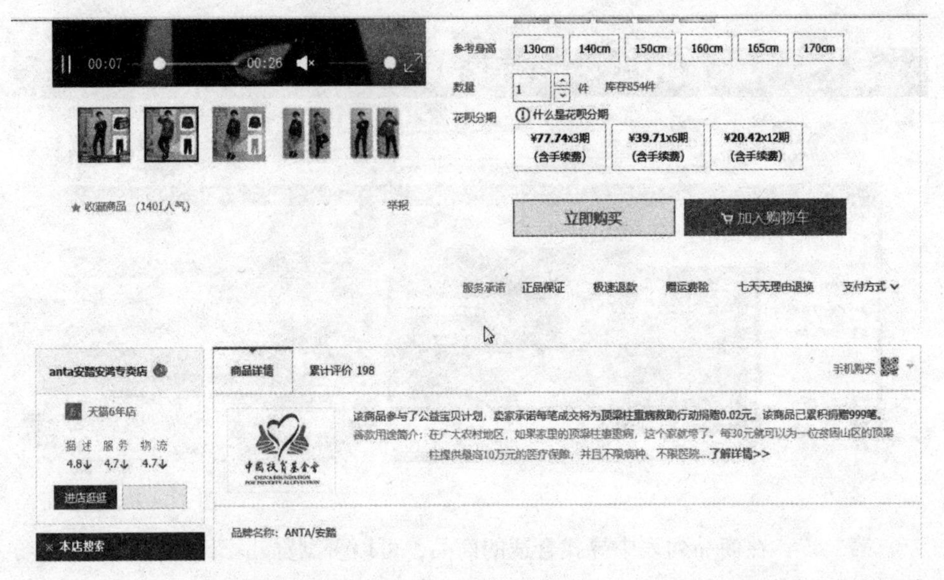

图 10-32 商品详情

第三步：选择喜欢的物品，确定好颜色、型号等，单击立即购买。

图 10-33 立即购买

第四步：单击立即购买后进入商品确认购买流程，确定好收货地址后，向下滑动滚动条，再次确认商品订单信息，单击“提交订单”，进入付款页。

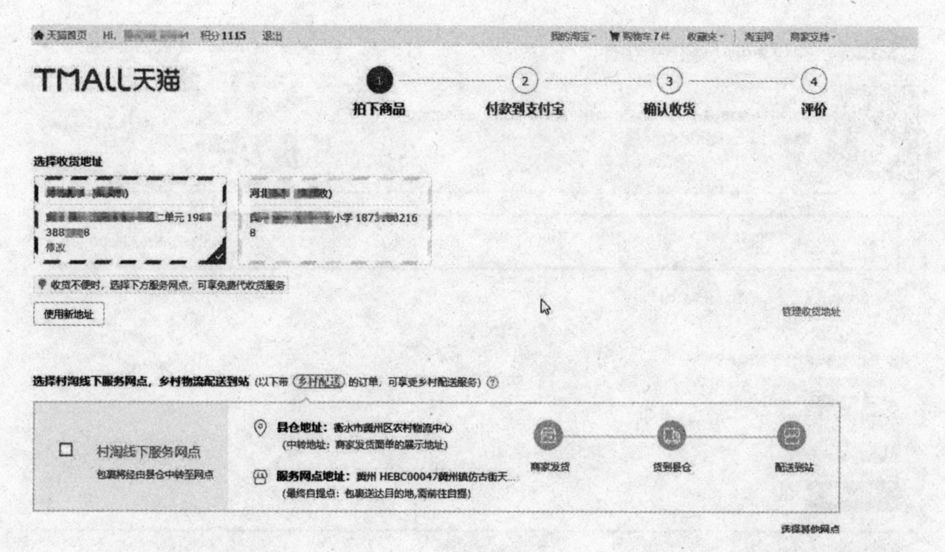

图 10-34 确认地址

店铺宝贝
商品属性
单价
数量
优惠方式
小计
店铺：anta安踏安鸿专卖店
安踏儿童洋气运动套装男童202...
颜色分类：BC06花灰长袖+黑色长裤，
参考身高：130cm
338.00
1
省110:夏季新品
228.00
公益宝贝
成交后卖家将捐赠0.02元给公益宝贝计划
0.00
1
0.00
开具发票
运送方式：
普通配送 快递 免邮
0.00
给卖家留言：
选填，请先和商家协商一致
0/200
运费险：
卖家赠送，退换货可赔
0.00
店铺合计(含运费) ¥228.00
朋友代付
匿名购买
花呗分期
实付款：¥228.00
寄送至：河北
收货人：
提交订单

图 10-35 确认订单

第五步：付款页默认“支付宝”付款，输入支付宝支付密码后，单击“确认付款”完成支付。用户也可单击“其他付款方式”选择其他付款方式，还可单击“找人代付”链接找别人帮忙付款。

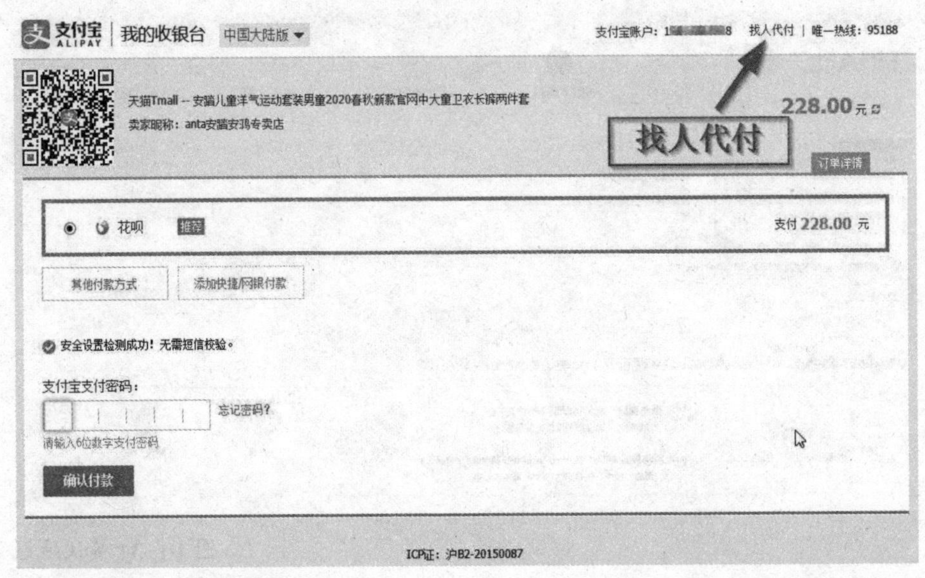

图 10-36 支付页面

3. 收货

用户可以从“物流”中查看到自己所购商品的运输情况，时时追踪地点。当快递送达后，物流信息更新为“收货状态”。具体物流信息寻找路径为：首页—我的淘宝—已买到的宝贝—物流详情。

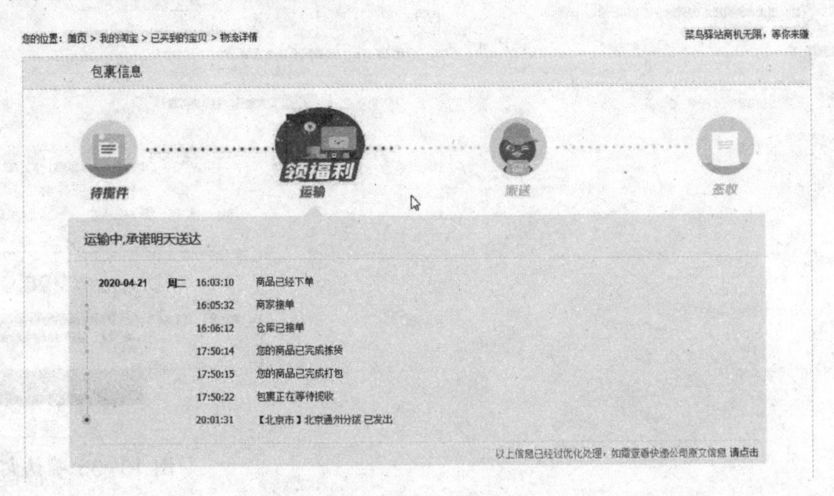

图 10-37 物流信息

收到商品后，如果满意且商品没有问题，可以单击“确认收货”。当买家确认收货后，网站就会把钱打到商家账户，反之，钱款依旧停留在网站。不过，现在大部分购物网站已经开启“自动收货”服务。比如，“淘宝网”默认快递方式自“卖家已发货”状态 20 日后、平邮方式 30 天后，系统自动确认收货。

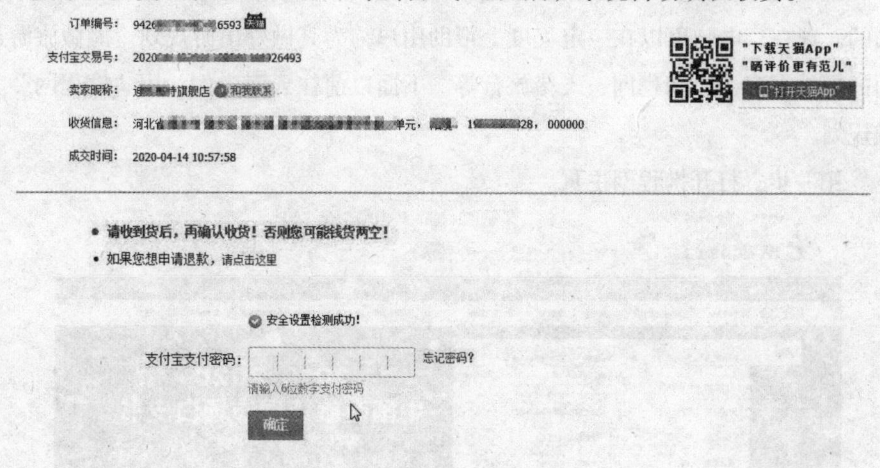

图 10-38 确认收货

“确认收货”后，买家可以发起对商家、商品、物流等的评价，用户根据购物体验做出评价。

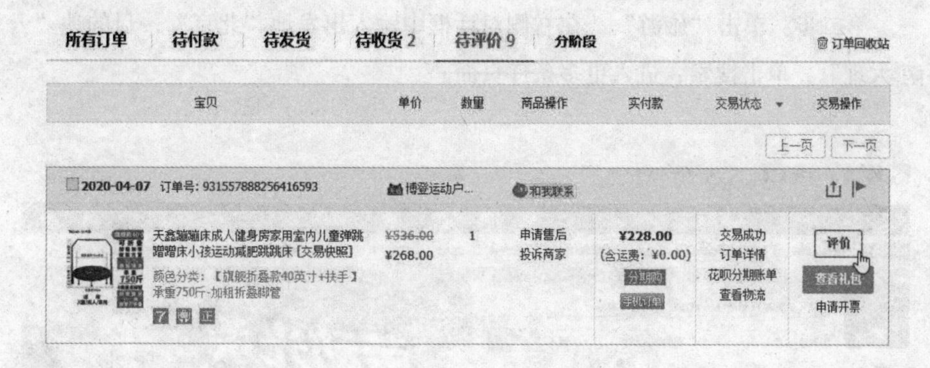

图 10-39 评价

10.3.2 网上出游服务

出游是很多人喜欢的休闲项目，但规划地点、买票、找酒店等一系列麻烦事令很多人望而却步。现在，一切问题都可利用网络来解决。我们可以通过旅游网规划团游，也可规划自驾游，还可提前在网上购买景区票、火车票、飞机票，更可以从网上订酒店……总之，出游只需动动鼠标、键盘，便可无忧。

1. 旅游规划

出游是一件很美好的事情，但选择目的地及旅游景点、做旅游规划又是很烦琐的。现在，电脑可以在一定程度上帮助用户，为其做好出游规划。能做旅游规划的网站很多，如携程网、飞猪旅行等。下面以前往云南为例，用“携程网”完成规划。

第一步：打开携程网主页。

图 10-40 携程首页

第二步：单击“旅游”，在右侧对话框中输入出发地“北京”，目的地“云南 大理”，单击搜索，进入更多条件页面。

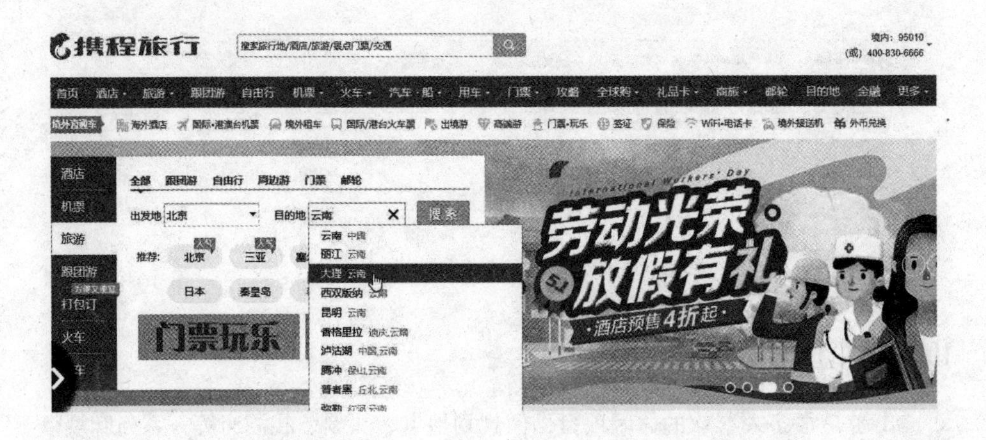

图 10-41 输入目的地

第三步：按条件单击选择，下面的列表会推荐最小范围的合适路线。用户还可以通过标签卡切换合适的出游方式。

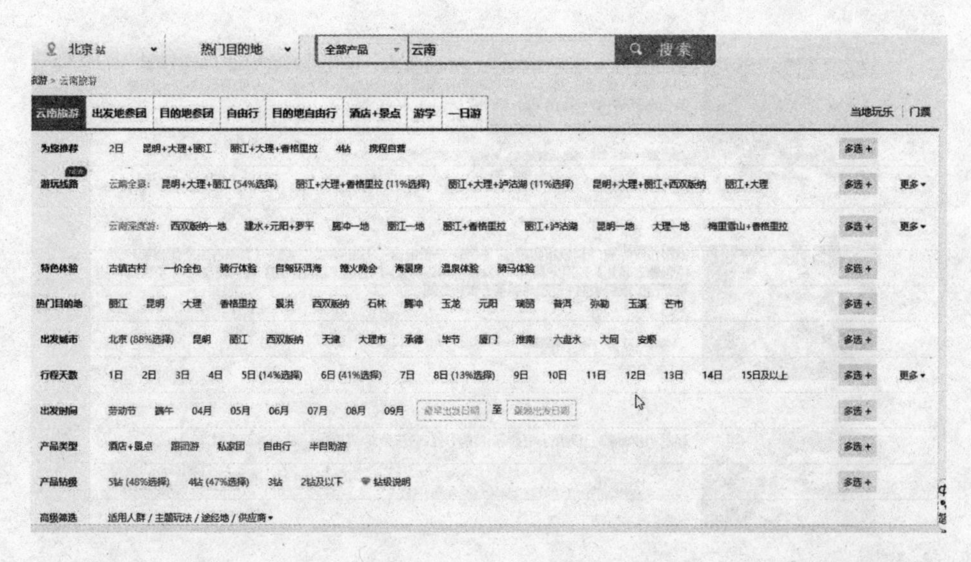

图 10-42 条件筛选

第四步：例如，用户设置了“劳动节”出游，时长为“5 天”等条件后，便可从下方推荐列表中单击选择出游路线及方式。

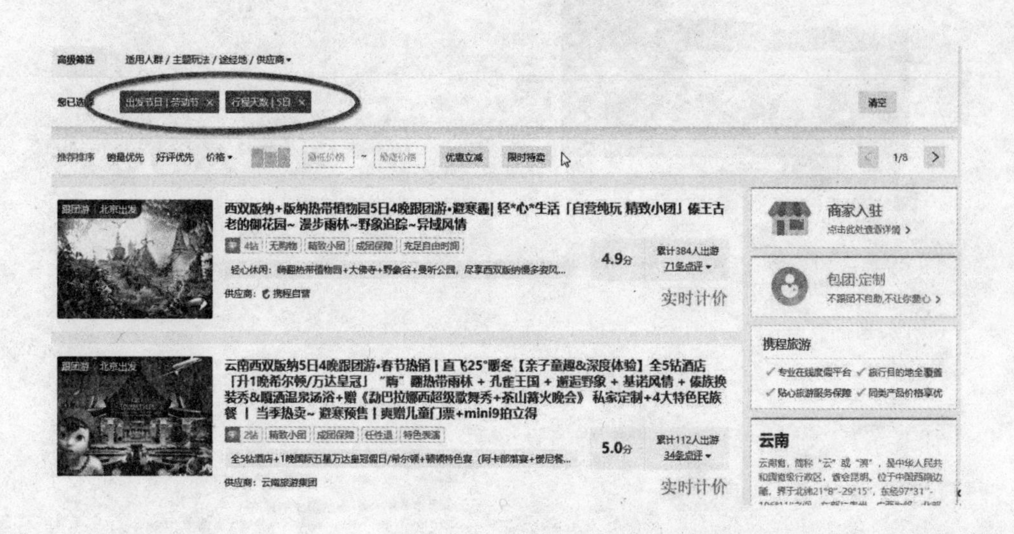

图 10-43 高级筛选

图 10-44 出行方式及路线选择

第五步：用户单击选择方式，可以自由行的方式出行，打开页面查看玩法详情、路线及价格。如果选择“跟团游”或者“私家团”等方式，就可以在详情页报名跟团。

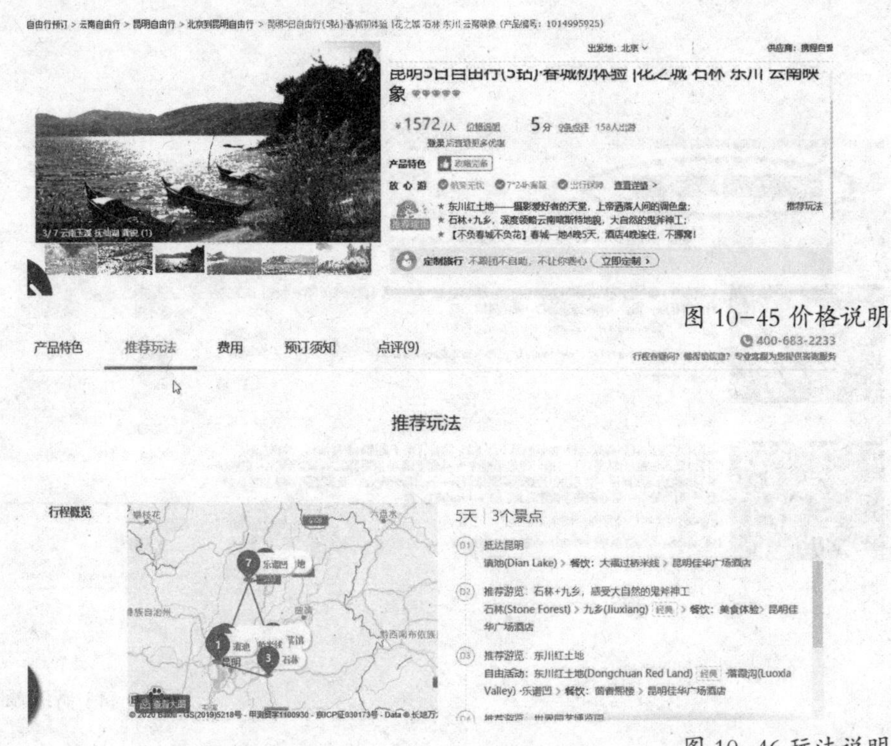

图 10-45 价格说明

图 10-46 玩法说明

2. 网上订票

网络技术十分发达。现在，很多站点及景点已经开通网上购票业务，用户可以通过电脑在网上订火车票、飞机票及景点门票。

火车票的订票端口很多，如淘宝、微信、携程、去哪儿等都可以帮用户订票。当然，用户也可以通过中国铁路官网 12306 来订票。

图 10-47 12306 官网

（1）飞机 / 火车票

无论是火车票、飞机票，购票操作步骤大致相似。下面以在“携程网”订一张飞往云南的飞机票为例，介绍具体操作过程。

第一步：打开“携程”首页，鼠标指向标题选项卡“机票”，弹出二级菜单，选择“国内机票”。

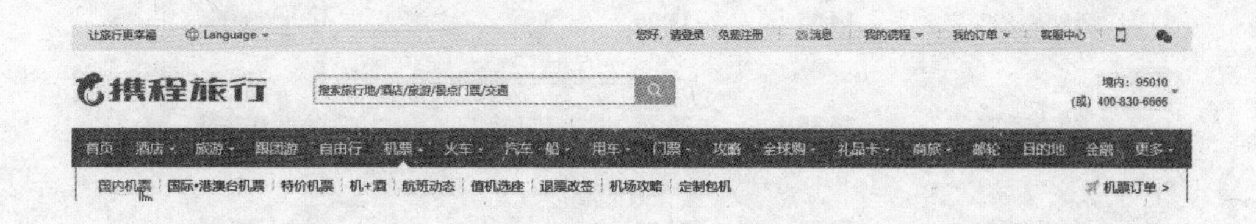

图 10-48 标题栏

第二步：填写好出发地、目的地、出发日期等信息后单击“搜索”。

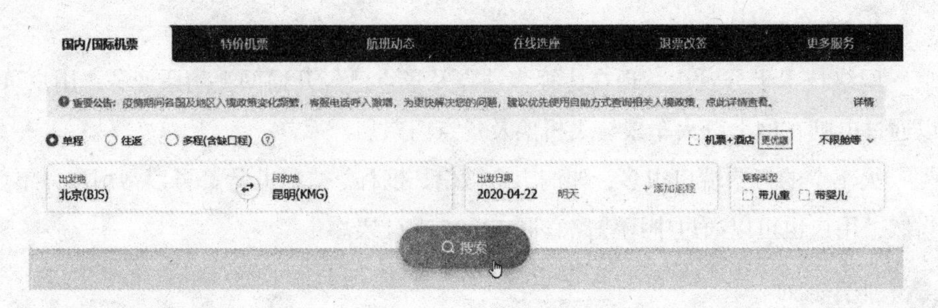

图 10-49

注："搜索"也可在首页直接完成。单击首页对话框左侧标签"机票"，在右侧进行条件输入后单击"搜索机票"。

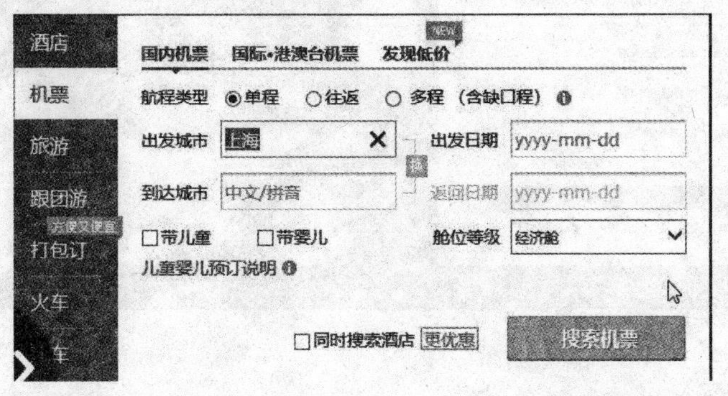

图 10-50 首页搜索

第三步：在航班列表中直接选择合适班次后单击"订票"。

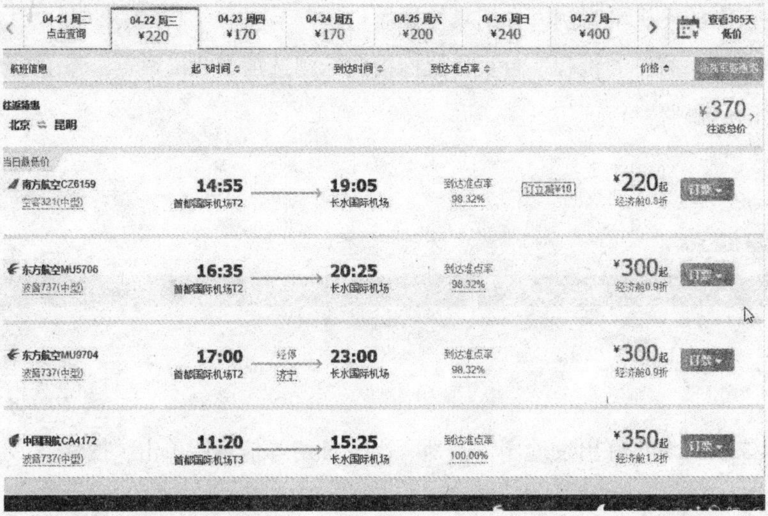

04-21 周二	04-22 周三	04-23 周四	04-24 周五	04-25 周六	04-26 周日	04-27 周一	查看365天
点击查询	¥220	¥170	¥170	¥200	¥240	¥400	低价

往返特惠 北京 ⇌ 昆明 ¥370 往返总价

当日最低价

航班信息	起飞时间		到达时间	到达准点率		价格	
南方航空CZ6159 空客321(中型)	14:55 首都国际机场T2		19:05 长水国际机场	到达准点率 98.32%	订立减¥10	¥220起 经济舱0.8折	订票
东方航空MU5706 波音737(中型)	16:35 首都国际机场T2		20:25 长水国际机场	到达准点率 98.32%		¥300起 经济舱0.9折	订票
东方航空MU9704 波音737(中型)	17:00 首都国际机场T2	经停 济宁	23:00 长水国际机场	到达准点率 98.32%		¥300起 经济舱0.9折	订票
中国国航CA4172 波音737(中型)	11:20 首都国际机场T3		15:25 长水国际机场	到达准点率 100.00%		¥350起 经济舱1.2折	订票

图 10-51 航班列表

第四步：初次购票须填写乘客信息，非初次购票须确认乘客信息是否正确，再次确认航班班次及价格，之后按步骤完成支付。支付方式与购物相似。

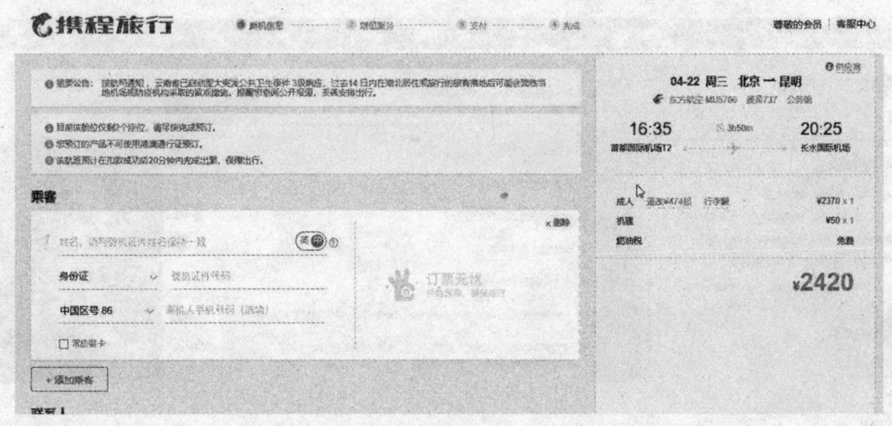

图 10–52 支付流程

＊小贴士：

用户无论是通过哪个平台购票，首先要注册平台账号，然后按要求完成购票。

（2）景点门票

可购买景点门票的平台也有很多，如微信公众号、美团、携程、飞猪等，有些景点的官网也提供购票服务。无论在哪里买门票，用户一定要先看清门票详情，如是否需要换票，是否可以当天使用，是否有成人/儿童限制等。下面以在“携程网”购买“迪士尼”门票为例，具体详解购票流程。

第一步：鼠标指向“携程网”主页标题选项卡“门票”，跳出二级菜单，单击选择“门票”。

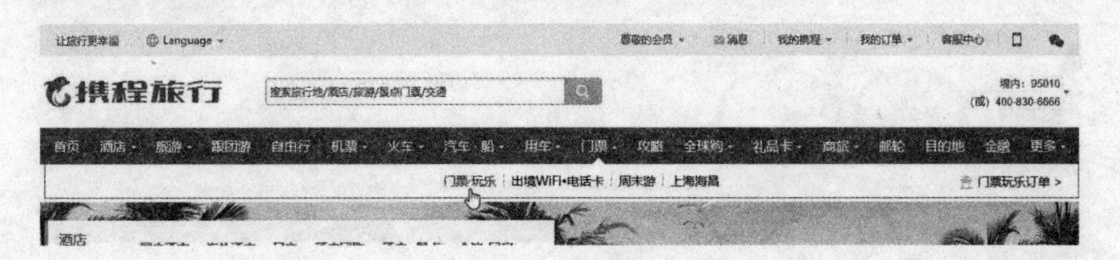

图 10–53 携程主页

第二步：搜索前确定好位置，然后在搜索栏中输入景点名称，单击“搜索”。

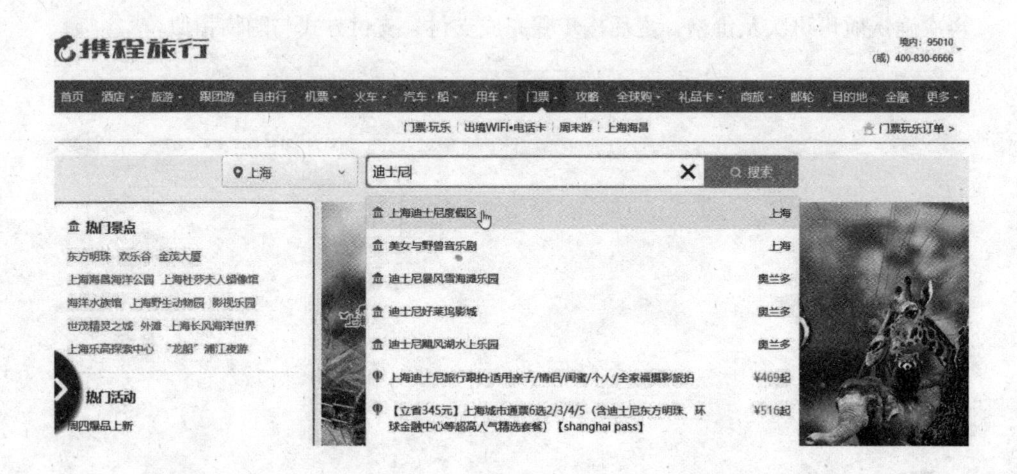

图 10-54 搜索页

第三步：在跳出的门票购买页中，选择合适门票。也可通过“玩乐”看游玩攻略、景点简介、景点详情。

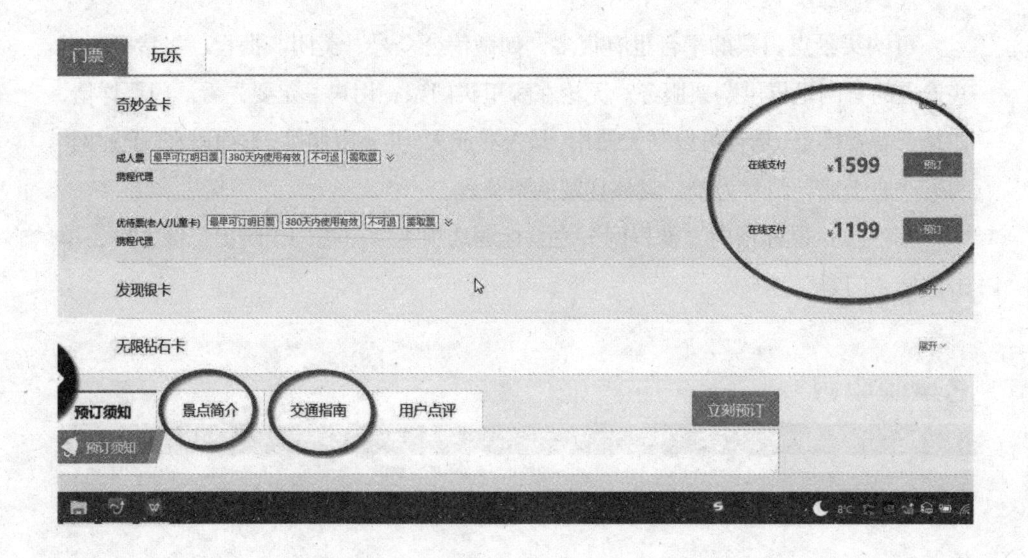

图 10-55 预订门票

第四步：填写基本信息，“*”为必填内容。完成信息填写后，单击“去支付”，进入付款页，完成支付即可。具体支付过程可参考网上购物。

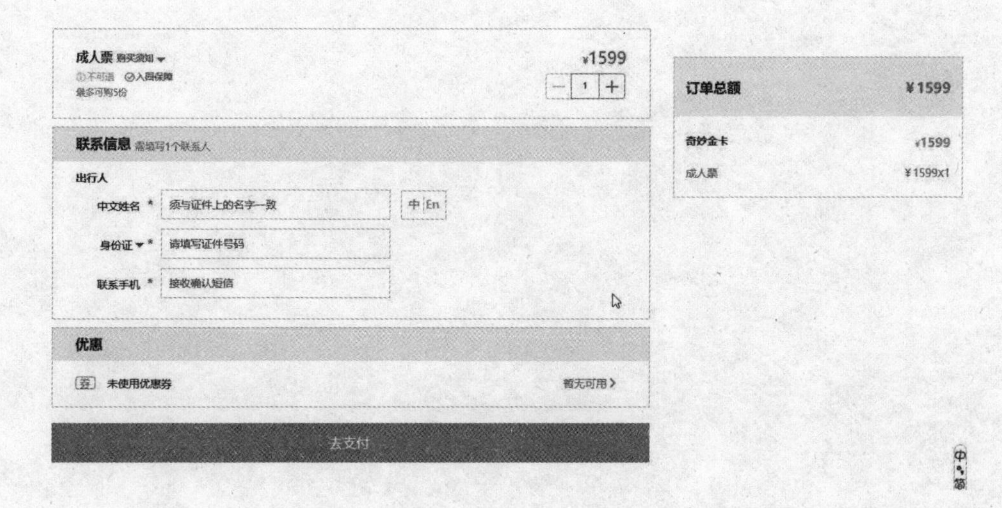

图 10-56 客户信息页

10.3.3 网络交易，谨防诈骗

网络交易服务越来越便捷，许多诈骗手段也越来越高明。用户使用支付时，一定要提高警惕，谨防上当。

1. 去正规网站购物，不随便打开不知名的链接购物。

2. 拍下商品付款后，收到物品后再确认收货，不要受商家返券、赠物等利益诱惑。

3. 正规网站不会打电话指挥用户操作付款、修改设置，用户一定要注意千万不要听人指挥，打开支付页面进行支付交易或设置。

4. 物品收货后，妥善处理快递单，避免个人信息泄露。

第十一章

Office 2019 基本操作

Microsoft Office是由Microsoft（微软）公司开发的办公软件套装，常用组件有Word、Excel、PowerPoint等，可以进行文字处理、表格制作、幻灯片制作、图形图像处理、简单数据库处理等工作。本章将简单介绍Office 2019办公套装的三种常用组件。

11.1 Word 2019 基本操作

Word 2019 是最常用的办公软件之一，它以文字处理为主，可以编辑各种办公文件，进行简单的图文综合排版。

11.1.1 制作工作总结

工作总结是阶段文字报告中的一种，企事业单位最常用的公文之一，属于纯文本类稿件。本节以此为例，介绍利用 Word 2019 进行纯文本类稿件的编辑及排版。

1. 文本输入

第一步：新建空白文档。打开 Word 程序，单击“新建”，选择“空白文档”，建立一份空白文档。Word 已经预制了多种模板，用户可以根据需要选择已有模板，不需要排版，直接输入文本即可打印出来。

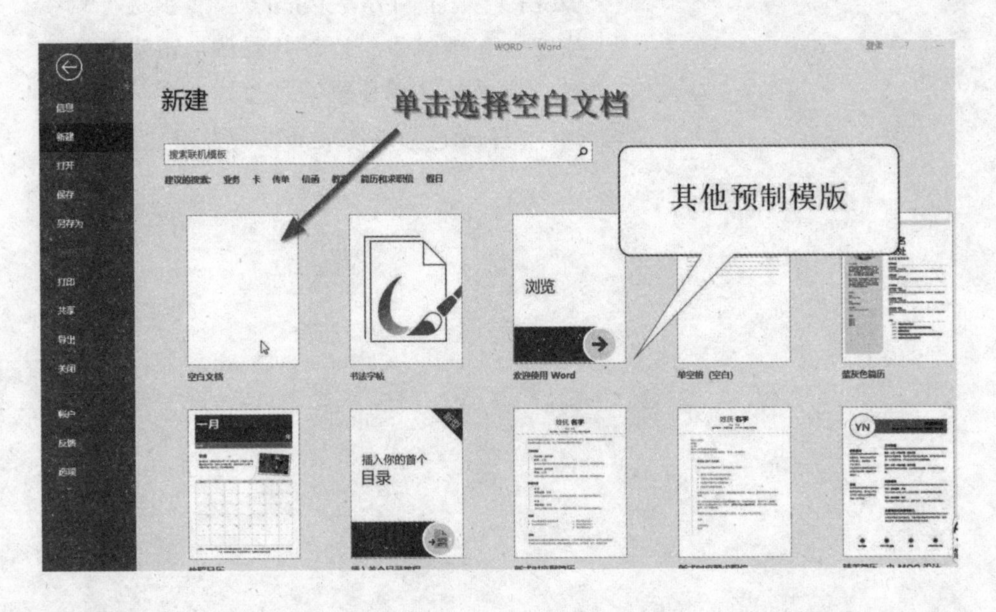

图 11-1 新建空白文档

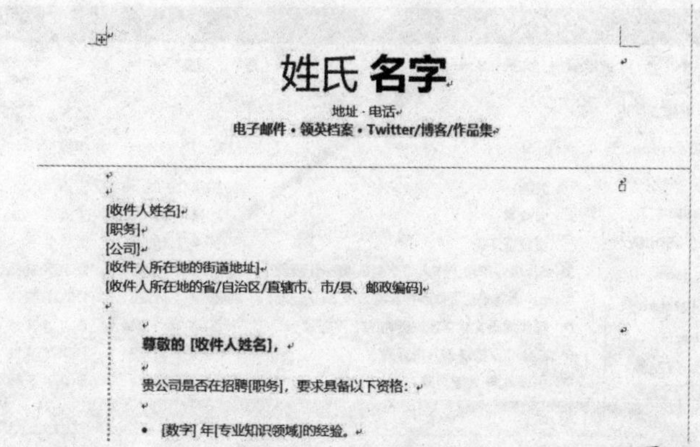

姓氏 **名字**

地址 · 电话

电子邮件 • 领英档案 • Twitter/博客/作品集

[收件人姓名]
[职务]
[公司]
[收件人所在地的街道地址]
[收件人所在地的省/自治区/直辖市、市/县、邮政编码]

尊敬的 [收件人姓名]，

贵公司是否在招聘[职务]，要求具备以下资格：

- [数字] 年[专业知识领域]的经验。

图 11-2 求职信模板

第二步：保存文档。输入文字，单击“文件”，选择“保存”，右侧弹出“另存为”工作窗口，选择保存位置，将文档名称修改为“2019 年工作总结”，单击“保存”。

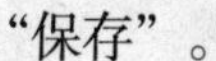

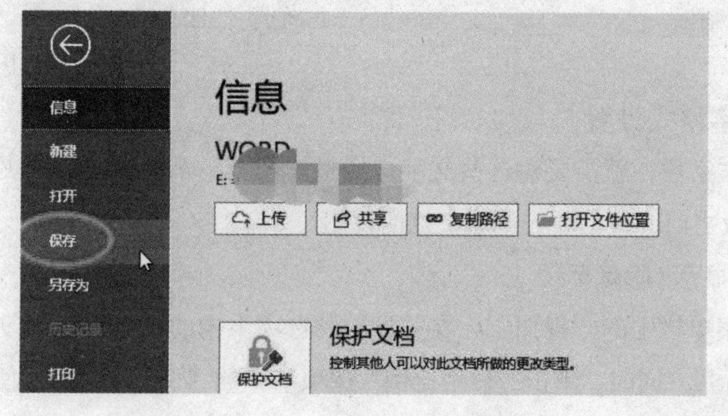

图 11-3 单击保存

图 11-4 选择保存位置

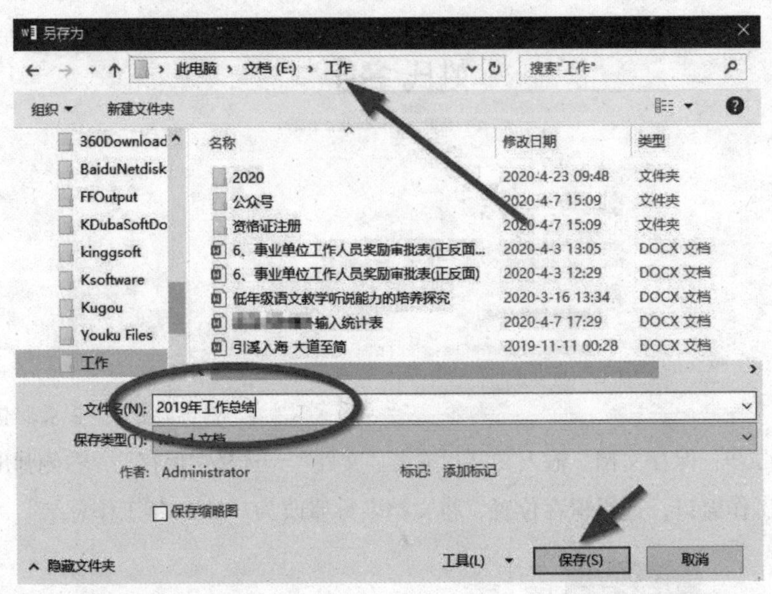

图 11-5 保存窗口

2. 文字格式设置

输入文字后，就需要对这些文字进行整体排版，不但要美观，更要符合文档要求。排版之前，我们要先调整文档的视图。

（1）显示 / 隐藏标尺

单击菜单栏中的“视图”，在“显示”选项卡中的“标尺”前复选，此时文档显现出标尺。同时，单击“显示比例”选项卡中的“页宽”按钮，使文本以“页宽”比例显示。

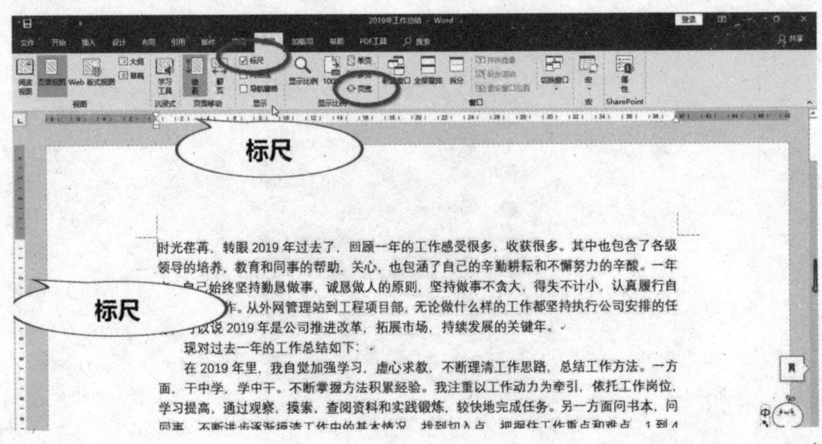

图 11-6 显示 / 隐藏标尺

（2）文字格式排版

第一步：选择文本，即将文本部分或全部选择，方法有以下几种。

方法一：将鼠标指针放于文本左侧，指针变为向右的箭头，此时单击鼠标，则选中箭头所对应行。首行选中，按住鼠标左键向下拖动直到文末，松开鼠标，则选中全文。此方法也可用于部分行的选中。

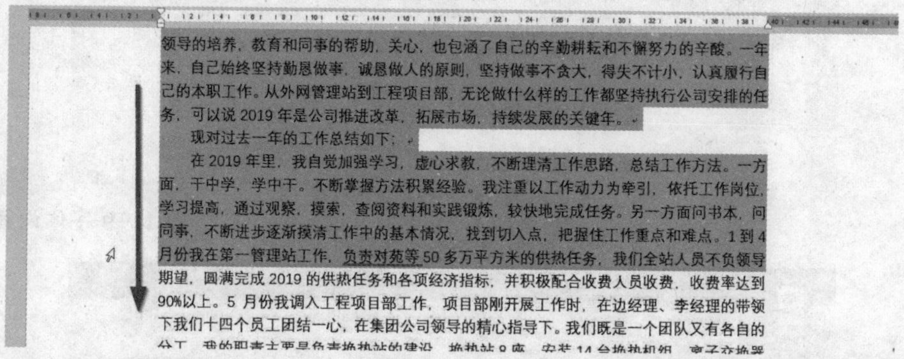

图 11-7 拖动鼠标选文本

方法二：单击菜单栏中的“开始”选项卡，在“编辑”选项中单击“选择”，跳出下拉快捷菜单，此时可以看到几种选择方式，单击“全选”，则选中全文。

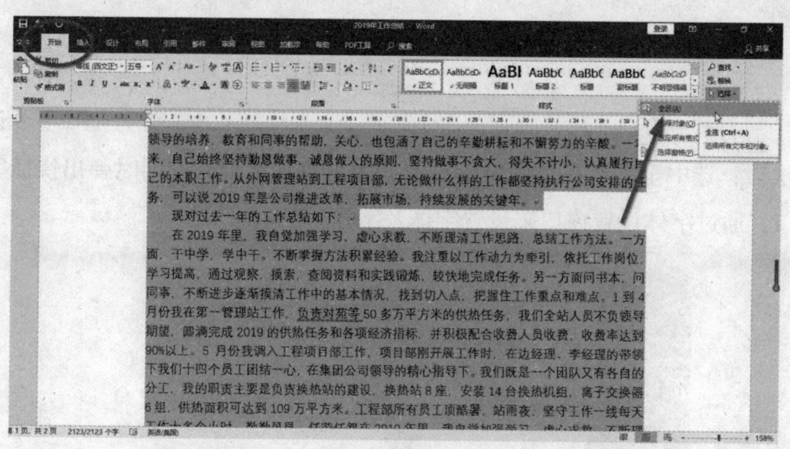

图 11-8 菜单选择全文

第二步：调整字体/字号。选中全文后，对全文字体进行调整，然后再对题目、署名、日期等进行调整。我们先对全文字体进行调整，方法如下。

方法一：单击菜单栏中的“开始”，在“字体”选项卡中单击“字体”，从下拉菜单中找到合适字体，此处选用“楷体”；单击“字号”，此处正文采用“四号”字。

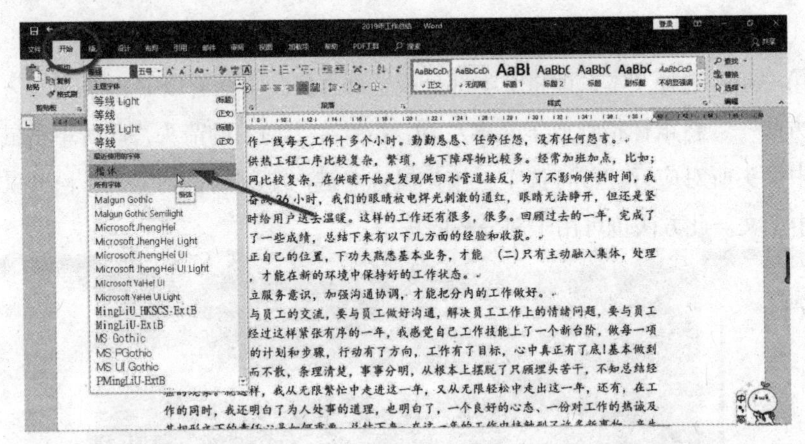

图 11-9 字体设置

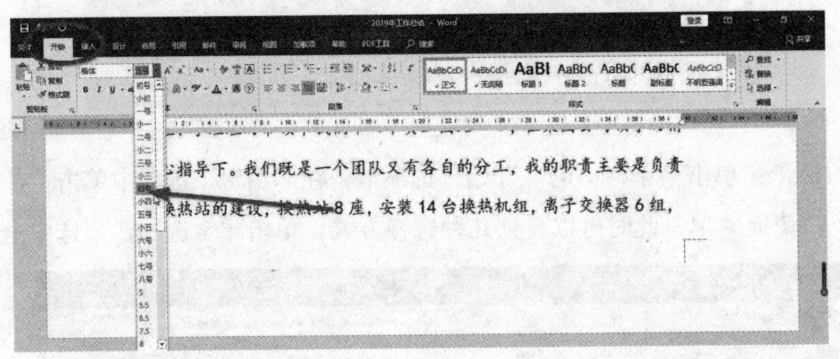

图 11-10 字号设置

方法二：选中全文，在选中位置右击，弹出快捷菜单旁的同时弹出快捷字体设置窗口，通过字体设置窗口来设置字体及字号。

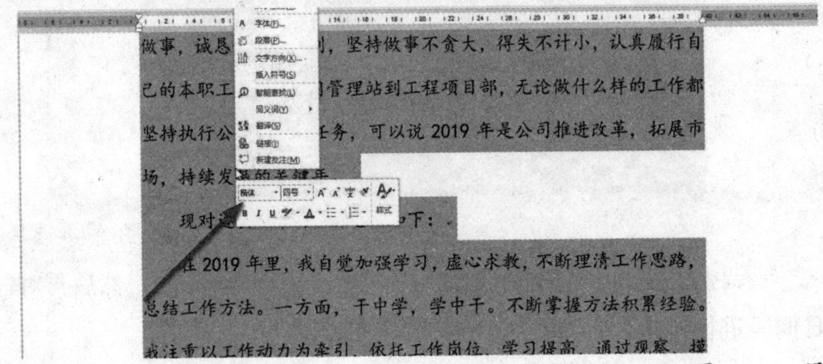

图 11-11 设置字体

方法三：选中文本后右击，在弹出的快捷菜单中单击“字体”，弹出字体设置窗口，在窗口中设置字体及字号。

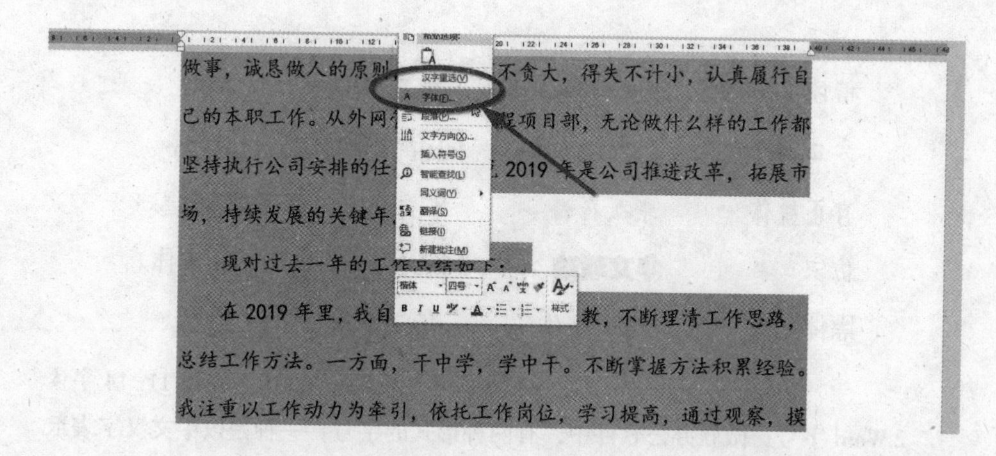

图 11-12 单击“字体”

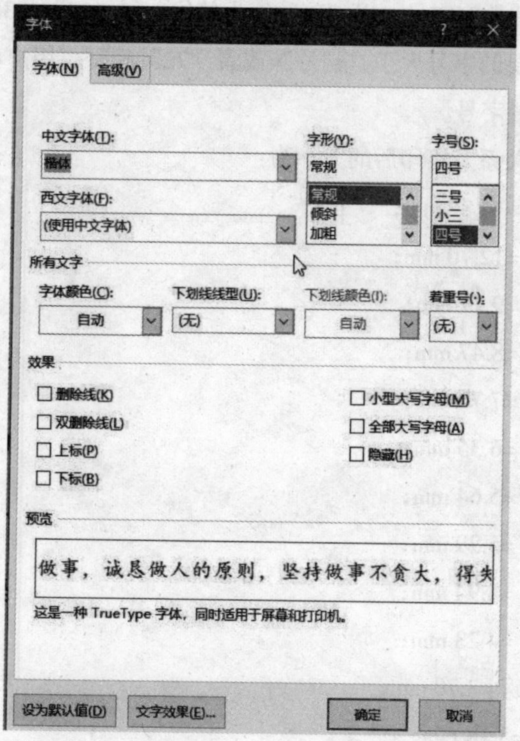

图 11-13 字体设置窗口

附：

1. 微软预装字体：Word 中不仅预装了各种英文字体，还预装了各式各样的中文字体。当然，用户也可以从网络下载自装字体。

楷体	华文彩云	华文隶书	隶书
方正舒体	华文仿宋	华文宋体	宋体
方正姚体	华文行楷	华文细黑	微软雅黑
仿宋	华文琥珀	华文新魏	新宋体
黑体	华文楷体	华文中宋	幼圆

图 11-14 字体

2.Word 字号：微软办公软件中，有两种形式的字号：一种是以中文汉字表示的中文字号，如“初号”“一号”“六号”等，字号越大，文字越小；另一种是阿拉伯数字表示的数字字号，以“磅”值为单位，如“24”“36”等，字号越大，文字越大。当需要的字号大于“初号”或者“72”磅时，用户可以在字号框中自行输入数字，设置字号。

它们的对应关系及打印后的大小为：

初号 =42 磅 =14.82 mm；

小初 =36 磅 =12.70 mm；

一号 =26 磅 =9.17 mm；

小一 =24 磅 =8.47 mm；

二号 =22 磅 =7.76 mm；

小二 =18 磅 =6.35 mm；

三号 =16 磅 =5.64 mm；

小三 =15 磅 =5.29 mm；

四号 =14 磅 =4.94 mm；

小四 =12 磅 =4.23 mm；

五号 =10.5 磅 =3.70 mm；

小五 =9 磅 =3.18 mm；

六号 =7.5 磅 =2.56 mm；

小六 =6.5 磅 =2.29 mm；

七号 =5.5 磅 =1.94 mm；

八号 =5 磅 =1.76 mm。

第三步：设置标题。以同样的方法调整文章标题，设置字体为“黑体”，字号为“小二号”，单击“B”，使字体加粗。

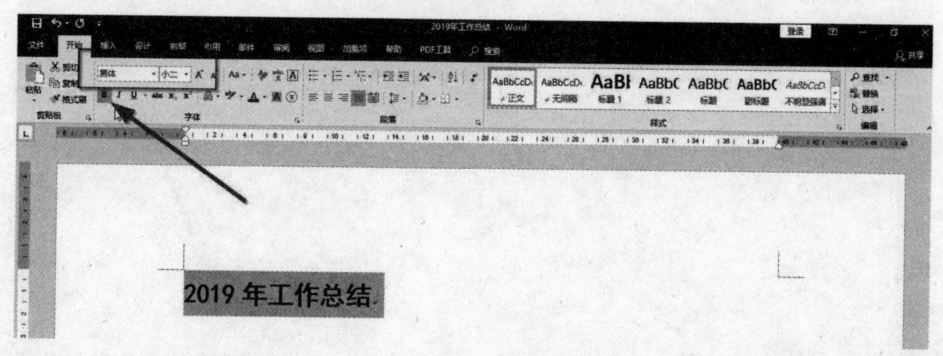

图 11-15 加粗

第四步：改变字间距。标题有些简短，需要将字与字的间距调整下，使标题更加美观。选中标题，选择区域右击，从弹出的快捷菜单中选择“字体”，调出“字体设置”窗口，单击“高级”设置选卡，设置字间距为“加宽”，磅值为“1”。

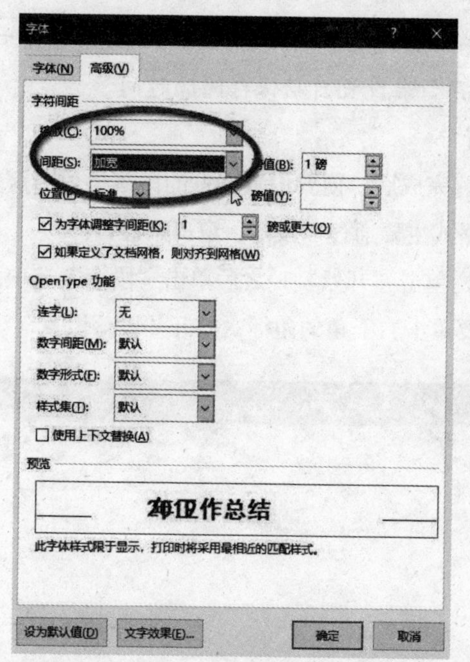

图 11-16 字间距设置

除以上设置外，用户在“字体”设置窗口中还可以对字体做其他样式的调整，如倾斜，改变颜色，画上下划线、删除线、底纹等，可以根据需要进行设置。

第五步：插入日期 / 时间。在工作总结的文末，用户可以手动写入日期，也可自动插入当前日期。将光标放在需要输入日期和时间的位置上，单击菜单栏的“插入”，在文本选项卡中单击“日期和时间”，便可在光标处插入日期和时间。

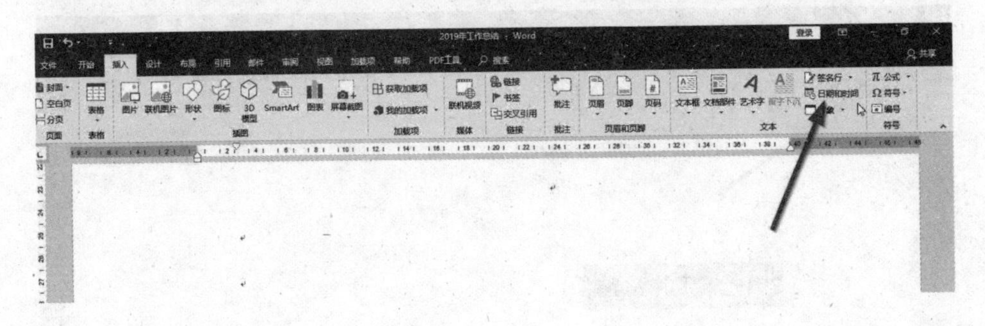

图 11-17 日期和时间

＊ 小贴士：

文档编辑过程中，用户要注意随时单击“保存”来保存现文档；或者用组合键 Ctrl+S 来保存。还有一种更便捷的方式，就是设置文档的“自动保存”，也就是在文档编辑过程中，每隔一段时间便自动保存一次。用户可以通过“文件—选项—保存”来设置自动保存间隔时间。

3. 段落格式设置

文档文字格式设置完成后，便要设置文章的段落格式，这是排版时十分重要的一步。文档的段落格式主要通过“段落”窗口来设置。

方法一：在菜单栏单击“开始”，之后单击“段落”选项卡中的按钮进行段落设置。其他设置需要单击右下角的角标，打开“段落设置”窗口来设置。

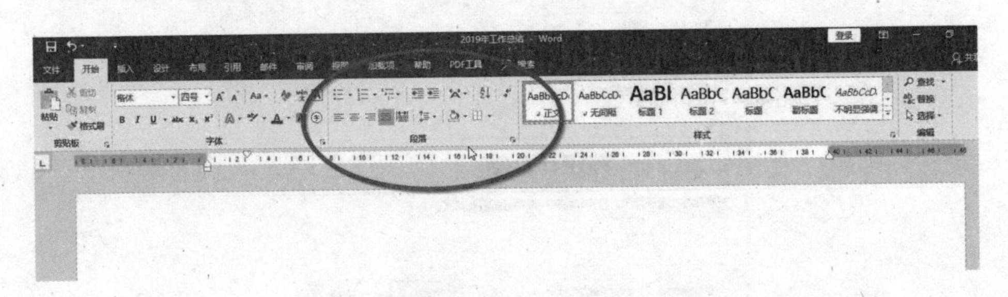

图 11-18 菜单栏段落设置

方法二：选择需要设置的段落，在选择区域右击打开快捷菜单，单击“段落”

打开段落设置窗口。

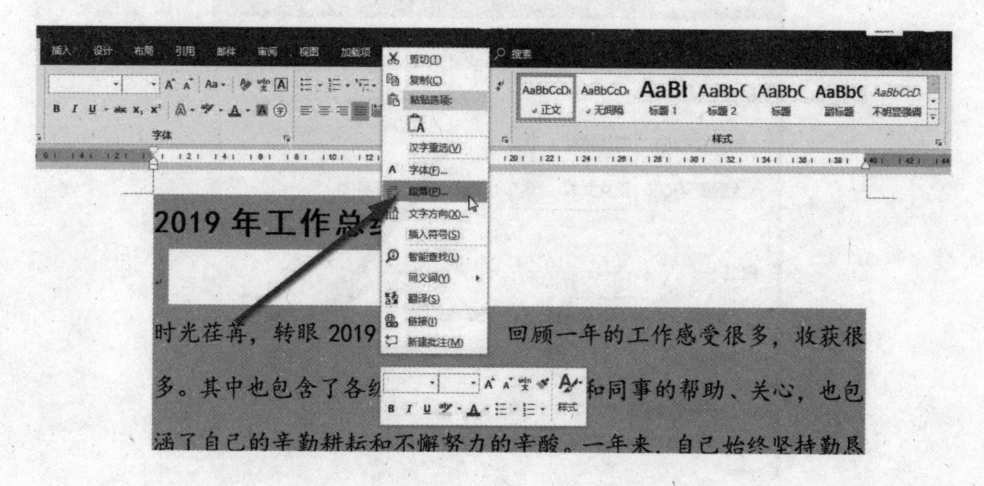

图 11-19 右击选择区域

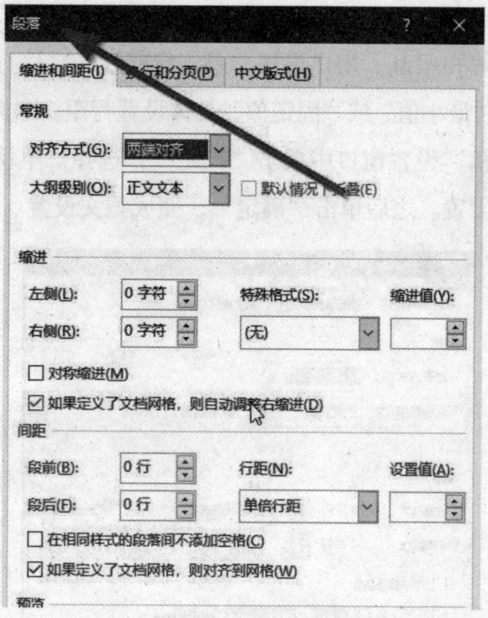

图 11-20 段落设置窗口

下面将以“2019 年工作总结”为例进行简单的格式设置。

第一步：首行缩进。首行缩进指的是段前空格，一般中文格式是段前空两格。设置方法为：选中全文，在“段落设置”窗口的“特殊格式”中单击“首行缩进”，缩进量设置为“2 字符”。

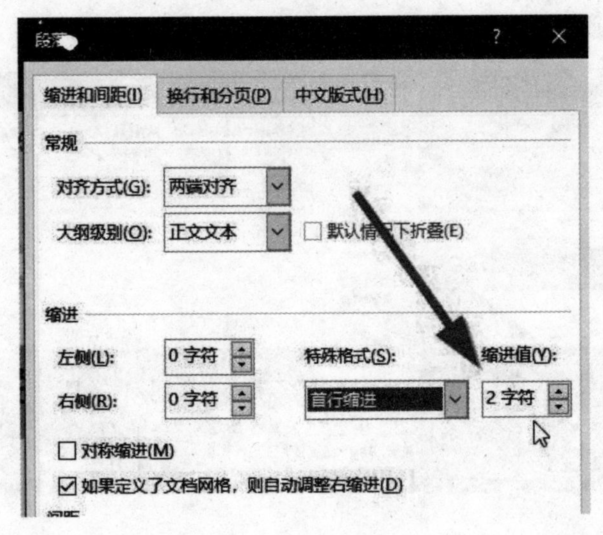

图 11-21 首行缩进

第二步：设置行距。行距指的是行与行之间的距离。一般情况下，行距不可太小，否则文章会显得很乱。用户可用“单倍行距”“二倍行距”加大行与行之间的距离，也可用“最小值”或“固定值”具体设置行距。本例设置的行距为“单倍行距”，在“段落”设置窗口中单击“行距”，选择“单倍行距”，设置值可以为“空”，不用设置。之后单击“确定”，完成整文设置。

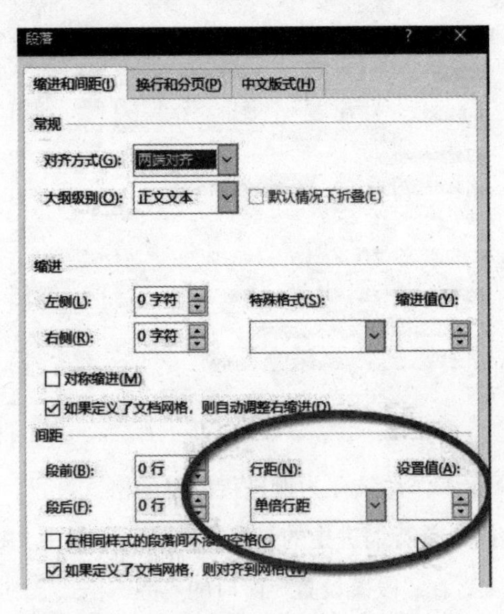

图 11-22 行距

第三步：段前 / 段后间距。此间距指的是段落与段落之间的距离，特别是一些长篇文章，可以将段落与段落之间拉开距离。比如，本例两个段落，需要设置“段前空 1 行”。选择需要段前空行的段落，打开“段落”设置窗口，将“间距”的“段前”设置值为“1 行”，单击“确定”完成设置。

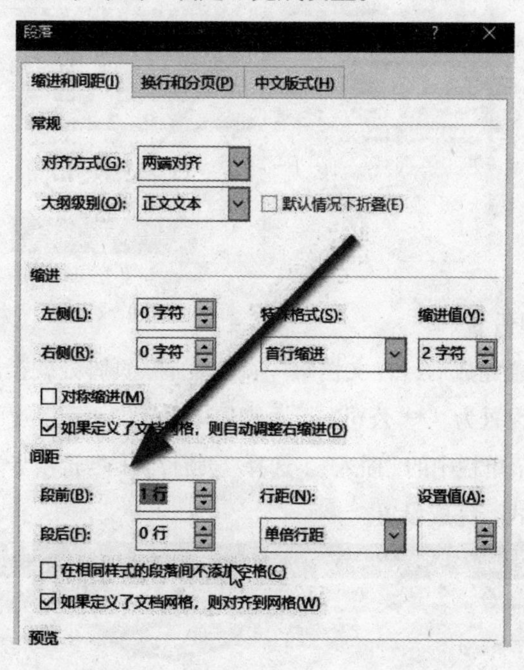

图 11-23 间距

第四步：对齐。对齐指的是文章行与行的对齐方式，设置为“左对齐”“右对齐”“两端对齐”“居中”。本例正文设置为“左对齐”，题目设置为“居中”，日期设置为“右对齐”。设置方式是，选中需要设置的文本，通过“段落”菜单快捷按钮，或者“段落设置”窗口的对齐方式来设置。

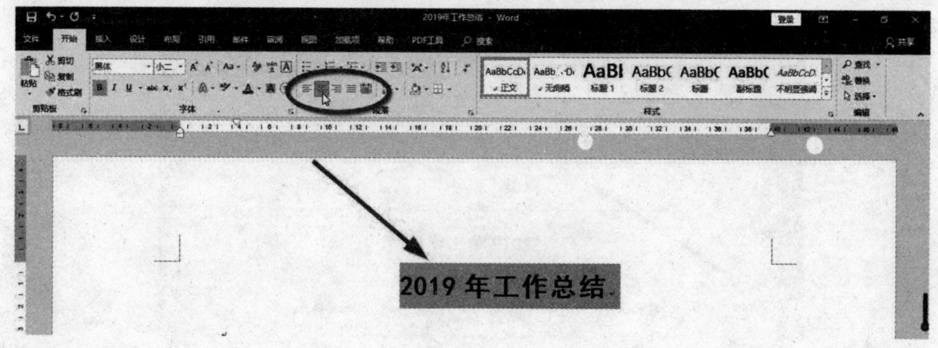

图 11-24 居中对齐

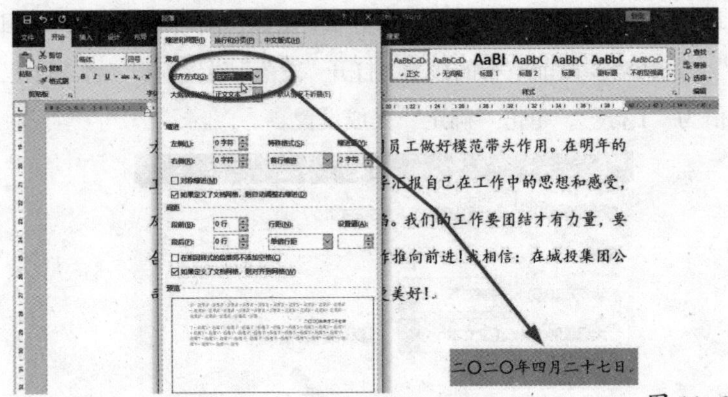

图 11–25 右对齐

4. 页眉 / 页脚设置

页眉 / 页脚设置完成后，在文档每一页的页眉 / 页脚处就会出现设置内容。下面将页眉右上角设置为“** 公司”，页脚居中设置“页码”。

方法一：单击菜单栏中的“插入”，选择“页眉 / 页脚”选项卡，单击下拉菜单，选择需要设置的格式，完成设置。

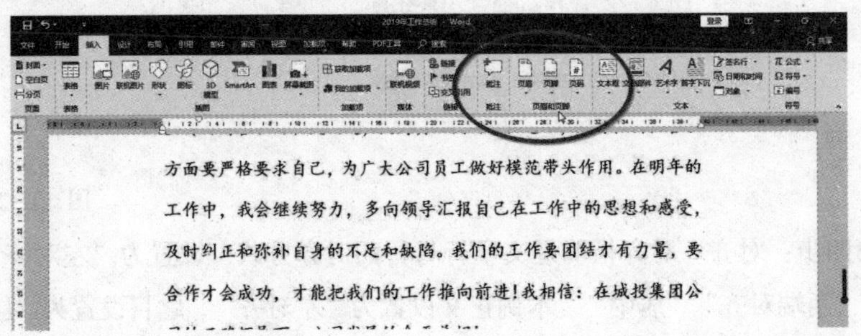

图 11–26 页眉 / 页脚

方法二：双击文档顶端 / 尾端（文档角标以外的区域），跳出页眉 / 页脚编辑光标，直接编辑。完成后，双击正文即可退出。

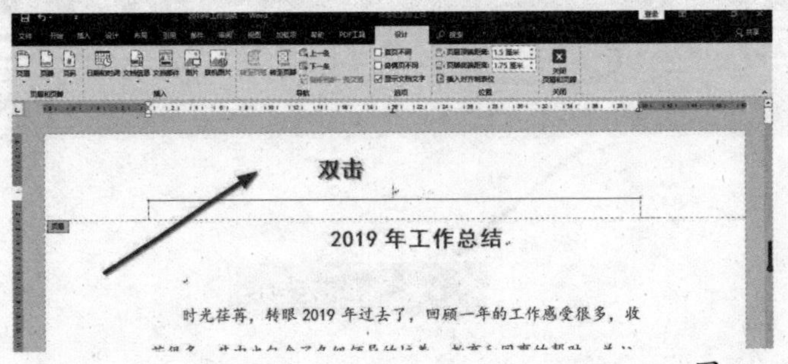

图 11–27 手动设置

*** 小贴士：**

设置好页眉 / 页脚后，会发现此区域的文字颜色似乎比正文颜色浅，那只是显示问题，打印的文本字体颜色是一致的。

5. 打印文档

文档格式设置完成后，就需要打印了。打印前，用户可以通过“页面设置”选择打印纸张、文档边距等。本例选择“A4 纸”竖版打印，文本的左右边距为“3 厘米”。

方法一：单击“文件”，打开文件菜单，之后单击“打印”，打开右侧打印设置区域。用户可以通过此处快捷设置，也可单击“页面设置”打开窗口设置。设置完成后，单击“打印”即可打印全部文档。

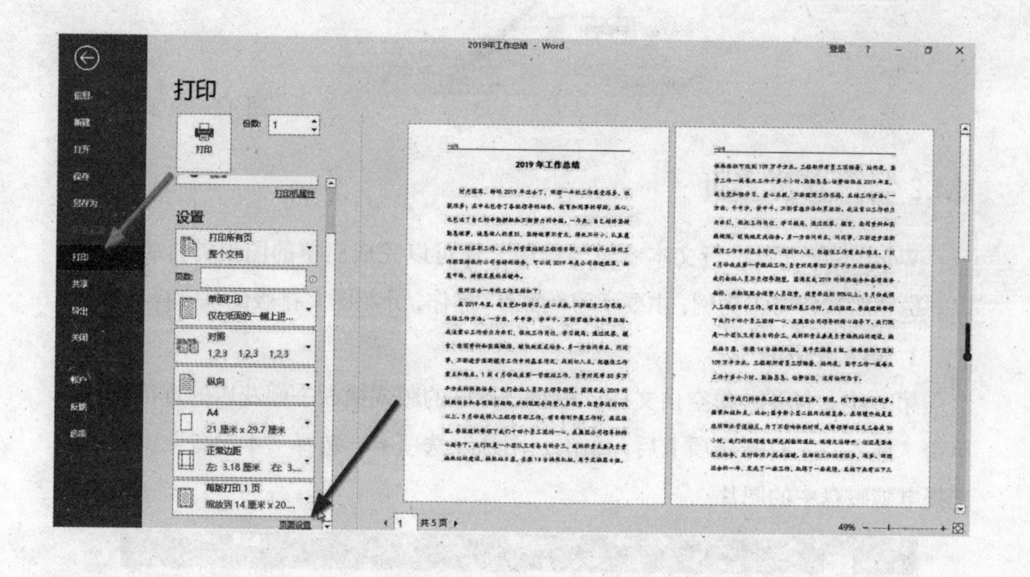

图 11–28 打印

方法二：双击标尺打开“页面设置”窗口，设置完成后单击“确定”，然后单击“文件”菜单中的“打印”，打开右侧窗口，在右侧窗口中单击“打印”按钮，完成打印。

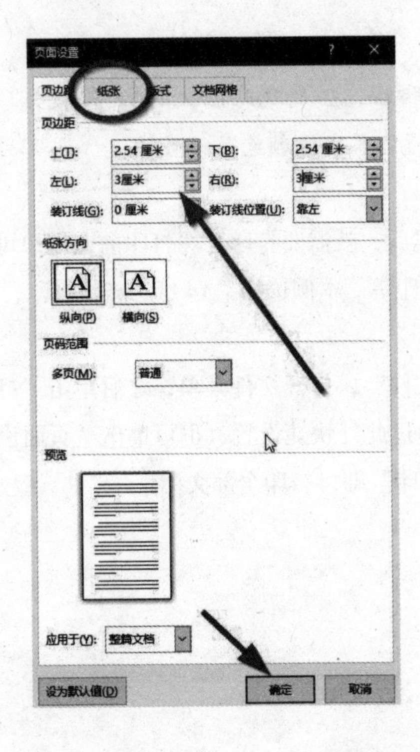

图 11-29 页面设置

11.1.2 制作宣传彩页

Word 不仅可以进行文本编辑与排版，还可以完成简单的图文类排版。本节以一份花店宣传海报为例，主要学习“插入”操作，介绍图文排版的基本操作方法。

1. 插入图片

第一步：打开一份空白文档，按照设计好的版式插入一幅花店的宣传图片。单击“插入”，打开选项卡后，单击“图片”选项卡，选择“本设备”，则可以选择电脑磁盘中的图片。

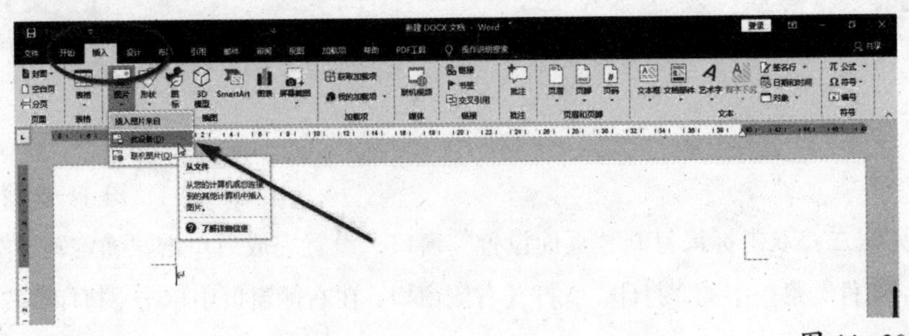

图 11-30 插入

第二步：打开“插入图片”窗口，找到需要的图片后单击选中图片，单击“插入”，此图片将被插入文档。

图 11-31 插入图片窗口

第三步：插入图片后，Word 菜单自动跳转到“图片格式”设置菜单中，如果未直接跳转，也可右击图片，通过“设置图片格式…”调出“图片格式”设置窗口来设置。为了方便操作，可将图片的“环绕文字”设置为“浮于文字上方”。

图 11-32 环绕文字

＊小贴士：

图文排版中，一定要注意此格式的设置。图片、形状、文本框、艺术字等，都可以设置此格式。一般情况下，“四周型”“紧密型”“嵌入型”“穿越型”“上下型”的图文排版，图片与文本之间不叠加，类型指的是文本与图片的结合方式，“浮于文字上方”“衬于文字下方”的文本与图片是叠加在一起的。

第四步：单击图片，在菜单栏的“格式”选项上单击，打开“格式设置”，找到“图片版式”，调整图片的版式。此处已经预装了很多图文排版版式，用户可以根据需要选择。

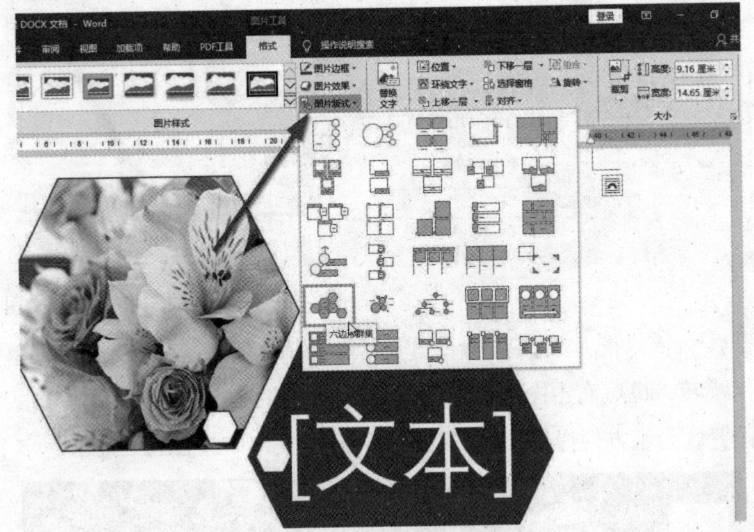

图 11-33 图片版式

第五步：完成一幅图片的设置后，以同样的方法，在本页再加入几张图片，美化页面。

图 11-34 最终效果

2. 插入艺术字

艺术字是指 Word 中预装的、经过格式设计的字体。

第一步：单击“插入”，选择“艺术字”，选择合适的版式后单击。

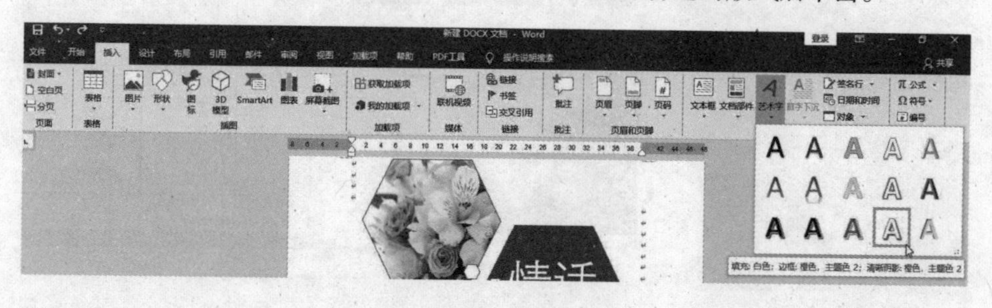

图 11-35 插入艺术字

第二步：在“艺术字”的文本框中输入文本。此文本的字体和字号可以通过“开始—字体”设置。

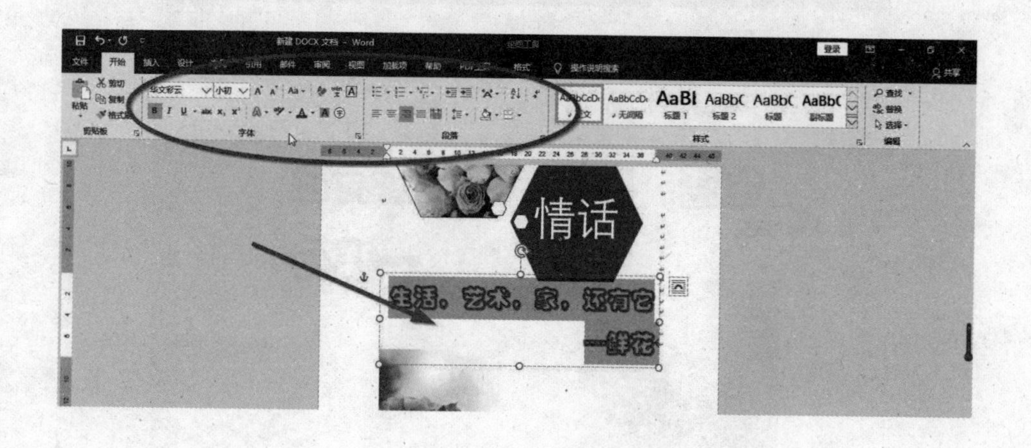

图 11-36 艺术字格式

3. 插入文本框

文本框中输入的是普通文本，它与直接在文档中输入文本的最大区别是可以随文本框移动。

第一步：单击“插入”，在“文本”选项卡中选择“文本框”。其下拉菜单有两部分，用户可以选择预装模板文本框，也可自己绘制文本框。本例选择“绘制横排文本框”。

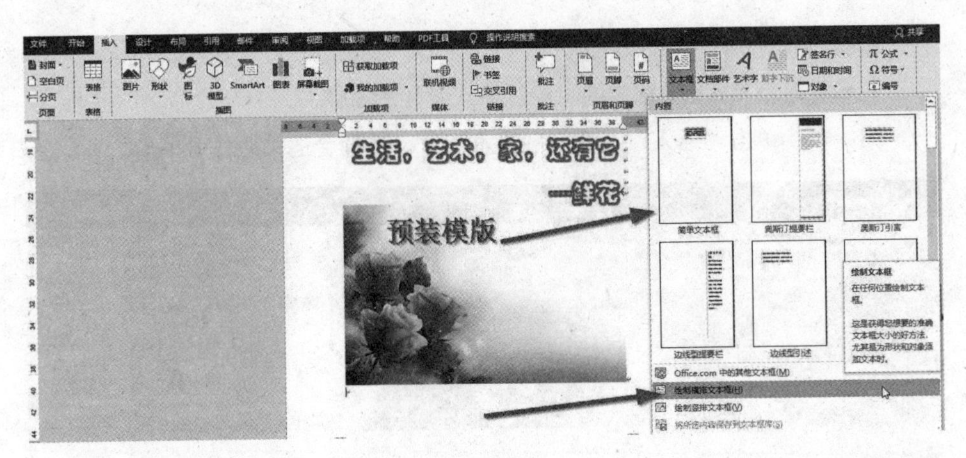

图 11-37 插入文本框

第二步：此时光标变为“+”形，在合适区域，按住鼠标左键，拖出合适大小的文本框。

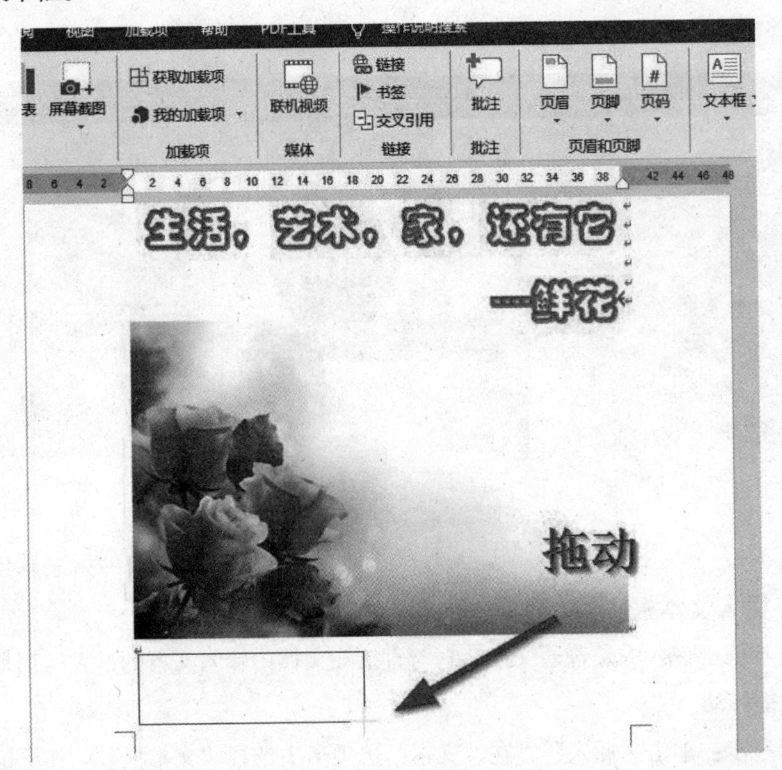

图 11-38 绘制横排文本框

第三步：调整文本字体，完成编辑。以同样的方式，插入所需的其他文本框。

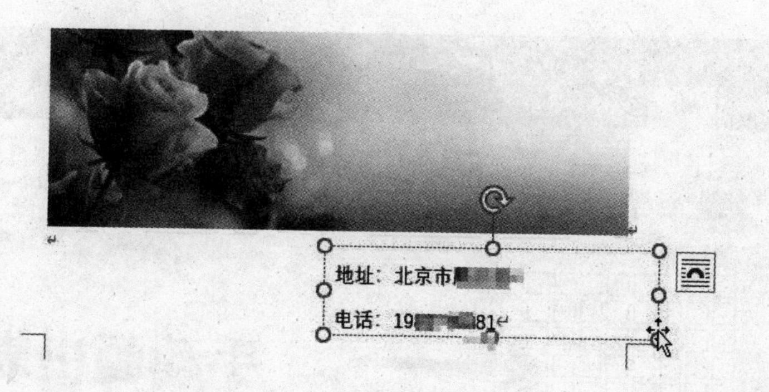

图 11-39 调整字体

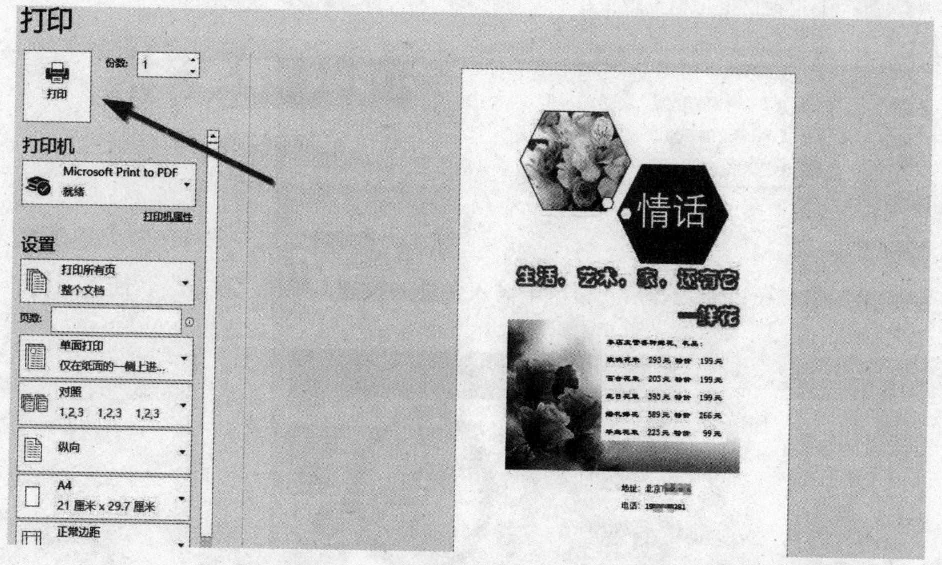

图 11-40 最终效果图及打印

11.1.3 制作课程表格

虽然有时候做报表利用 Excel 更加方便，但对于一些不需要计算分析类的表格或者在文本中插入简单的表格，都可以用 Word 来完成。下面以论文中插入“课程表格”为例介绍在 Word 中插入和设置表格的方法。

1. 插入表格

第一步：确定表格的行与列，插入初始表格。单击“插入”中的“表格”，用户可以用鼠标选择“格子”中的合适行列，单击确定手动画出表格，也可单击“插入表格”，打开窗口进行设置。

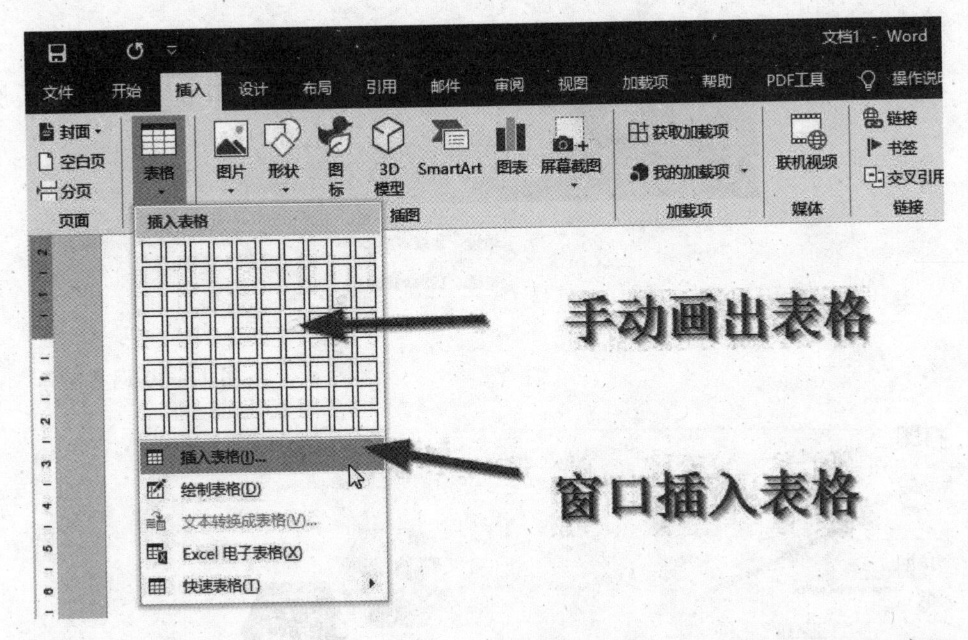

图 11-41 插入表格

第二步：在“插入表格”窗口中输入合适的行列，单击“确定”，插入表格。

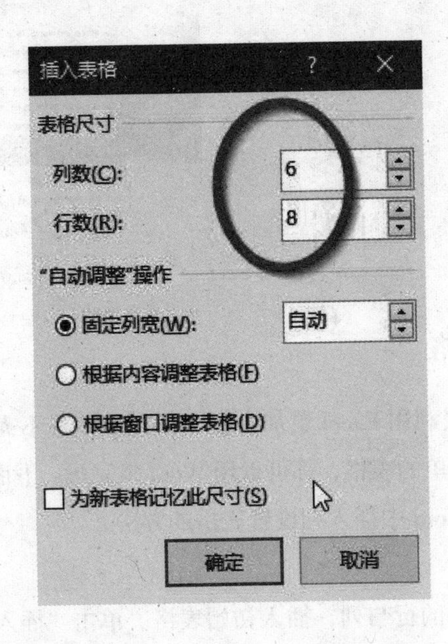

图 11-42 设置行列

第三步：在表格中输入所需文本，通过选中表格右击，设置表格格式。

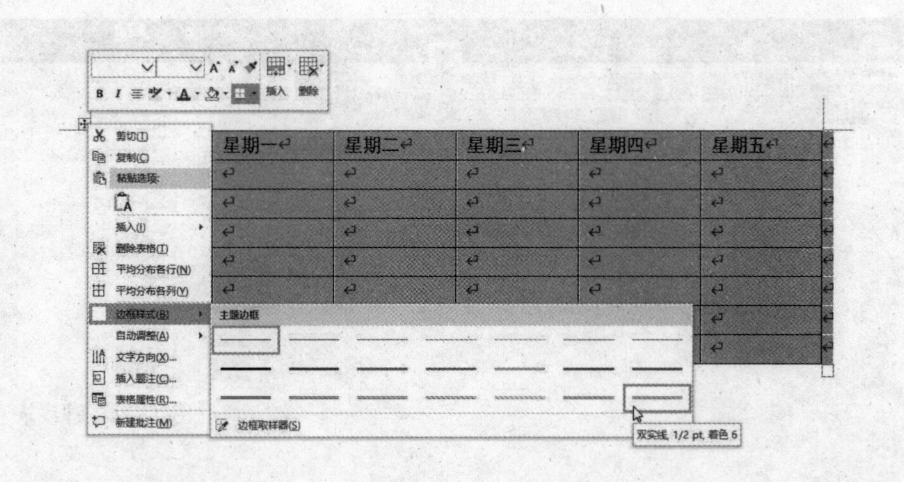

图 11-43 边框

第四步：合并中间一行单元格，选中需要合并的单元格，在选中区域右击，选择“合并单元格”。

↵	星期一↵	星期二↵	星期三↵	星期四↵	星期五↵
一↵	↵	↵	↵	↵	↵
二↵	↵	↵	↵	↵	↵
三↵	↵	↵	↵	↵	↵
↵	↵	↵	↵	↵	↵
一↵	↵	↵	↵	↵	↵
二↵	↵	↵	↵	↵	↵
三↵	↵	↵	↵	↵	↵

等线 (西文 五号 插入
剪切(T)
复制(C)
粘贴选项:
汉字重选(V)
插入(I)
合并单元格(M)
文字方向(X)...
表格属性(R)...
新建批注(M)

图 11-44 合并单元格

第五步：设置“表头”，单击左上角的单元格，在菜单栏“表格工具”的“设计”选项卡中单击“边框”，选择“斜下框线”后单击，此时左上角的单元格被分为两部分。输入恰当文本后，表格绘制完成。

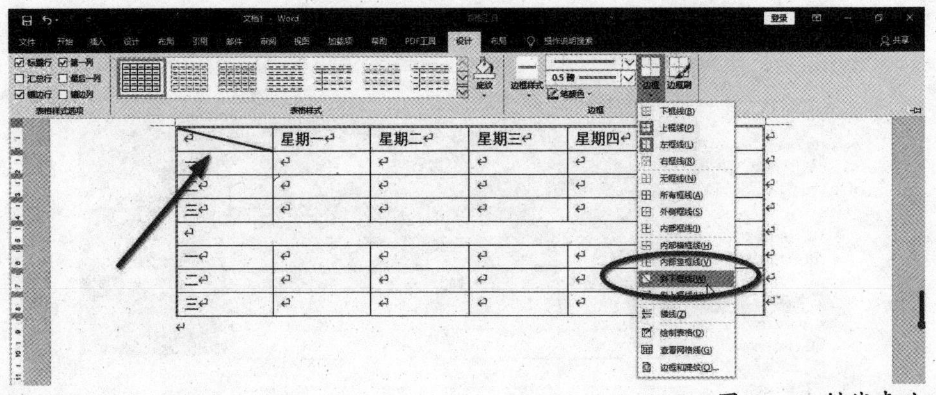

图 11-45 斜线表头

星期 节次	星期一	星期二	星期三	星期四	星期五
一					
二					
三					
一					
二					
三					

图 11-46 最终效果

11.2 Excel 2019 基本操作

Excel 2019 是专业处理各种数据的办公软件，它主要用于电子表格的制作，高效率地完成各种表格的设计、各种数据的计算与分析。进入基本操作之前，需要了解 Excel 中的常用术语。

工作簿：指的是一个 Excel 文档，形象地说，一个文档就是一本小册子。

工作表：指的是工作簿中的一页，一个工作簿可以有多个工作表。

单元格：Excel 工作表中的每个小格子就是一个单元格，它的命名方法为单元格的坐标列 + 行，如第一个单元格的名字为 A1。

本节以常用的具体例子来介绍 Excel 2019 的基本操作。

11.2.1 常规表编辑

考勤表是公司常用类表格之一，用来记录日常工作日中的迟到、早退、旷工、请假等情况。用 Excel 表格做记录，清晰，易打印。需要注意的是，Excel 表格没有框线，如果用户需要打印出来，需要给表格加上框线。

第一步：建立一个 Excel 工作簿，命名为“** 公司员工考勤表”。

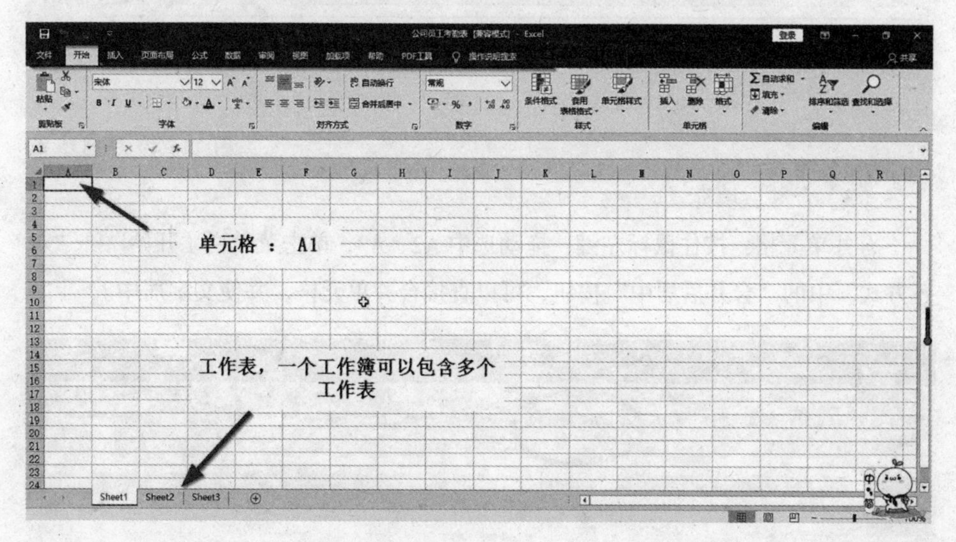

图 11-47 建立工作簿

第二步：在工作簿中输入文本。

（1）直接输入：单击，在首行输入“工号”“姓名”“日期”等。

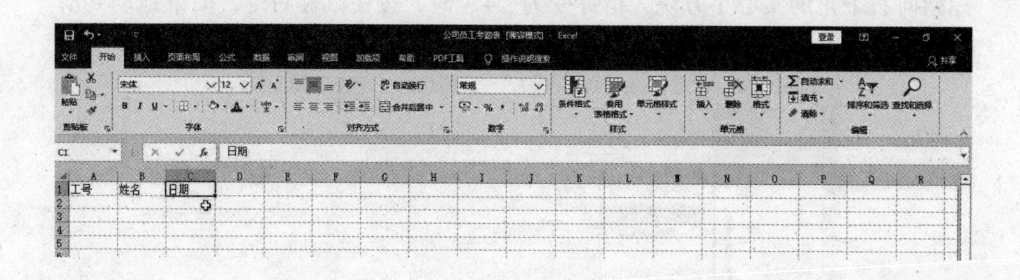

图 11-48 直接输入

（2）填充输入：首行日期后 D1 输入“1”，E1 输入“2”，然后选中两个单元格，鼠标指向右下角实心小方块，指针变为“+”时，按住鼠标左键向右拖动，角标数字为 31 时停止。这是快速填充的方法之一。用户也可按住鼠标右键拖动，从弹出的菜单中选择“序列”填充。

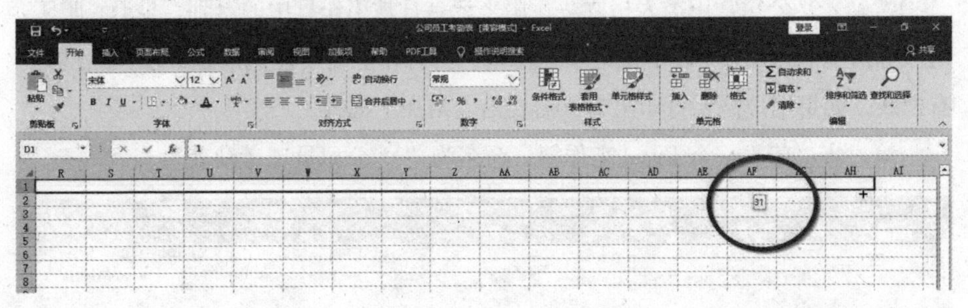

图 11-49 序列填充

（3）合并后填充。

合并单元格：按住鼠标左键，拖动选中 A2、A3，单击菜单栏“开始”—“对齐方式”中的“合并后居中”按钮，可以直接合并单元格，并使文字居中。

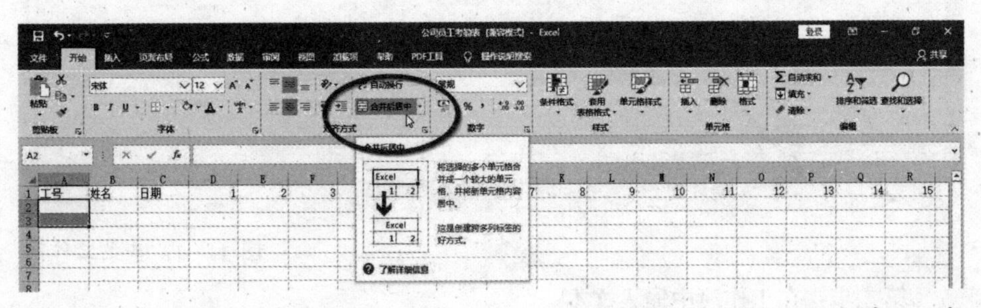

图 11-50 合并后居中

按照此方法合并 B2 和 B3、A4 和 A5、B4 和 B5，选中合并后的单元格，鼠标指向右下角的实心小方块，指针变为“+”时，按住鼠标右键，向下拖动到所需的单元格后松开，弹出快捷菜单，选择“仅填充格式”，合并其余单元格。

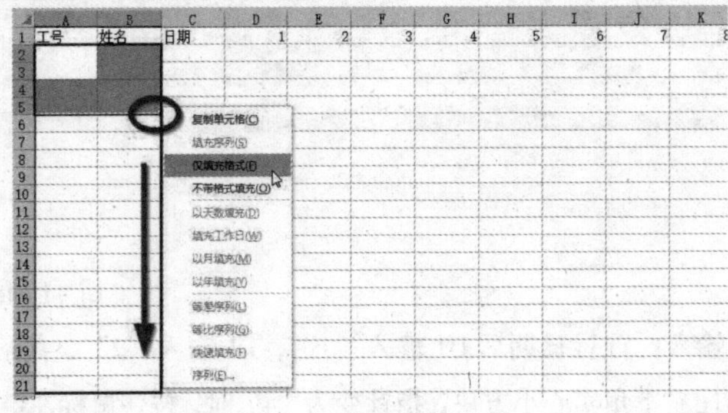

图 11-51 格式填充

第三步：充分运用以上各种方法，完成工作表的文本输入。

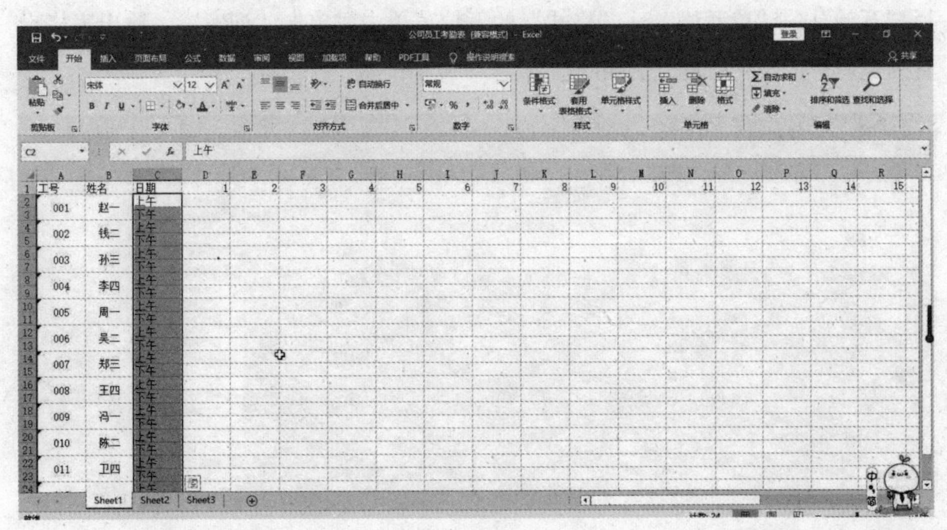

图 11-52 文本填充

第四步：工作表文本输入完成后，可以对工作表的“行高”“列宽”进行调整，使表格更加实用、美观。

方法一：鼠标指向“行”“列”变为如图所示的标志时双击，根据数据长度进行单元格的自动适应调节。

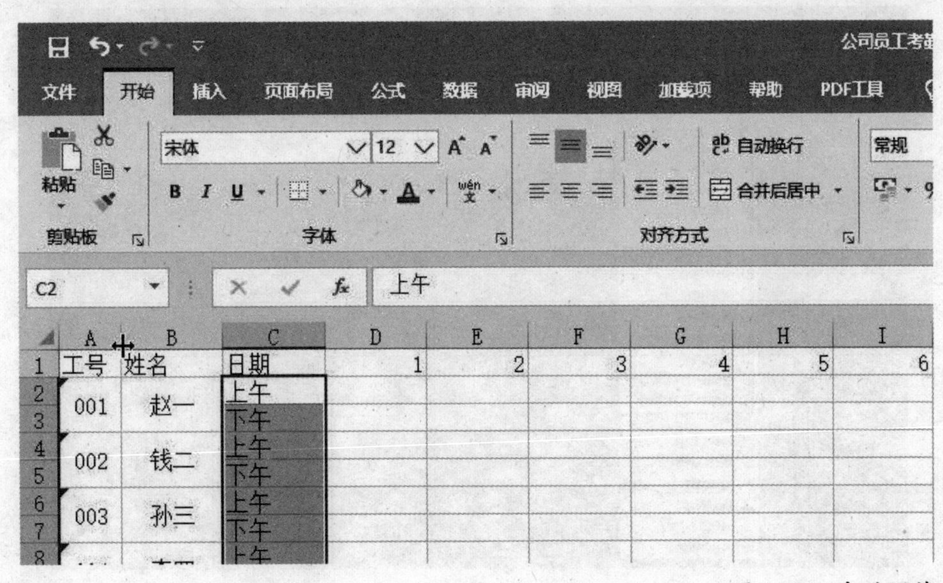

图 11-53 自动调节

方法二：单击左上角的标志选中工作表，或拉动鼠标选中整个表格，在菜单栏“开始”—“单元格”—“格式”的下拉菜单中，单击“列宽”，跳出表格设置列宽。“行高”设置方法相同。

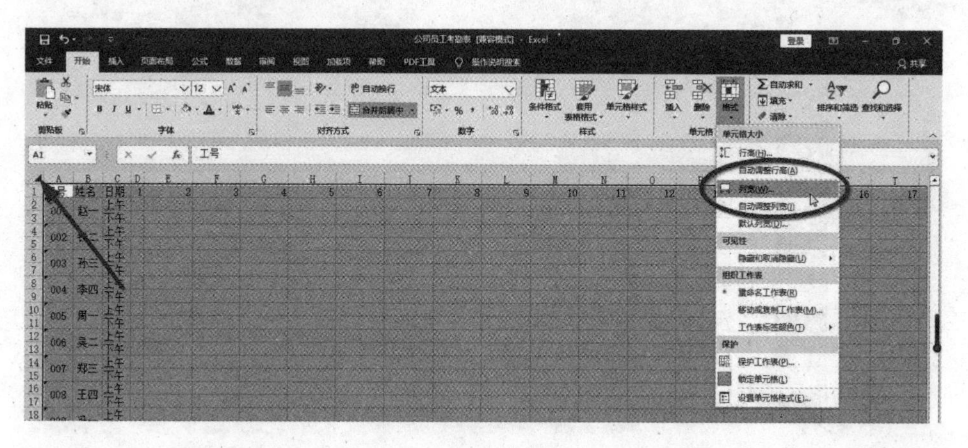

图 11-54 列宽

第五步：选中整个表格，单击菜单栏“开始”—“字体”中的“框线”按钮。框线的添加方式有两种：一种是直接单击画上框线，另一类是打开窗口画线，此处选择便捷的直接画线。完成后，可以通过菜单栏的“文件”—“打印”完成打印操作。

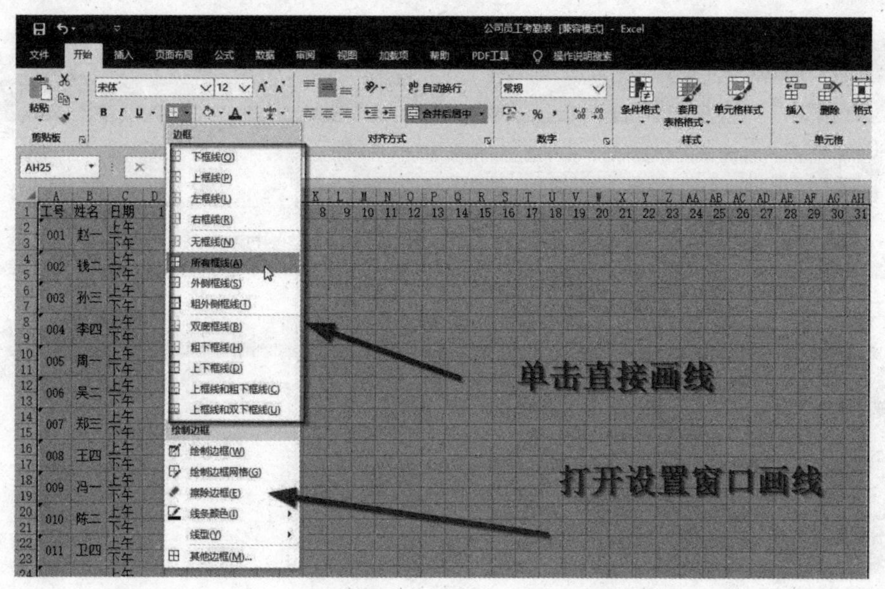

图 11-55 加框线

11.2.2 数据计算分析表

一般用 Excel 作表有两种格式：一种是不带数据的表格，另一种是需要数据处理的表格。下面以一份“区域销售数据表”为例，介绍 Excel 的数据计算分析基本操作。

1. 数据汇总

第一步：数据汇总需要用到 Excel 中的公式，在菜单栏“开始”—“编辑”中单击“自动求和”，打开菜单选择所需的计算方式“求和”。

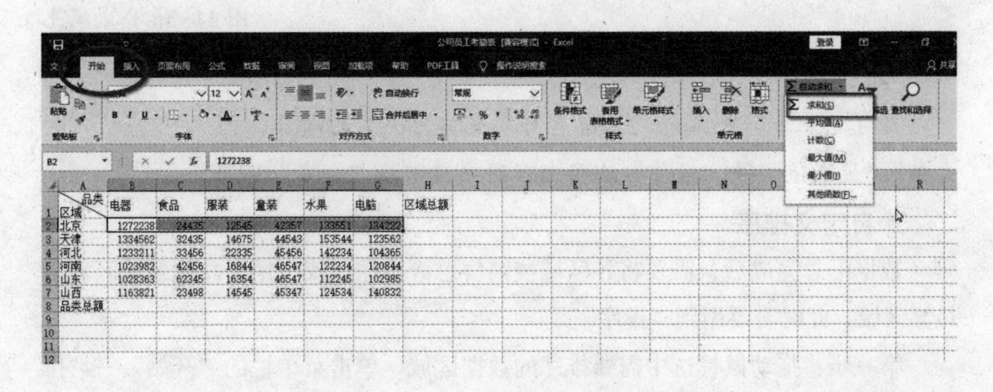

图 11-56 自动求和

第二步：此时出现汇总区域，用户可以通过拖动鼠标改变汇总区域，也可通过公式修改。选择好汇总区域后，按回车键确认。

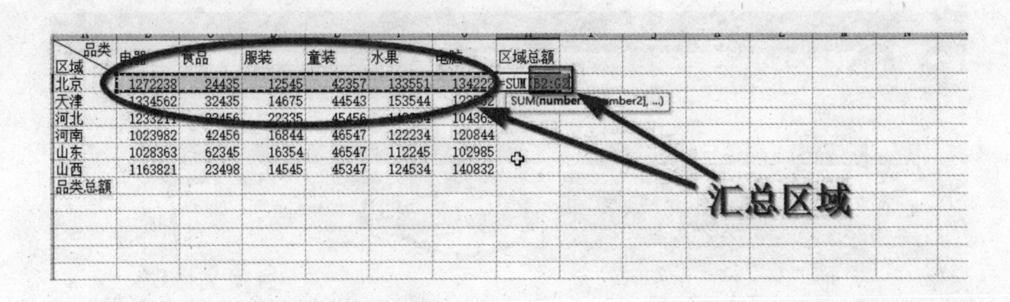

图 11-57 汇总

第三步：以同样方法汇总其他数据，或者用“填充”的方式对其他单元格进行公式填充，汇总出全部数据。

	A	B	C	D	E	F	G	H
1	品类 区域	电器	食品	服装	童装	水果	电脑	区域总额
2	北京	1272238	24435	12545	42357	133551	134222	1619348
3	天津	1334562	32435	14675	44543	153544	123562	
4	河北	1233211	33456	22335	45456	142234	104365	
5	河南	1023982	42456	16844	46547	122234	120844	
6	山东	1028363	62345	16354	46547	112245	102985	
7	山西	1163821	23498	14545	45347	124534	140832	
8	品类总额							

鼠标左键拖动填充

图 11-58 公式填充

＊小贴士：

除了“求和”公式外，Excel 也可实现其他公式的演算，如“平均值”“最大值”“最小值”等，操作方法同上，用户只需换“公式”即可。

2. 自定义排序

数据汇总完成后，需要将各区域按销售总额排序，找出销售总额最低区域与最高区域，此时需要用到“排序”。

第一步：拖动鼠标选中需要排序的数据区域，单击菜单栏的“开始”—“排序和筛选”—“自定义排序”，跳出“排序”窗口，在“关键字”中选择排序依据列“区域总额”，次序中选择“升序”，则按数据从小到大排列，如果选择“降序”，则按从大到小排列。

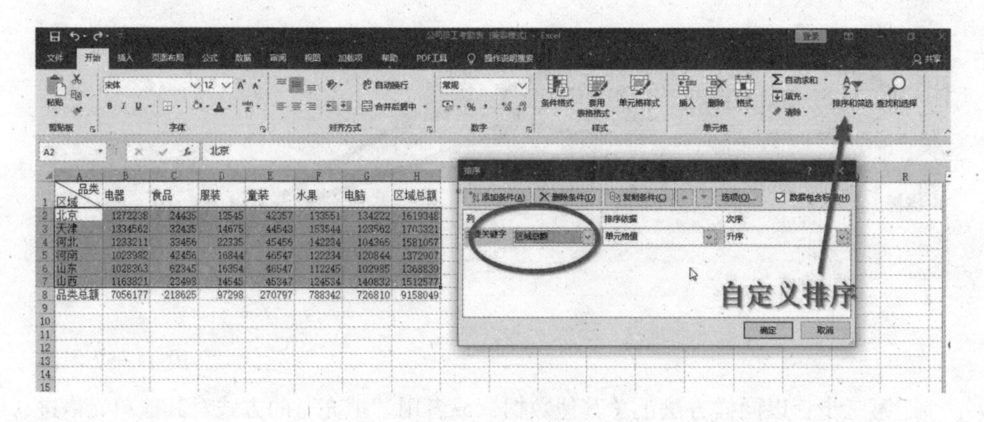

图 11-59 排序

第二步：完成后单击确定，查看排序结果，得出销售冠军区域为：天津。

品类 区域	电器	食品	服装	童装	水果	电脑	区域总额
山东	1028363	62345	16354	46547	112245	102985	1368839
河南	1023982	42456	16844	46547	122234	120844	1372907
山西	1163821	23498	14545	45347	124534	140832	1512577
河北	1233211	33456	22335	45456	142234	104365	1581057
北京	1272238	24435	12545	42357	133551	134222	1619348
天津	1334562	32435	14675	44543	153544	123562	1703321
品类总额	7056177	218625	97298	270797	788342	726810	9158049

图 11-60 排序结果

3. 筛选

筛选数据是 Excel 表格中最常用的功能，可以通过定义条件筛选出所需的数据。筛选方式有两种：一种是自动筛选，即数据上方出现条件筛选下拉菜单，定义菜单内容筛选，打开方式为“开始”—“排序和筛选”—“筛选”；另一种为高级筛选，用户可以自定义筛选条件，打开方式为“数据”—“排序和筛选”—“筛选”—“高级”，跳出筛选窗口进行操作。

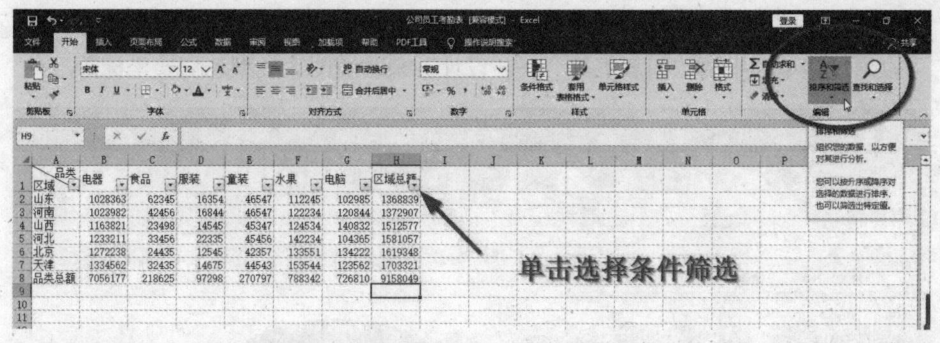

图 11-61 自动筛选

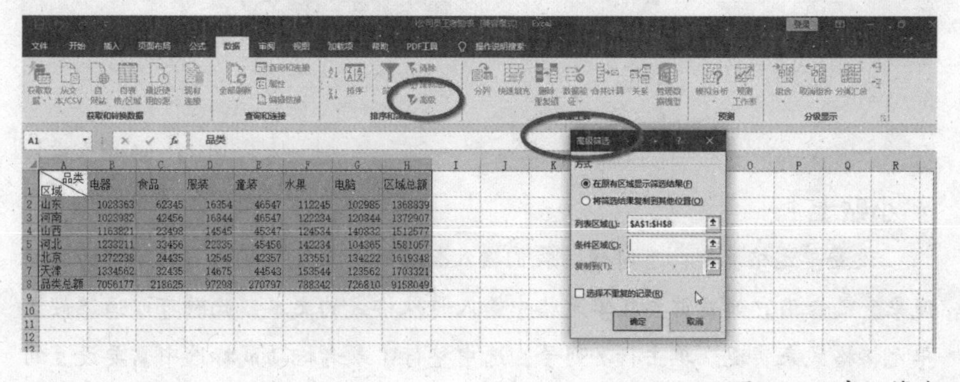

图 11-62 高级筛选

4. 插入图表

图表是可视化的数据报表，读者可以通过图片清晰了解数据情况。下面以一份“饼形”报表介绍如何查看各品类的销售情况。

第一步：选择建立图表区域，单击菜单栏中的“插入”—“图表”—“饼形”。

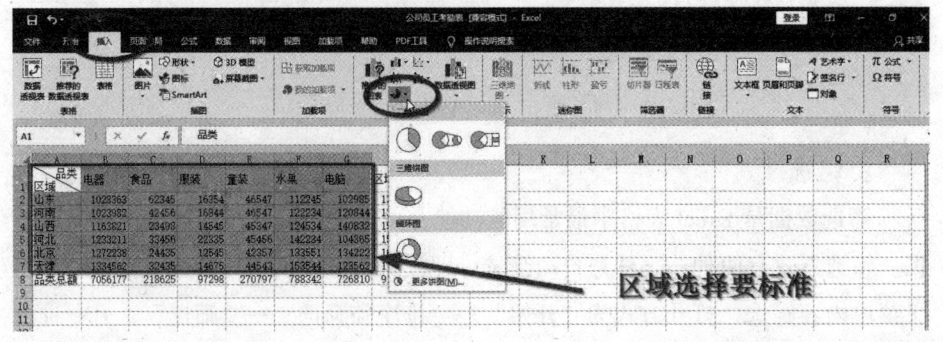

图 11-63 插入图表

第二步：选择合适的预装图形，鼠标指向处可以在下方形成预览图，选择后单击确定，图表就会出现在工作表中。可以用鼠标拖动图表在工作表中移动，也可以通过菜单栏中的“图表工具”—“设计”来改变图表类型、切换坐标等。

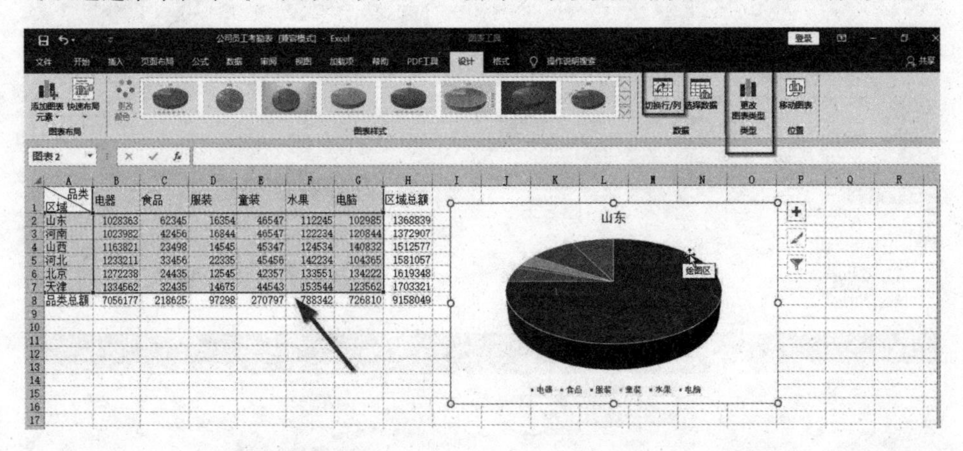

图 11-64 图表设计

＊小贴士：

设置单元格类型：有时候，我们输入数据时会出现乱码或首位不可为 0 的现象，或者用户如果需要在单元格中输入特殊格式的文本，此时可以通过设置单元格格式来实现。单击行 / 列号，选中整行（或者拖动鼠标选中需要设置的行 / 列），右击弹出快捷菜单，选择“设置单元格格式”，对单元格进行设置。

11.3 PPT 2019 基本操作

PPT 是 PowerPoint 的缩写，它是微软办公套装中制作和放映演示文稿的一款软件，如办公会议、课程培训等的幻灯片演示稿，都可用此软件来完成。本节以制作销售课程培训演示文稿为例，介绍 PPT 2019 的基本操作。

11.3.1 图文编辑

幻灯片是一种图文结合的排版，形象点说，制作 PPT 是设计图文的过程，将自己的内容变成美观的图文版式再放映出来，就是幻灯片的制作与放映。下面以“销售技巧培训”为例，介绍 PPT 演示文稿的制作。

1. 新建幻灯片

第一步：用户通过“文件”—“新建”—“空白演示文稿”创建一个新文档。

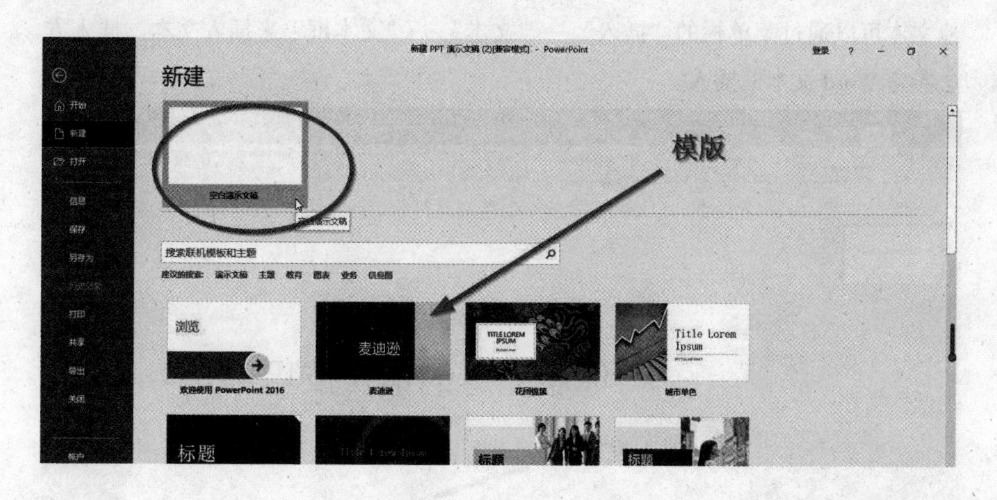

图 11-65 新建

第二步：新建文稿创建后，已经预装了一页幻灯片，一般以此页作为首页，书写总标题作为封面。

幻灯片有多种版式，方便用户插入文字、图片等。

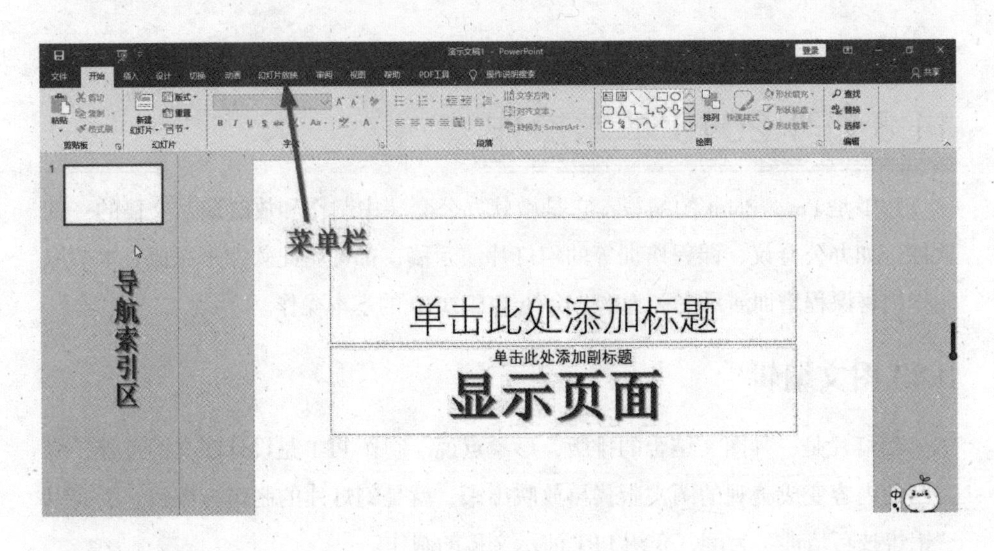

图 11-66 幻灯片主页

2. 添加文本

第一步：添加文本，在模板上单击加入文稿标题及副标题。如果还想输入其他文本可以通过菜单栏的“插入”—“文本”—“文本框”来插入文本。插入方法参考 Word 文本框插入。

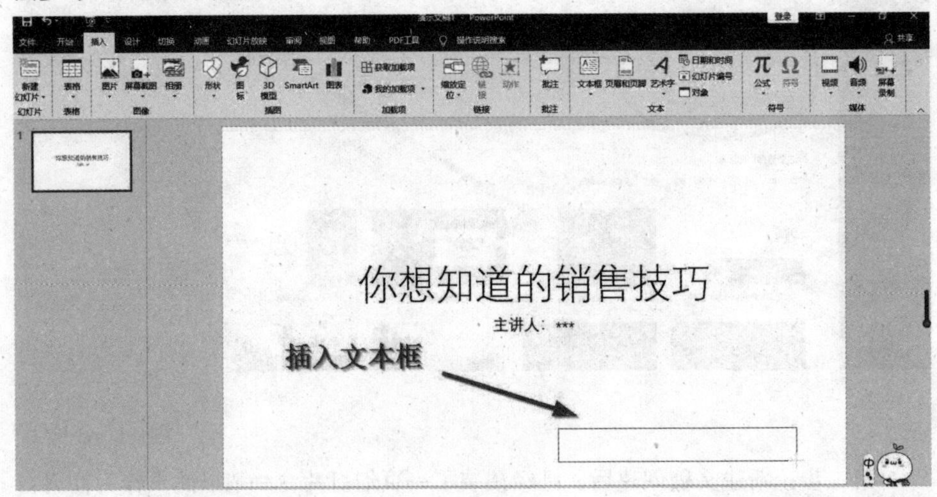

图 11-67 插入文本框

第二步：此时幻灯片只有文本，用户可以插入图片作为装饰，插入方法参考 Word 插入图片。本例运用添加“主题”的方法，一键设置幻灯片背景及样式，在菜单栏中选择“设计”，在“主题”选项卡中选择需要的主题。

图 11-68 主题

3. 添加新的幻灯片

方法一：在导航页面右击，跳出快捷菜单，单击“新建幻灯片”，添加一张幻灯片。

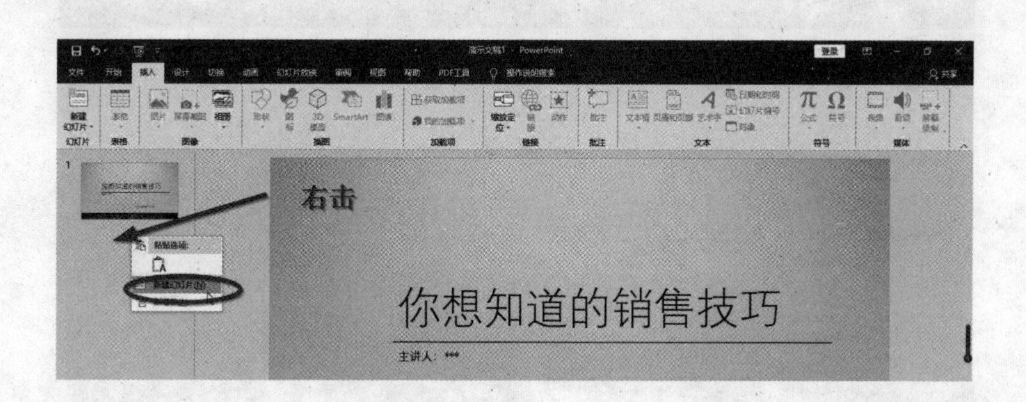

图 11-69 新建幻灯片

方法二：在菜单栏的“插入”中单击“新建幻灯片”，建立第二页新的幻灯片。

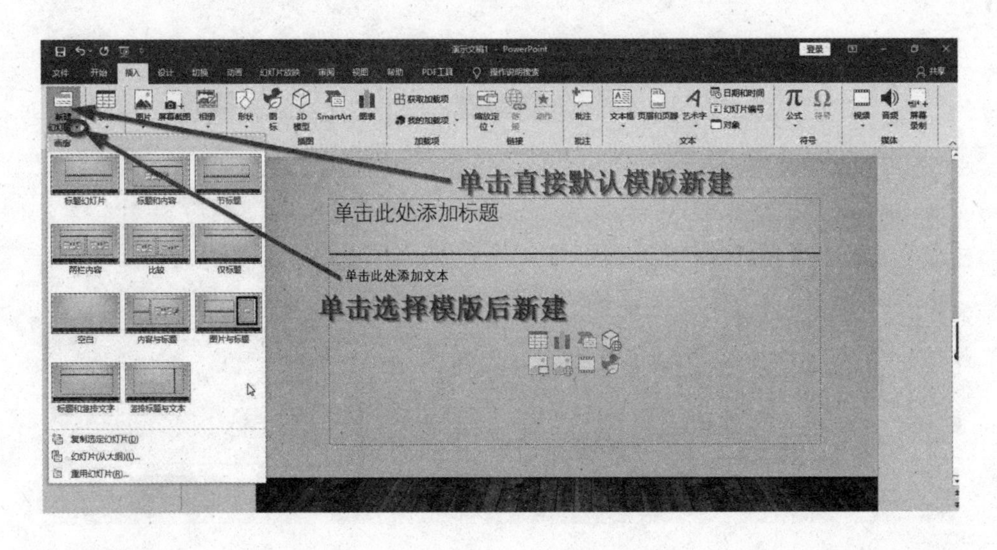

图 11-70 新建幻灯片

4. 更换版式

在导航区选中第 2 张幻灯片，右击，从快捷菜单中选择“更换版式”，将幻灯片的版式更换为“空白”。

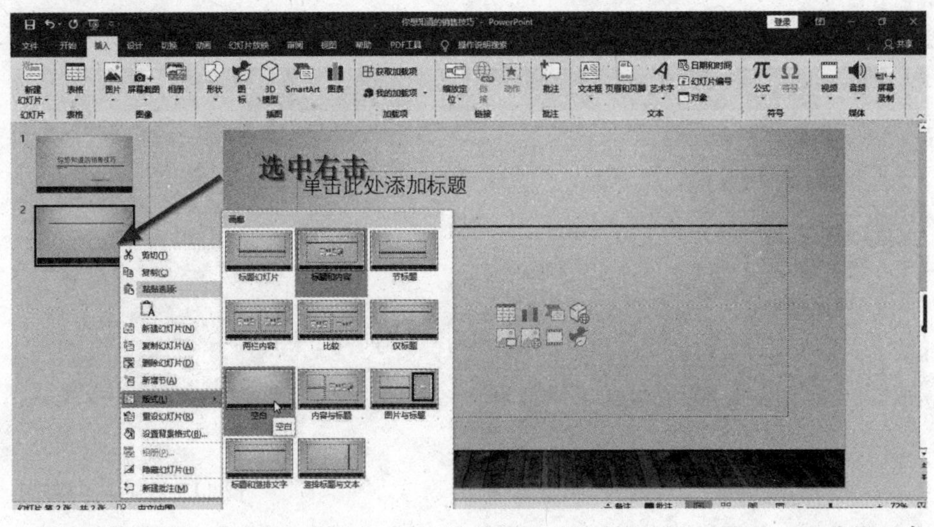

图 11-71 更换版式

5. 设置项目符号

第二页为目录页，即此次培训主讲内容的目录，插入竖排文本框输入文本信息，通过菜单栏中的“开始”—“段落”设置项目符号，再通过“字体”设置字体类型及大小、颜色等。

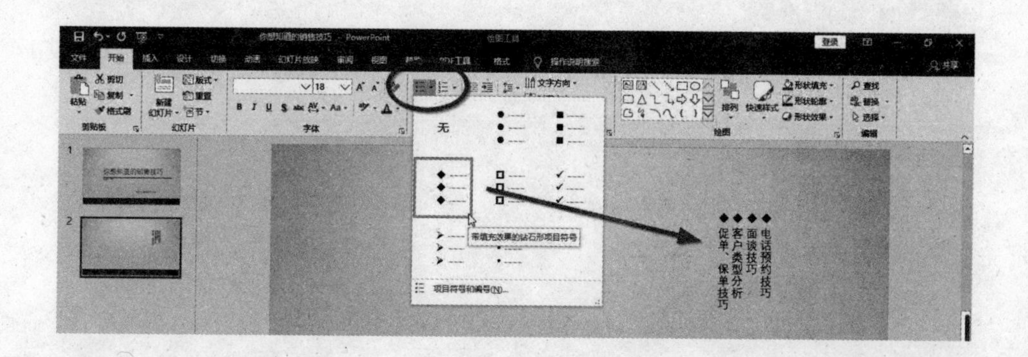

图 11-72 项目符号

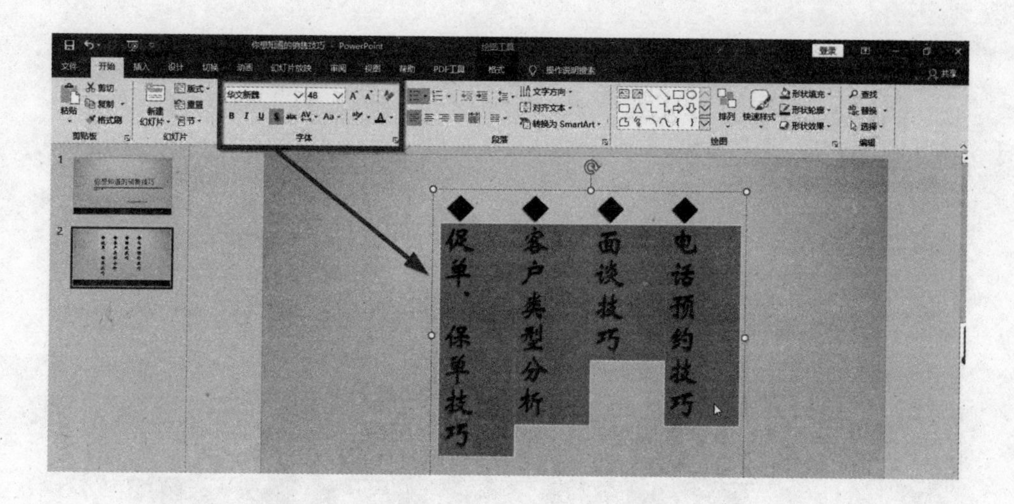

图 11-73 字体设置

6. 插入图片 / 图表

以同样的方法将培训内容文本加入幻灯片，然后插入所需的部分图片、图表等。插入方法如下：“开始”—“插入”—“图片”/“图表”，或者选择带插入框的版式，单击小标插入。

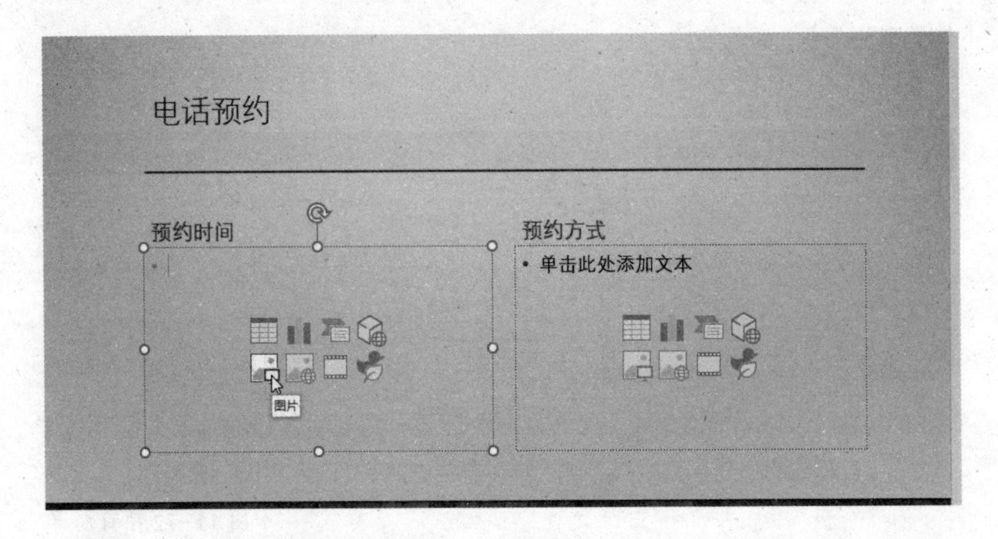

图 11-74 模板插入

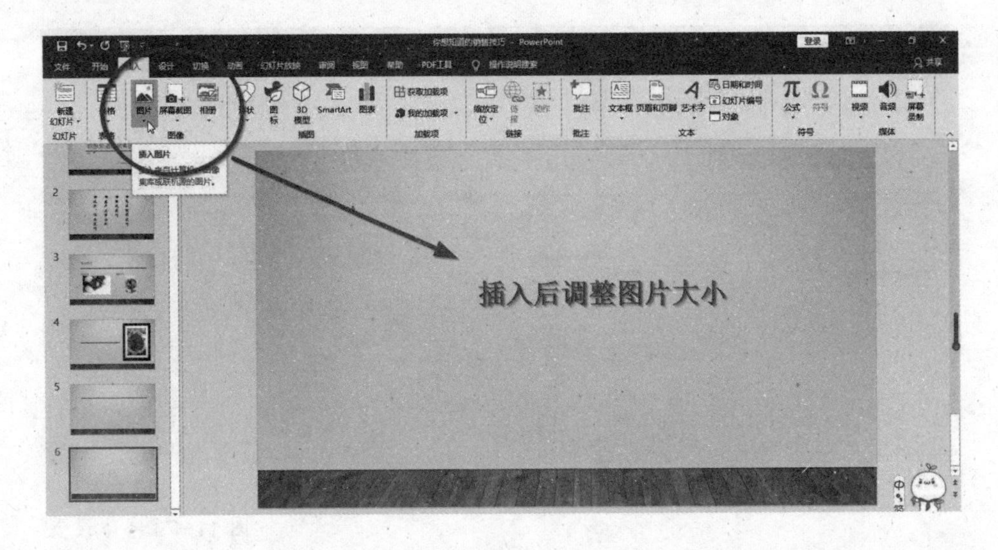

图 11-75 插入图片

7. 设置超链接

超链接可以理解为跳转到其他页或者项目的入口，添加方法如下。

第一步：在需要添加超链接的位置右击，弹出快捷菜单，单击“超链接…”，进入设置窗口。或者选择需要添加的区域，单击菜单栏中的“插入”—“超链接”进行设置。

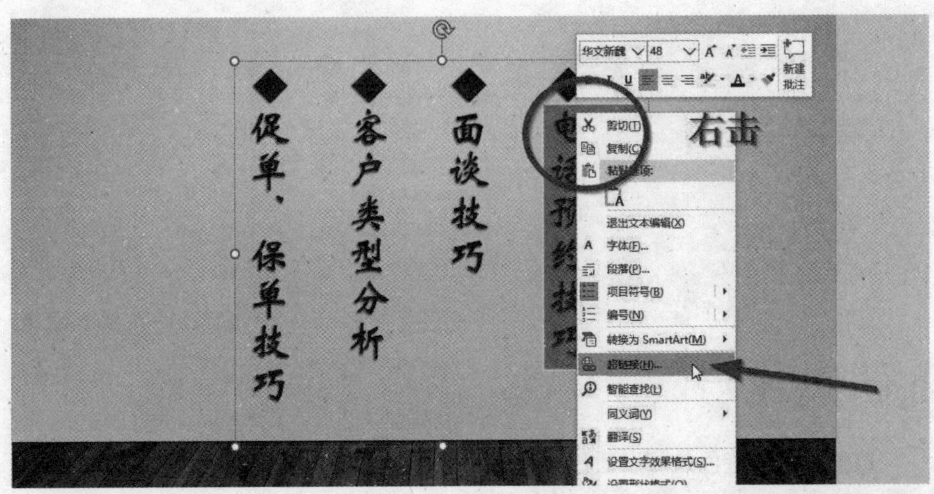

图 11-76 右击添加超链接

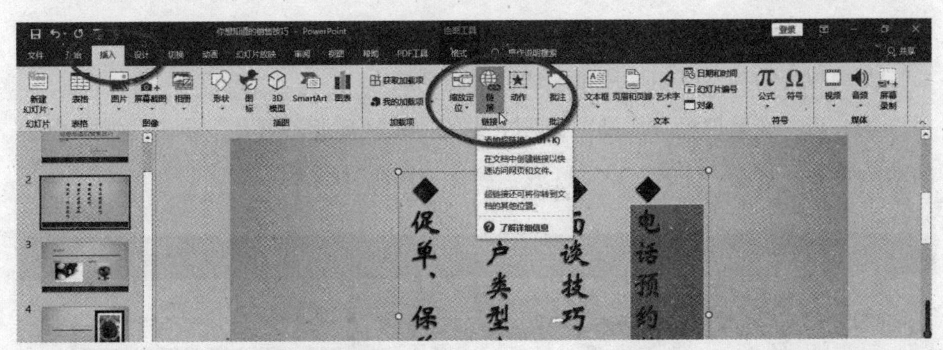

图 11-77 菜单栏设置超链接

第二步：在“插入超链接”窗口的“本文档中的位置”处单击，找到需要链接的幻灯片“3”后单击，最后单击“确定”，设置成功。

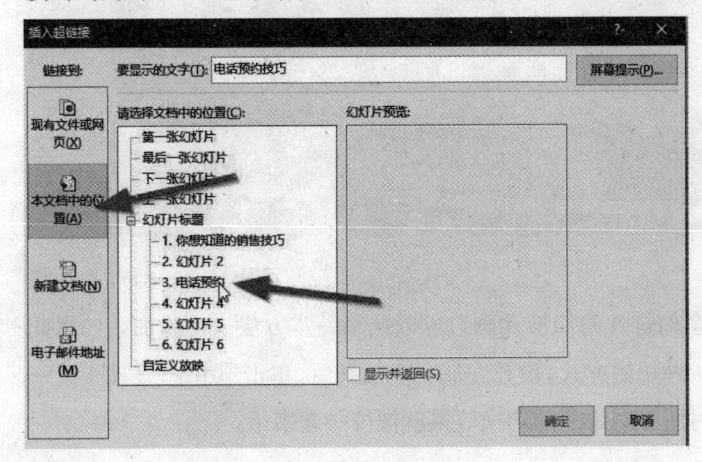

图 11-78 插入超链接

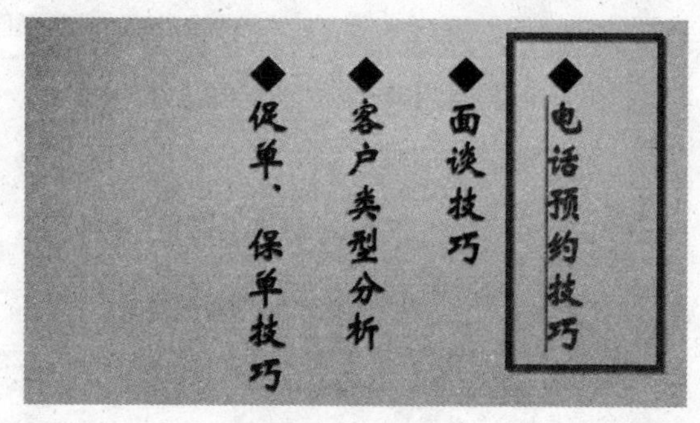

图 11-79 最终效果

11.3.2 动态效果

PPT 最大的特色是可以通过设置，将原本静态的文稿变为动态。本节重点介绍幻灯片切换和项目动画的基本操作。

1. 幻灯片切换动画

此动画指的是每张幻灯片相互切换时的动画。

第一步：在菜单栏“切换”选项卡中的“切换到此幻灯片”单击，选择合适的动画效果，通过“计时”设置区域、声音及切换时长等。

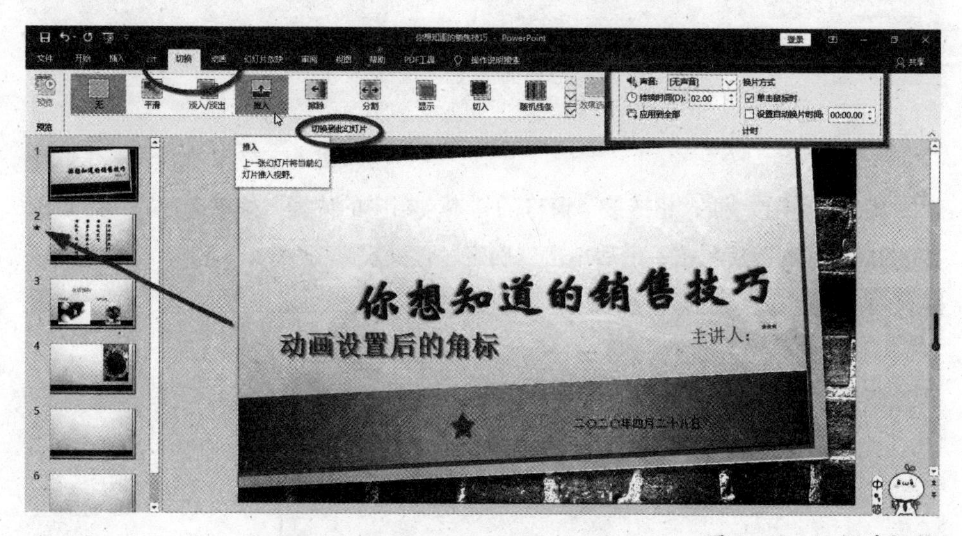

图 11-80 幻灯片切换

第二步：对于其余幻灯片的切换动画，可以照第一步方法一一添加。如果此文稿的幻灯片都用同一种切换方式，设置完成一个效果后，单击“切换”—“计时”—“应用到全部”，此时所有幻灯片的切换效果就被统一起来了。

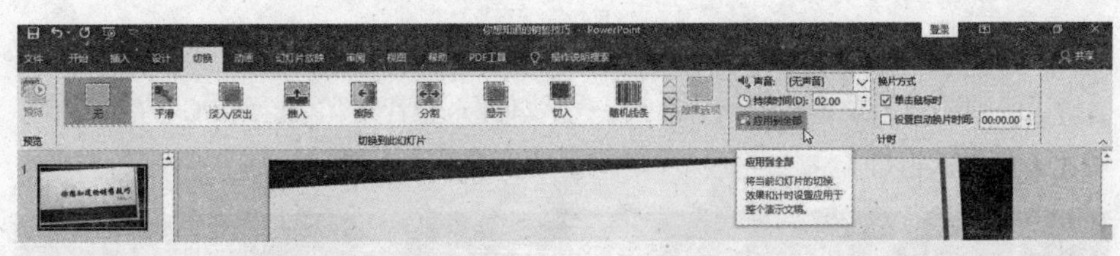

图 11-81 应用到全部

2. 项目动画设置

项目动画指的是文稿中的内容进入及退出时的动画效果。

第一步：选择需要设置动画的项目，在菜单栏的“动画”—“动画”中选择合适的动画效果后单击，最后在右侧“计时”中设置动画时长及声音等。

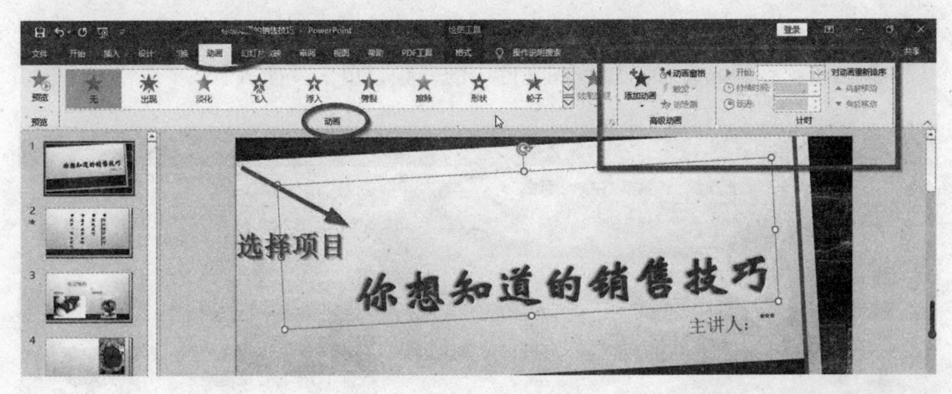

图 11-82 添加动画效果

第二步：当项目全部添加动画之后，如果想调整各项目的动画播放顺序，可以通过单击“动画”—“高级动画”—“动画窗格”打开动画编辑窗口，进行顺序调整。

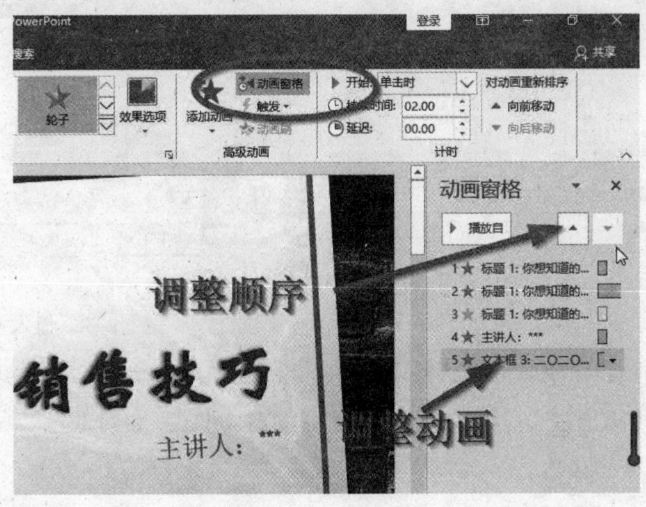

图 11-83 动画窗格

3. 插入音 / 视频

第一步：单击菜单栏中的“插入”—“媒体”—“音频”，选择“PC 上的音频”，弹出音频插入窗口。

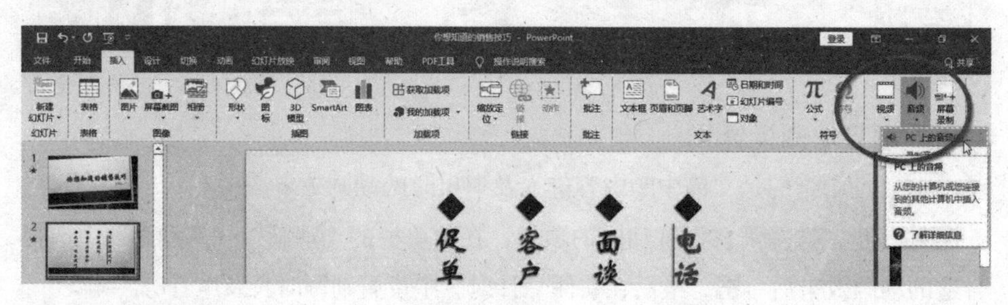

图 11-84 媒体

第二步：在插入音频窗口找到文件中的音频，单击“插入”。

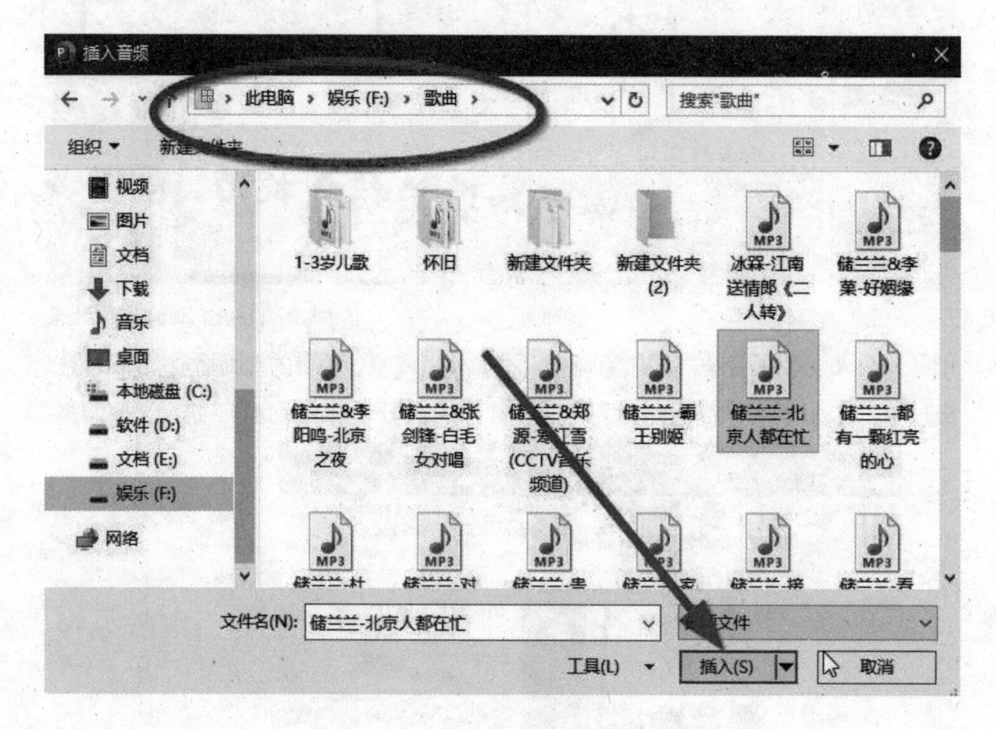

图 11-85 插入音频

第三步：此时音频以小喇叭的形式插入文件。菜单栏弹出“音频工具”的“播放”设置菜单，用户可以通过“音频样式”来设置音频播放形式，也可通过“编辑”剪辑音频，选取其中一个段落。

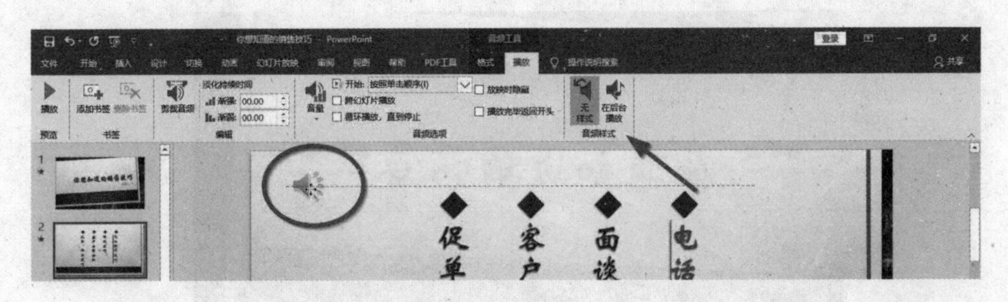

图 11-86 音频设置

视频插入方法与音频大致相同，此外，还可以根据需要“录制屏幕”。用户在实际操作中可按个人需求插入或者设置。

11.3.3 排练及放映

文稿制作完成后，就要进入试演示阶段。PPT 演示操作方式有两种：一种是手动播放，演示者通过单击鼠标或者翻页笔完成项目及幻灯片的切换；另一种是自动播放，提前做好“排练”，定制好每张幻灯片的切换时间，用户则不用再单击鼠标或者翻页笔，幻灯片自动播放。

1. 排练

第一步：单击菜单栏中的“幻灯片放映”—“设置”—“排练计时”，打开计时器开始计时。

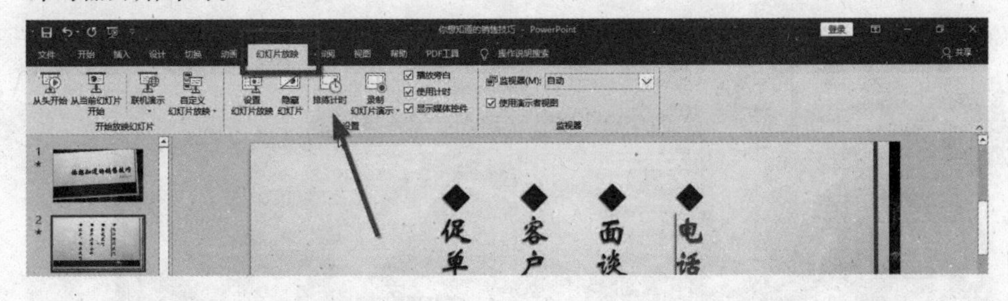

图 11-87 幻灯片放映

第二步：计时器将记录演示者手动操作鼠标切换项目及幻灯片的时长，建立播放时长记录。

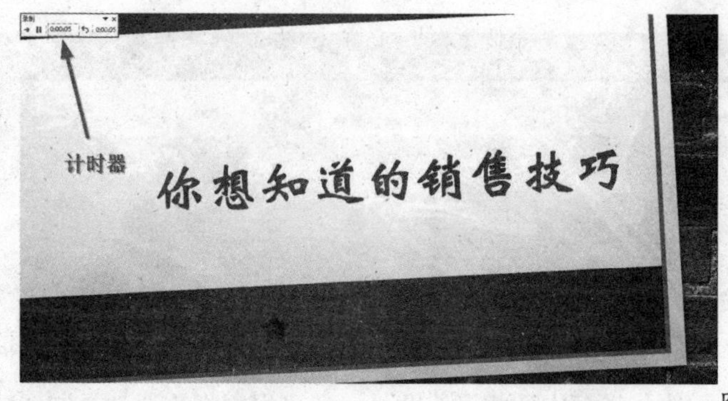

图 11-88 计时

排练完成后，便可进入幻灯片放映阶段，此时用户如果不做任何操作动作，幻灯片将自动播放。

2. 幻灯片放映

幻灯片放映的类型有三种，分别为：演示者放映、观众自行浏览、在展台浏览。三种放映类型的播放方式各有不同，一般情况下，默认是演示者放映。此时幻灯片为全屏，演示文稿可以手动播放，也可以自动播放；在展台浏览时，用户不可以播放。

对于播放类型，用户可以通过菜单栏中的“幻灯片放映”—“设置幻灯片放映”打开窗口来设置。除此之外，此窗口还可以设置是否循环播放、是否加动画以及播放页数等。

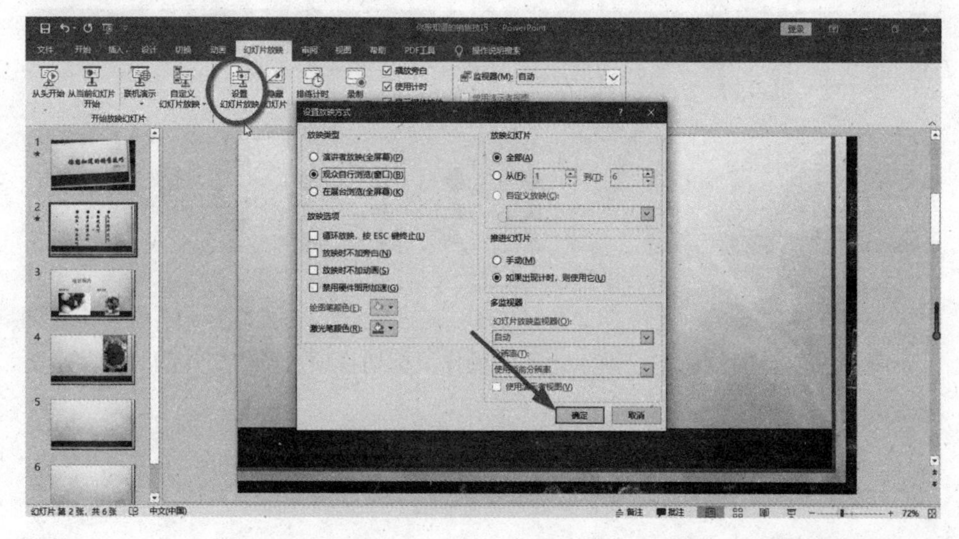

图 11-89 设置幻灯片放映

设置完成后，可以开始放映幻灯片，此时用户仍可选择开始放映点，或从头开始播放，或从当前页，即屏幕显示页开始播放。

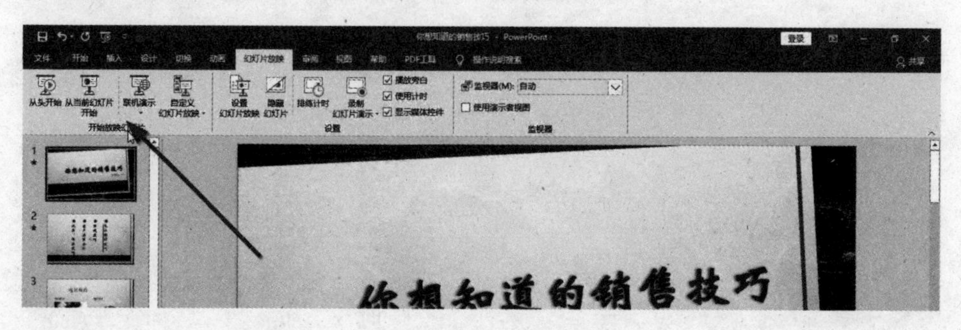

图 11-90 放映

* 小贴士：

Office 常用快捷组合键

新建：Ctrl+N

打开：Ctrl+O

打印：Ctrl+P

保存：Ctrl+S

全选：Ctrl+A

粗体：Ctrl+B

斜体：Ctrl+I

拷贝：Ctrl+C

粘贴：Ctrl+V

查找：Ctrl+F

撤销：Ctrl+Z